内容提要

本书系统阐述川南地区五峰组—龙马溪组黑色页岩的沉积背景、地层分布、地层特征、物源性质、古地理及古环境等，建立了五峰组—龙马溪组沉积地球化学特征、沉积构造及相模式，创新提出了页岩陆棚沉积微相细分方法、页岩单因素分析多因素综合编图方法、页岩储层综合评价及"甜点"识别技术及优质储层成因理论，明确了细粒储层学科的研究目标、相关概念、理论和技术，对川南地区页岩气勘探开发及细粒储层地质研究具有较高的参考价值。

本书可供从事油气资源勘探及资源评价的科研人员、管理人员及高等院校相关专业师生参考。

图书在版编目（CIP）数据

川南地区海相细粒储层研究与页岩气勘探 / 施振生等著 . —北京：石油工业出版社，2024.5
 ISBN 978-7-5183-6337-7

Ⅰ.① 川… Ⅱ.① 施… Ⅲ.① 油页岩 – 储集层特征 – 研究 – 川南地区 ② 油页岩 – 油气勘探 – 研究 – 川南地区 Ⅳ.① P618.130.2 ② P618.130.8

中国国家版本馆 CIP 数据核字（2023）第 175593 号

出版发行：石油工业出版社
（北京安定门外安华里 2 区 1 号　100011）
网　　址：www.petropub.com
编辑部：（010）64222261　　图书营销中心：（010）64523633
经　　销：全国新华书店
印　　刷：北京中石油彩色印刷有限责任公司

2024 年 5 月第 1 版　2024 年 5 月第 1 次印刷
787×1092 毫米　开本：1/16　印张：15
字数：430 千字

定价：150.00 元
（如出现印装质量问题，我社图书营销中心负责调换）
版权所有，翻印必究

PREFACE 前言

　　细粒沉积指颗粒粒径小于 62.5μm 的沉积物和沉积岩，其地表分布广泛，约占沉积岩总分布面积的 2/3。细粒沉积是一种特殊语言，记录了大量地球历史信息，是恢复古构造、古气候及古水体性质的关键。细粒沉积中蕴藏大量石油、天然气、金属及非金属矿产，构成这些矿产的烃源岩、储层或盖层，决定并改变全球能源格架。细粒沉积是重要的垃圾填埋地及封存池，影响地下水的流动、港口和航线设计及河道治理等。细粒沉积是全球最重要的"碳汇"，影响和控制全球碳埋藏和碳循环，从而影响全球气候变化和海洋循环。

　　川南地区五峰组—龙马溪组细粒碎屑岩发育，已在威远、长宁、昭通、焦石坝、泸州、渝西等地区获得巨大页岩气产量，截至 2022 年底，中国石油页岩气年产量已达 $148.7 \times 10^8 m^3$，对保障国计民生和国家能源安全起到了重要作用。近年来，随着非常规油气资源工业化勘探开发的快速发展，细粒储层地质学理论体系逐步建立。细粒储层地质学研究对象是细粒沉积（物）岩，通过分析细粒沉积物的物质组成、层理、地球化学特征、成岩作用、沉积微相及分布等，明确页岩气的"甜点"特征及分布，并指出页岩气有利区和资源潜力。

　　本书共分八章：第一章详细介绍五峰组—龙马溪组细粒碎屑岩的形成构造背景、地层划分与对比、地层展布与演化；第二章系统介绍细粒碎屑岩的矿物成分、有机质特征、孔隙组成与孔隙结构、裂缝组成特征；第三章系统介绍细粒碎屑岩的成层性、泥纹层和粉砂纹层储层特征及细粒碎屑岩层理类型；第四章系统介绍细粒碎屑岩形成的古水体氧化—还原条件、古生产力、古沉积速率、古气候、古物源及细粒沉积物的类型；第五章系统论述细粒碎屑岩的成岩作用类型、成岩演化序列及孔隙演化过程；第六章系统介绍细粒碎屑岩的沉积相类型及沉积相平面分布；第七章系统介绍低阻细粒碎屑岩类型、分布、成因机制及平面分布预测；第八章详细介绍细粒碎屑岩的"甜点"类型、形成机理及资源潜力分析。

　　本书集理论性、知识性与实用性于一体，具备三大特点及创新。第一，创新提出了细粒碎屑岩陆棚沉积微相细分方法、细粒碎屑岩因素分析多因素综合编图方法、细粒碎屑岩储层综合评价及"甜点"识别技术及优质储层成因理论；第二，系统介绍了川南地区五峰组—龙马溪组细粒碎屑岩的地层特征、古物源和古环境、沉积相及相模式、储层特征及"甜点"特征；第三，明确指出了川南地区五峰组—龙马溪组细粒碎屑岩的"甜点"分布层段及有利区分布。

  本书在撰写过程中得到中国科学院陈旭院士的指导和帮助，以及中国石油油气和新能源分公司、中国石油西南油气田公司领导和专家的支持，研究团队王红岩教授和赵群教授等对书稿提出了宝贵的意见，拜文华高级工程师、武瑾高级工程师、程峰高级工程师在样品采集、分析化验及理论提升过程中作了大量工作，北京天和信技术服务有限公司在测试分析提供了大量的帮助，中国石油天然气股份有限公司科技管理部"海相页岩气勘探开发技术研究"（2021DJ1901）给予了经费资助，在此一并感谢。

  由于川南地区五峰组—龙马溪组细粒碎屑岩类型众多、特征复杂、形成机制多样，加之时间短促，作者水平有限，不妥之处，敬请批评指正！

CONTENTS 目录

第一章　五峰组—龙马溪组地质背景 ··· 1
　第一节　构造及地层背景 ··· 1
　第二节　五峰组—龙马溪组地层划分与对比 ·· 4
　第三节　五峰组—龙马溪组地层展布与演化 ·· 15

第二章　细粒碎屑岩的组成 ··· 27
　第一节　细粒碎屑物质来源及沉积作用 ·· 27
　第二节　细粒碎屑组分及成因 ·· 30
　第三节　细粒碎屑岩孔隙组成与孔径分布 ··· 46
　第四节　细粒碎屑岩裂缝组成及特征 ··· 57

第三章　细粒碎屑岩的结构和构造 ··· 70
　第一节　细粒碎屑岩的成层性 ·· 70
　第二节　泥纹层和粉砂纹层储层特征 ··· 77
　第三节　细粒碎屑岩层理类型 ·· 82

第四章　细粒碎屑岩形成环境 ·· 94
　第一节　细粒沉积物形成地球化学特征 ·· 94
　第二节　细粒沉积物类型及形成过程 ·· 105

第五章　细粒碎屑岩成岩作用 ·· 119
　第一节　基本岩相类型及成岩作用 ··· 120
　第二节　成岩演化序列恢复及孔隙演化过程 ·· 137
　第三节　成岩过程对于页岩储层条件的控制作用 ·· 142

第六章　细粒碎屑岩的沉积相 ·· 145
　第一节　沉积相类型及特征 ·· 145
　第二节　单井相分析 ··· 161
　第三节　连井相对比 ··· 166

第四节　沉积相平面分布及相模式 …………………………………………… 169
第七章　低阻页岩特征与成因机理 …………………………………………………… 172
　　第一节　低阻页岩类型及发育特征 …………………………………………… 172
　　第二节　低阻页岩成因机制及主控因素 ……………………………………… 188
　　第三节　低阻页岩勘探潜力综合分析 ………………………………………… 202
第八章　细粒碎屑岩"甜点"成因类型及特征 ……………………………………… 206
　　第一节　页岩气"甜点"成因类型 …………………………………………… 207
　　第二节　页岩气"甜点"储层特征 …………………………………………… 209
　　第三节　不同类型"甜点"分布特征 ………………………………………… 214
　　第四节　页岩气勘探意义 ……………………………………………………… 220
参考文献 ………………………………………………………………………………… 224

第一章　五峰组—龙马溪组地质背景

第一节　构造及地层背景

四川盆地位于中国西南部，面积约180000km²。盆地四周皆为高山，东北有大巴山，东南有大娄山，西南为大凉山，西侧为邛崃山、龙门山，北侧为米仓山。盆地内部多低山丘陵，海拔为300~600m。以龙泉山、华蓥山为界，大体可以把盆地分为三部分，盆地西部为成都平原，中部多低山丘陵，东部为平行岭谷。

四川盆地为发育于前震旦系变质岩基底之上的大型叠合盆地，经历了从元古宙到中生代早期漫长的海相克拉通盆地和中新生代前陆盆地演化过程。其形成与演化经历四个阶段，即中—新元古代扬子地台基底形成阶段、震旦纪—中三叠世被动大陆边缘阶段、晚三叠世前陆盆地形成阶段和侏罗纪—第四纪前陆盆地阶段。

四川盆地地层发育齐全，由下至上发育前震旦系、震旦系、寒武系、奥陶系、志留系、石炭系、二叠系、三叠系、侏罗系、白垩系、古近系、新近系和第四系（图1-1-1）。奥陶系在盆地内发育较全，可三分为下奥陶统（桐梓组、红花园组、大湾组）、中奥陶统（十字铺组、宝塔组）和上奥陶统（临湘组、五峰组）。奥陶系一般与下伏寒武系、上覆志留系均为整合接触，仅在盆地西部、北部边缘下奥陶统超覆于寒武系不同层位之上，其间为假整合接触。下志留统为龙马溪组、小河坝组，中志留统保留不全，一般只有韩家店组。志留系底部与下伏上奥陶统为整合接触，顶部普遍遭受剥蚀。

川南地区位于上扬子地块东南部（图1-1-2）。扬子地块是前寒武纪华南板块的重要组成部分，早古生代与塔里木板块和华北板块分离。五峰组—龙马溪组形成于华南盆地消亡和华南造山带形成时期。寒武纪末期，由于受广西造山运动影响，华夏地块和扬子地块发生会聚，扬子板块东南和江南盆地相继抬升。随后，扬子地区进入被动大陆边缘发展阶段。早奥陶世—中奥陶世，扬子地区主要发育碳酸盐岩台地。从晚奥陶纪开始，扬子地区碳酸盐岩—碎屑岩混合沉积广泛发育。奥陶纪—志留纪转折期，全球海平面大幅波动。志留纪早期，伴随着华夏板块扩张和华南大部分地区的隆升，华南古陆和海洋分布发生重大变化（图1-1-2a）。区域构造作用形成古陆和水下高地，上扬子地区变成半封闭的海洋。由于古陆和水下高地的阻隔，上扬子地区水体整体处于缺氧和停滞状态。

上扬子地区五峰组—龙马溪组分布广泛，总厚度超过500m（图1-1-2b）。页岩分为五峰组、观音桥层和龙马溪组。五峰组与下伏宝塔组瘤状灰岩呈平行不整合接触，与上覆观音桥层呈平行整合接触，龙马溪组与观音桥层呈平行整合接触。龙马溪组分为龙一段和龙二段，龙一段细分为龙一$_1$亚段和龙一$_2$亚段，龙一$_1$亚段进一步分为龙一$_1^{1-4}$四个小层。基于地震数据、测井、笔石带和沉积构造综合分析认为，五峰组—龙马溪组沉积时期发生两次二级海平面升降旋回和四次三级海平面升降旋回。龙一$_1$亚段具有TOC含量高、层理和微裂缝发育特点，是页岩气勘探开发的"甜点"段。

-1-

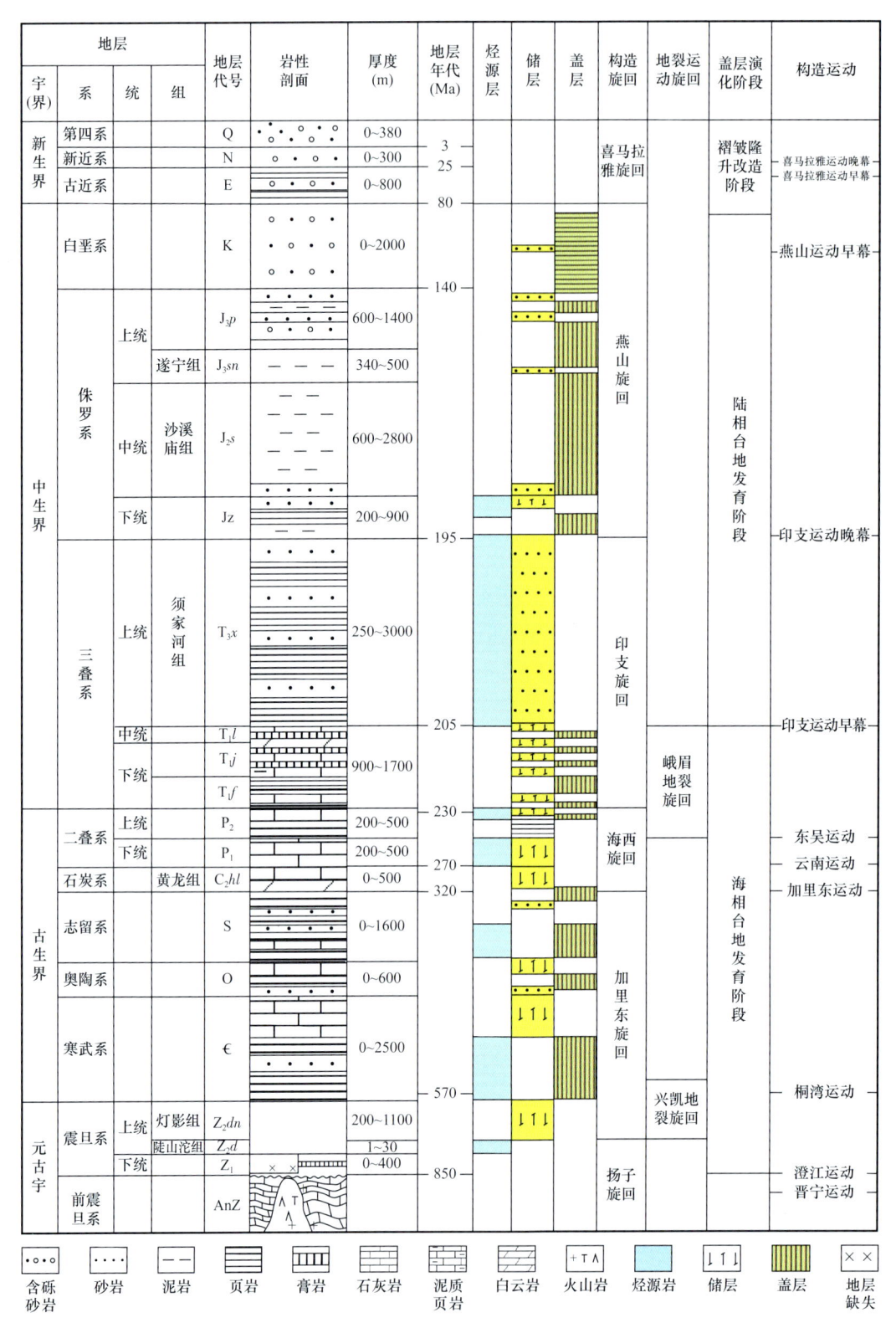

图 1-1-1 四川盆地地层、构造、生储盖组合柱状图

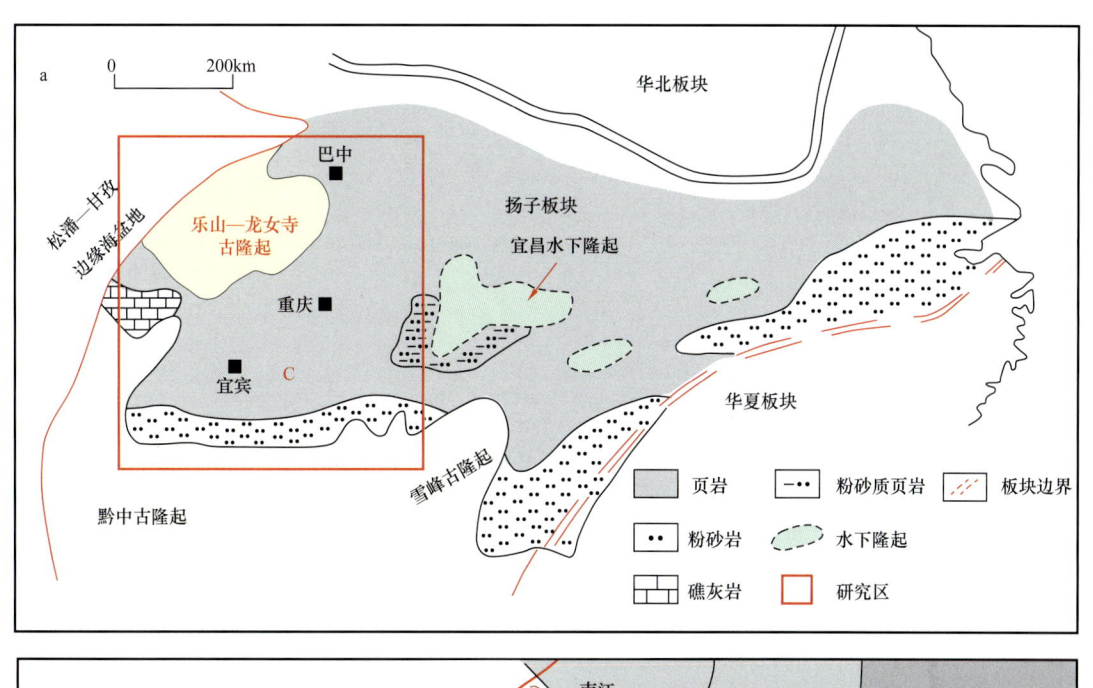

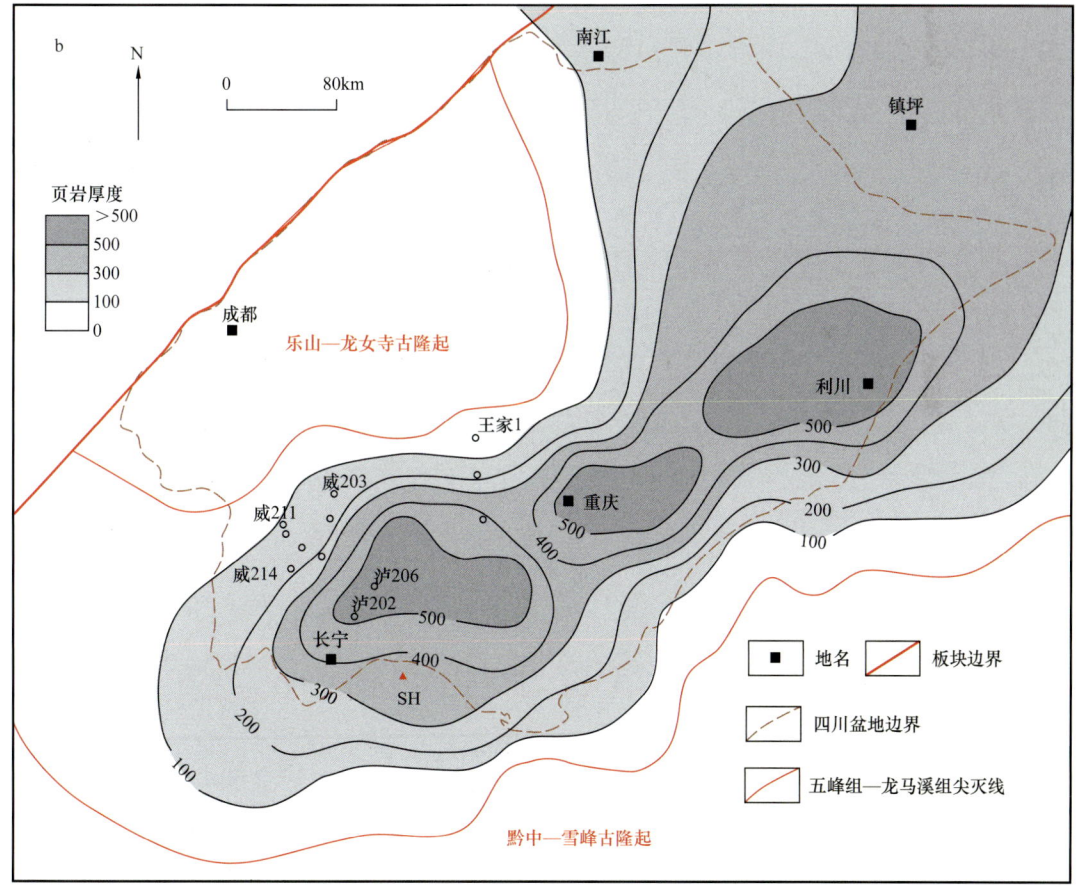

图 1-1-2 五峰组—龙马溪组古地理背景
a. 川南地区早志留纪扬子陆表海古地理图；b. 上奥陶统—下志留统黑色页岩分布

第二节　五峰组—龙马溪组地层划分与对比

一、岩性地层划分对比

岩石地层标定的关键是地层界面的识别。川南地区五峰组—龙马溪组关键地层界面包括五峰组底界面、龙马溪组底界面、龙马溪组顶界面及五峰组和龙马溪组内部各类岩性、岩相转换面。

五峰组底界面在地震剖面上为强振幅与高连续波谷反射（图1-2-1）。露头和岩心上，该界面为平行不整合面，界面之下为奥陶系宝塔组石灰岩、生物碎屑灰岩及瘤状灰岩（图1-2-2a、b），发育角石、三叶虫及腕足类等化石；界面之上为五峰组黑色薄层状页岩，笔石化石丰富，偶见少量腕足类、介形类、放射虫及竹节石等古生物化石。五峰组底界面之下GR值和AC值较低，RT值和RXO值较高；界面之上GR值和AC值突然增大，RT和RXO值突然变小（图1-2-3）。

龙马溪组底界面为整合面，界面之下为观音桥层泥质灰岩（图1-2-2c），石灰岩中 *Hirnantia-Dalmanitina* 动物群化石常见，见大量腕足类和棘屑化石碎屑（图1-2-2d）。龙马溪组底界面之上为碳质页岩（图1-2-2e），笔石化石丰富，硅质放射虫及硅质海绵骨针丰富（图1-2-2f）。龙马溪组底界面之下GR值和AC值较低，RT值和RXO值较高；界面之上GR值和AC值突然增大，RT值和RXO值逐渐降低（图1-2-3）。前人研究表明，龙马溪组底界面区域上为上超面，在部分地区界面上下笔石带缺失。

龙马溪组顶界面在地震剖面上表现为强振幅与高连续波峰反射（图1-2-1）。长宁地区露头和岩心上，该界面为整合面，界面之下为深灰色、灰绿色页岩及粉砂质页岩，钙质和粉砂质含量高，且含大量厌氧型笔石生物化石和少量浅水生物化石；界面之上为石牛栏组泥灰岩或生物灰岩夹钙质页岩（图1-2-3）或小河坝组砂岩，含有大量浅水生物（腹足类、棘屑等）。威远地区岩心上，龙马溪组顶部与下二叠统梁山组假整合接触，界面之下为灰色、灰绿色薄层粉砂质泥岩与泥质粉砂岩互层，界面之上以碳质泥页岩为主，含煤线。龙马溪组顶界面之上的GR值和AC值突然降低，而RT值和RXO值突然增大。

五峰组根据岩性及测井曲线形态可细分为五一段和五二段，构成一个水进—水退旋回。五一段以灰黑色、黑色薄层状页岩、硅质岩、碳质页岩和硅质页岩为主，夹多层斑脱岩。页岩中产丰富的笔石和少量腕足类、三叶虫、放射虫等。五二段为灰黑色、黑色薄层页岩、泥质灰岩、泥灰岩、页岩和粉砂岩，富产介壳相化石，以腕足类、三叶虫为最多，其顶部为观音桥层。五一段GR测井曲线呈退积式叠置样式，五二段GR测井曲线呈进积式叠置样式。

龙马溪组根据岩性组合、电性特征和TOC含量可细分为龙一段和龙二段。龙一段为灰黑色、黑色页岩，TOC大于2%，GR值和AC值较高，GR曲线和AC曲线整体为漏斗形（图1-2-3）；龙二段为深灰色、绿灰色页岩、粉砂质页岩或粉砂岩，粉砂质含量增加，TOC小于2%，GR值和AC值较低，GR曲线和AC曲线整体为箱形。龙一段根据岩性组

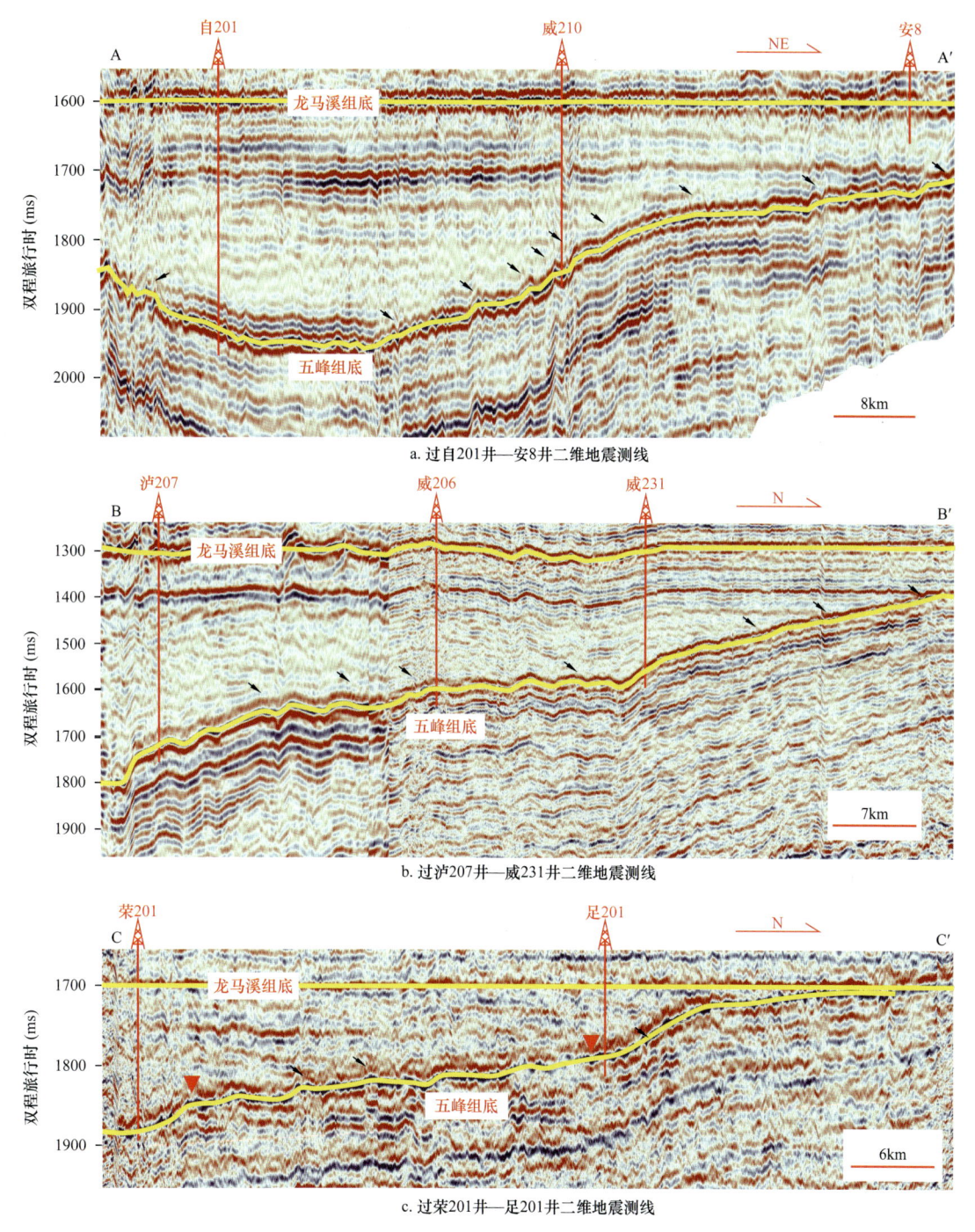

图 1-2-1　川南地区地震剖面展示五峰组—龙马溪组顶底界反射特征

合和电性特征,可进一步细分为龙一$_1$亚段和龙一$_2$亚段(图 1-2-3)。龙一$_1$亚段以灰黑色页岩为主,TOC 含量、GR 值和 AC 值较高,整体呈现一个水进—水退旋回;龙一$_2$亚段以深灰色页岩为主,TOC 含量、GR 值和 AC 值相对较低,整体呈现一个水进—水退旋回。龙一$_1$亚段又进一步细分为龙一$_1^{1-4}$四个小层。龙一$_1^1$小层由黑色碳质页岩、硅质页岩组成，GR 值呈尖峰状，为 170～500API，TOC 值为 4%～12%（图 1-2-3），其因高 GR 值及高 TOC 含量而成为区域性标志层。龙一$_1^2$ 小层由黑色块状页岩、碳质页岩组成，GR 值为 140～180API，GR 曲线呈漏斗形，TOC 分布稳定。龙一$_1^3$ 小层也为区域标志层，主要由黑色碳质页岩、硅质页岩组成，GR 值一般介于 160～270API，GR 曲线构成次一级的水进—水退旋回。龙一$_1^4$ 小层主要由黑色黏土质或钙质页岩组成，GR 值一般介于 140～180API，GR 曲线构成箱形。整体上，龙一$_1$ 亚段旋回内部，龙一$_1^1$ 小层为水进期沉积，而龙一$_1^{2-4}$ 小层为水退期沉积。

图 1-2-2　川南地区五峰组—龙马溪组界面特征照片

a. 五峰组底界面，YS108 井，岩心直径 8cm；b. 五峰组底界面之下宝塔组瘤状灰岩，黔东北沿河剖面；c. 龙马溪组底界面之下为观音桥层泥质灰岩，长宁双河剖面；d. 观音桥层泥质灰岩中见大量动物碎片，长宁双河剖面；e. 龙马溪组底界面之上的碳质页岩，长宁双河剖面；f. 龙马溪组底界面之上碳质页岩中见大量硅质海绵骨针，钙质充填，约 40μm，长宁双河剖面

二、化学地层划分对比

昭通地区的阳 103 井被用作川南地区五峰组—龙马溪组化学地层划分对比的标准井。该井使用 10 个标志性的指标元素（元素比值）来确定五峰组—龙马溪组的化学地层分带，基本原理是根据页岩有机或无机地球化学成分的纵向旋回性变化及分区性来分区。主要化学指标包括成分变异指数（ICV）、化学蚀变指数（CIA）、化学风化指数（CIW）和斜长石蚀变指数（PIA）、U/Th、Ni/Co 和 V/Cr 等。

ICV 成分变异指数通常用于判定碎屑岩的烃源岩成分是首次沉积的沉积物还是再循环的沉积物。其公式为

$$ICV=(Fe_2O_{3T}+K_2O+Na_2O+CaO^*+MgO+MnO+TiO_2)/Al_2O_3 \quad (1-2-1)$$

式中主要成分以摩尔分数表示，CaO^* 为硅酸岩中的 CaO。当 ICV 值大于 1，表明碎屑岩的成分成熟度低，其内含有很少的黏土矿物，反映沉积物是在构造活动时期的首次沉积；ICV 值小于 1，表明碎屑岩的成分成熟度高，碎屑岩中含有大量黏土矿物，沉积物质经历了再循环作用或者是遭受了强烈的化学风化作用条件下的首次沉积，受后生作用的影响较大。

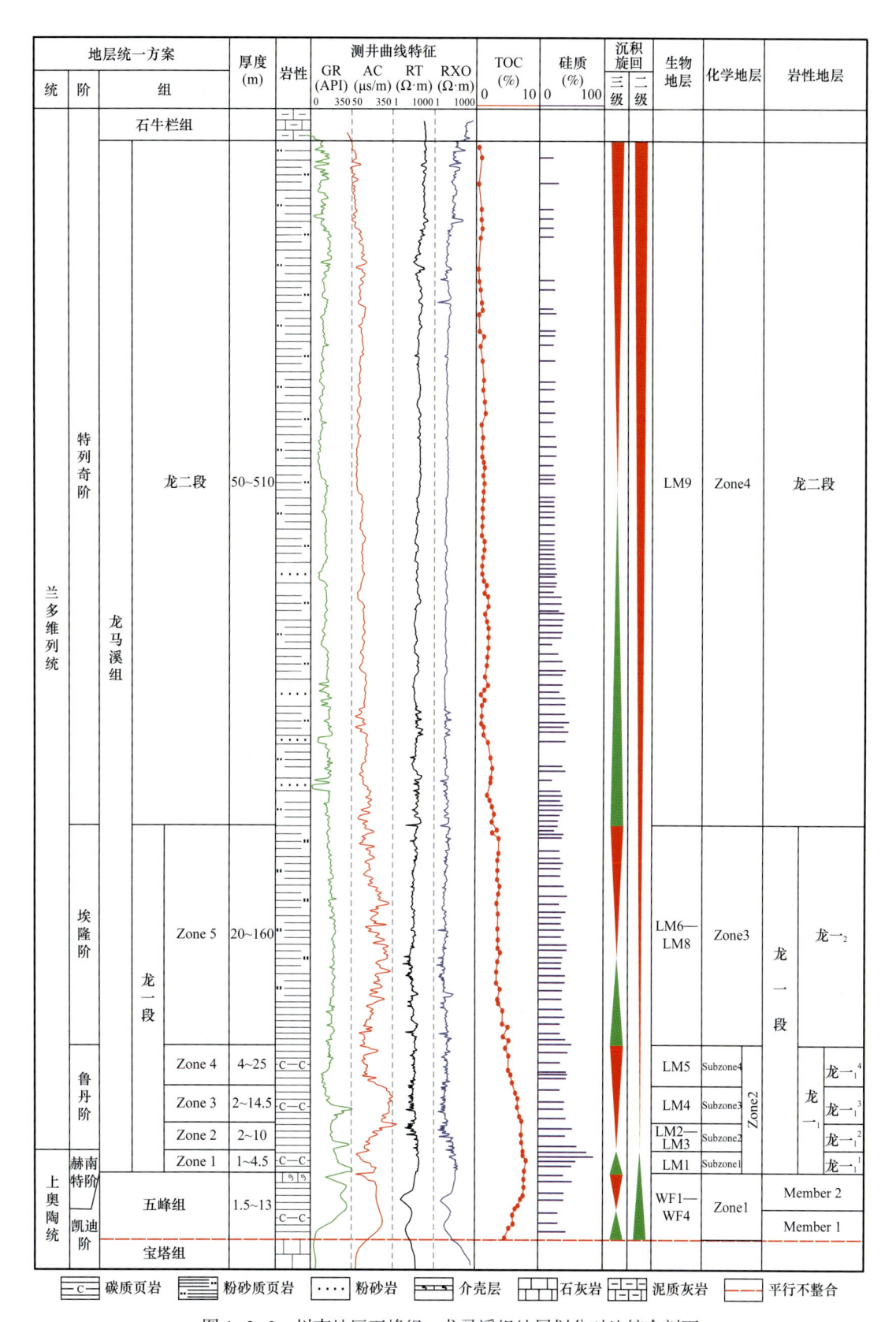

图 1-2-3 川南地区五峰组—龙马溪组地层划分对比综合剖面

CIA化学蚀变指数用于判断物源区的化学风化作用强度,其公式为

$$CIA=Al_2O_3/[(Al_2O_3+CaO^*+Na_2O+K_2O)]\times 100 \quad (1-2-2)$$

式中主要成分均以摩尔分数表示,CaO^*代表硅酸盐岩中的CaO含量(全岩中的CaO去掉化学沉积的CaO的摩尔分数),Mclennan et al.(1993)指出硅酸盐矿物中CaO和Na_2O的平均组成比例,依据沉积物样品中的CaO/Na_2O的摩尔比值来进行校正。因此,在计算CaO^*时采用如下法则,当CaO的摩尔分数大于Na_2O的摩尔分数时,$m(CaO^*)=m(Na_2O)$,反之$m(CaO^*)=m(CaO)$。随着研究的不断深入,CIA值对于古气候也有相应的指示。CIA值介于50~65,反映低等的化学风化作用强度和寒冷干燥的气候条件;CIA值介于65~85,反映中等强度的化学风化和温暖湿润的气候条件;CIA值介于85~100,反映强烈的化学风化强度和炎热潮湿的热带亚热带气候条件。通常情况下,物源区母岩物质是复杂的,用CIA进行定量分析物源区古风化作用强度及古气候时,还应考虑到沉积分异作用、再旋回作用、沉积区进一步风化作用及成岩期钾质交代等作用影响。

CIW化学风化指数是化学风化作用强度的判别新指数,其计算公式为

$$CIW=100\times[Al_2O_3/(Al_2O_3+CaO^*+Na_2O)] \quad (1-2-3)$$

式中Al_2O_3、Na_2O和CaO^*均采用摩尔分数,CaO^*代表硅酸盐岩中的CaO含量。显生宙页岩的CIW值接近于85,CIW值大于85,显示强烈的化学风化作用强度。

PIA斜长石蚀变指数单独指示斜长石的风化状况。其计算公式为

$$PIA=100\times(Al_2O_3-K_2O)/(Al_2O_3+CaO^*+Na_2O-K_2O) \quad (1-2-4)$$

式中主要成分均以摩尔分数表示,CaO^*代表硅酸盐岩中的CaO含量。通常情况下新鲜岩石的PIA值为50,PAAS(Post-Archean Australian Shales,后太古宙澳大利亚页岩)的PIA值为79,黏土矿物如高岭石、伊利石及蒙皂石的PIA值则接近100。

微量元素Ni和Ga的绝对浓度通常与古盐度有关。一般来说,Ni的浓度与古盐度正相关,而Ga的浓度与古盐度负相关。

古氧相是判别水体中溶解氧含量的重要指标(单位为mL/L),一般分为常氧(Oxic,氧气浓度>2mL/L)、贫氧(Dysoxic,氧气浓度为0.2~2mL/L)、厌氧非硫化相(Suboxic,氧气浓度为0~0.2mL/L)和厌氧硫化相(Anoxic,氧气浓度为0)。U/Th、Ni/Co和V/Cr通常被用来表示古水体氧化—还原条件。一般来说,氧化水体中,U/Th<0.75,Ni/Co<5,V/Cr<2;贫氧水体中,0.75<U/Th<1.25,5<Ni/Co<7,2<V/Cr<4.25;还原水体中,U/Th>1.25,Ni/Co>7,V/Cr>4.25。

通过编制各化学指标与深度的关系剖面,确定五峰组—龙马溪组黑色页岩的化学地层划分方案。结果表明,该剖面可以划分为3个区:Zone 1、Zone 2和Zone 3(图1-2-3)。在Zone 1内部,所有的指标都剧烈变化。具体地说,反映古盐度和古水体氧化—还原强度的指标先上升后下降。与此相反,表示古风化作用的指标先保持稳定然后快速下降。

Zone 1和Zone 2的界面处发生突变。具体而言,指示古风化作用和古盐度的指标突然变大,而指示古水体氧化—还原条件的指标值略有下降,然后急剧增加。根据元素剖面的形状,Zone 2可细分为Subzone 1、Subzone 2、Subzone 3和Subzone 4。在Subzone 1中,

除 ICV 和 Ga 的值外，所有指标的值都会迅速下降。在 Subzone 2 中，CIA、CIW 和 PIA 的值保持稳定，Ni、Sr/Ba、U/Th、Ni/Co、V/Cr 和 TOC 的值缓慢下降，Ga 值缓慢增加，ICV 值迅速下降。在 Subzone 3 中，除 Ga 值外，表示古风化作用和古盐度的指标均保持稳定，而表示古水体氧化还原条件的指标值则缓慢下降。在 Subzone 4 中，代表古风化和古盐度的值保持稳定，至于暗示古水体氧化还原条件的指标也缓慢下降。

在 Zone 3 内，表明古风化和古盐度的值剧烈波动，而表示古水体氧化—还原条件的指标保持稳定。具体而言，ICV 和 Ga 的值先增加，然后保持稳定。此外，CIA、CIW、PIA、Sr/Ba、U/Th、Ni/Co、V/Cr 和 TOC 值先降低后保持稳定。

化学地层分带与岩性地层分带具有良好的对应关系。其中，Zone 1 对应五峰组，Zone 2 对应龙一$_1$亚段，Zone 3 对应龙一$_2$亚段。Zone 2 中，Subzone 1 对应龙一$_1^1$小层，Subzone 2 对应龙一$_1^2$小层，Subzone 3 对应龙一$_1^3$小层，Subzone 4 对应龙一$_1^4$小层。

三、生物地层标定

川南地区五峰组—龙马溪组共发育 13 个笔石带，其中五峰组发育 4 个笔石带，龙马溪组发育 9 个笔石带。由下至上，奥陶系凯迪阶五峰组发育笔石带 *Dicellograptus complanatus*（WF1）、*Dicellograptus complexus*（WF2）和 *Paraorthograptus pacificus*（WF3）。笔石带 WF3 可进一步细分为 Lower Subzone、*Tangyagraptus typicus* Subzone 和 *Diceratograptus mirus* Subzone。赫南特阶五峰组发育笔石带 *Persculptograptus extraordinarius* Zone（WF4），赫南特阶龙马溪组发育笔石带 *Normalograptus persculptus*（LM1）。鲁丹阶龙马溪组由下至上发育笔石带 *Akidograptus ascensus*（LM2）、*Parakidograptus acuminatus*（LM3）、*Cystograptus vesiculosus*（LM4）和 *Coronograptus cyphus*（LM5）。埃隆阶发育笔石带 *Demirastrites triangulatus*（LM6）、*Lituigraptus convolutus*（LM7）和 *Stimulograptus sedgwickii*（LM8）。特列奇阶发育笔石带 *Spirograptus guerichi*（LM9）。

川南地区奥陶系五峰组大部分地区发育笔石带 WF1—WF3，局部地区缺失 WF1，奥陶系龙马溪组发育笔石带 LM1，不同笔石带特征分子组成存在明显差异。笔石带 *Dicellograptus complexus*（WF2）特征分子主要有 *Appendispinograptus longispinus*（图 1-2-4a）、*Dicellograptus ornatus*（图 1-2-4b、c）、*Dicellograptus complexus* 和 *Amplexograptus latus*（图 1-2-4d、e）等。笔石带 *Paraorthograptus pacificus*（WF3）特征分子有 *Paraorthograptus pacificus*（图 1-2-4h）、*Rectograptus abbreviates*（图 1-2-4f）、*Dicellograptus minor*（图 1-2-4g）和 *Tangyagraptus typicus*（图 1-2-4d、i）等。笔石带 *Persculptograptus extraordinarius*（WF4）特征分子主要为 *Normalograptus extraordinarius* 等。该时期由于全球气候变凉，笔石大量死亡，富含腕足类、壳类的赫南特贝动物群大面积发育（图 1-2-4j—1）。笔石带 *Persculptograptus persculptus*（LM1）特征分子主要有 *Avitograptus ex gr. avitus*（图 1-2-5a）、*Avitograptus avitus*（图 1-2-5b）等。四川盆地及周缘 17 口典型井岩心和 4 条露头剖面都发育完整的笔石带 WF4 和笔石带 LM1，且二者之间岩心未见任何侵蚀或沉积间断现象，与前人研究一致，表明观音桥层和龙马溪组应为连续沉积。

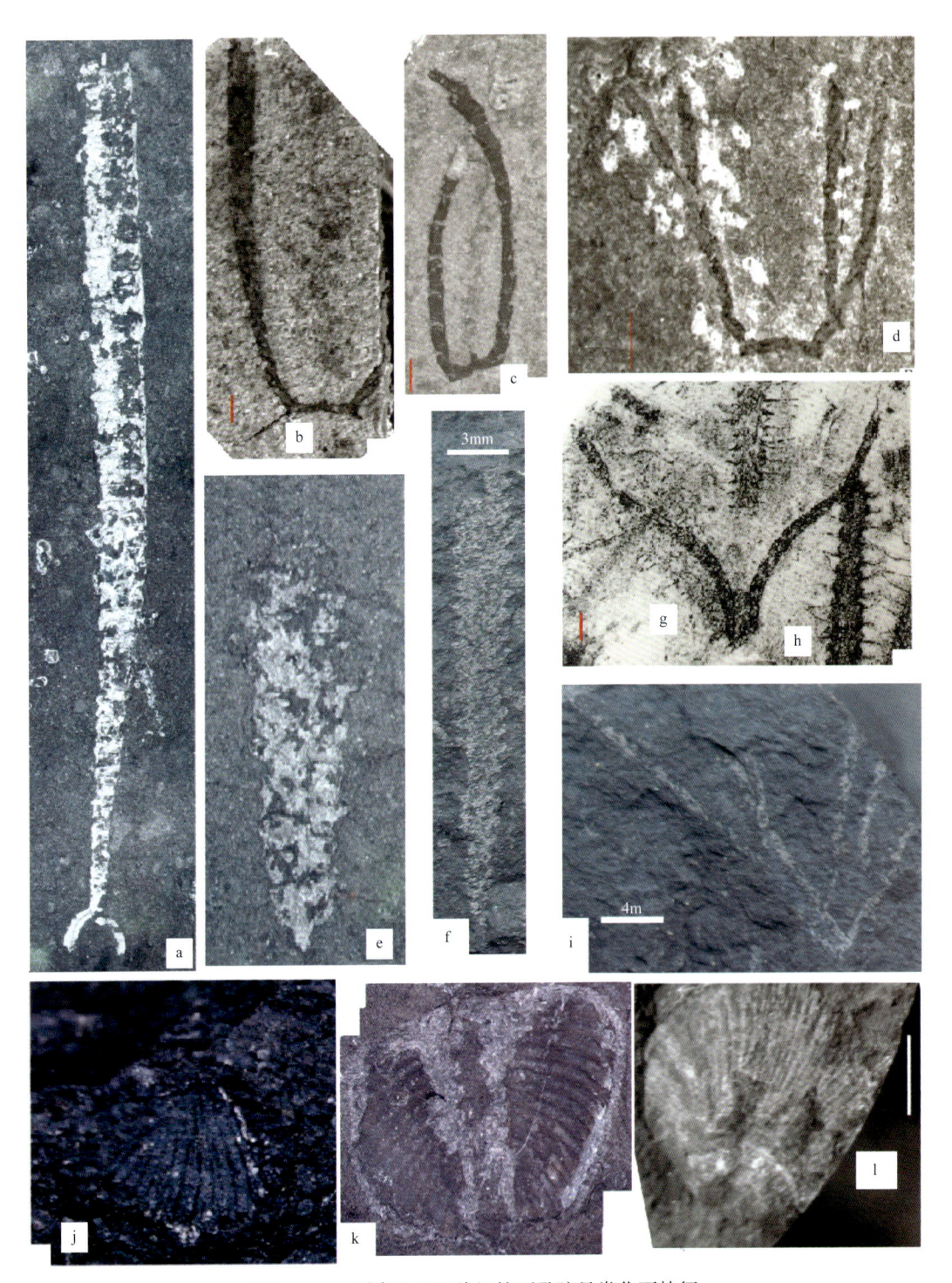

图 1-2-4 川南地区五峰组笔石及腕足类化石特征

a. *Appendispinograptus longispinus*，焦页 1 井，WF2；b. *Dicellograptus ornatus*，湖北省宜昌市分乡五峰组，WF2；c. *Dicellograptus ornatus*，湖北省宜昌市分乡五峰组，WF2；d. *Tangyagraptus gracilis*，WF3，湖北省宜昌市分乡五峰组；e. *Amplexograptus latus*，焦页 1 井，WF2；f. *Paraorthograptus pacificus*，盐津 1 井，WF3；g. *Dicellograptus turgidus*，贵州省松桃县陆地坪五峰组，WF3；h. *Paraorthograptus pacificus*，贵州省松桃县陆地坪五峰组，WF3；i. *Tangyagraptus typicus*，盐津 1 井，WF3；j. Strophomenid，威 202 井，观音桥层；k. *Mucronaspis*（*Songxites*）sp.，威 202 井，观音桥层；l. 含腕足类，自 201 井，观音桥层

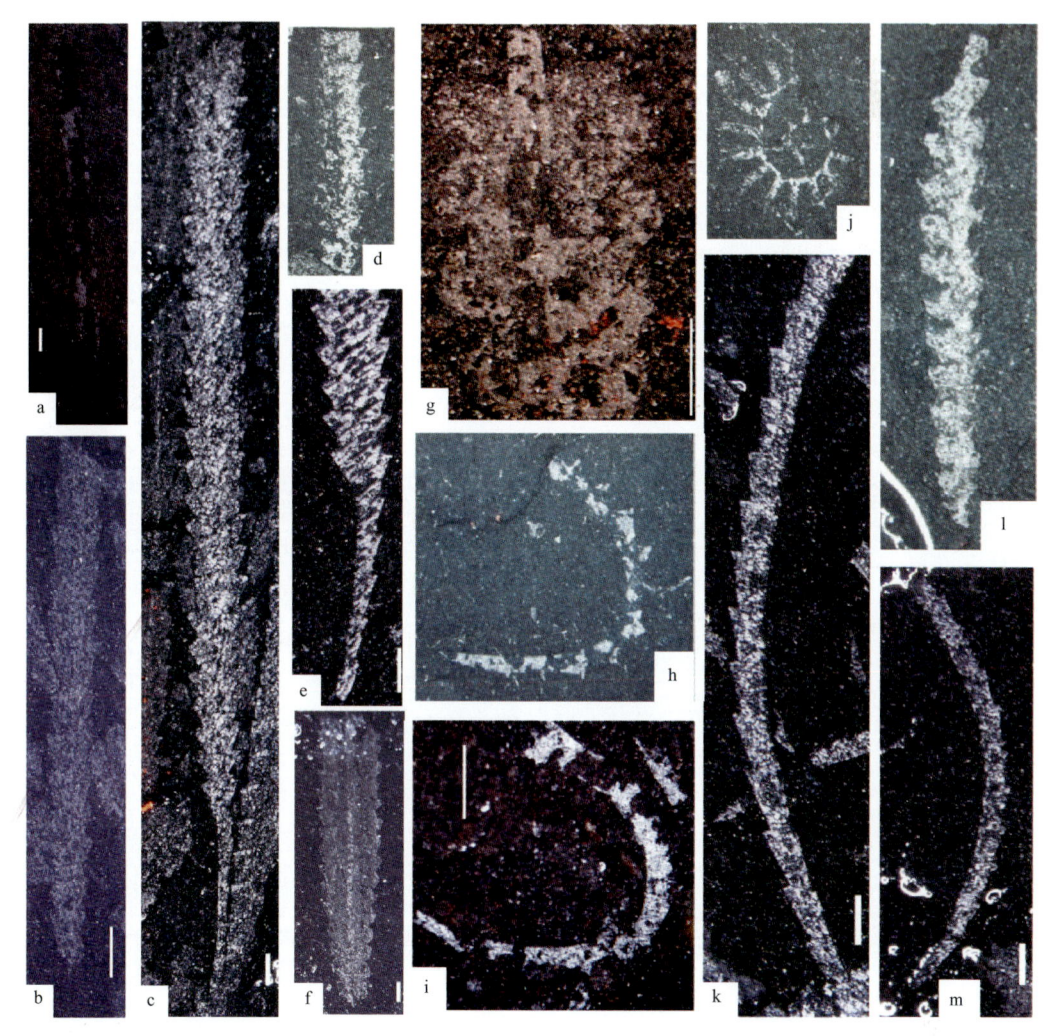

图 1-2-5 川南地区龙马溪组笔石带组成及特征

a. *Avitograptus ex gr. avitus*（Davies），威 202 井，LM1—LM2；b. *Avitograptus avitus*，WX2 井，LM2—LM3；c. *Dimorphograptus nankingensis*，焦页 8 井，LM4；d. *Pseudorthograptus* sp.，焦页 1 井，LM4；e. *Dimorphograptus nankingensis*，焦页 8 井，LM4；f. *Cystograptus vesiculosus*，焦页 8 井，LM4；g. *Cystograptus vesiculosus*，威 204 井，LM4；h. *Coronograptus* cf. *cyphus*，焦页 1 井，LM5；i. *Coronograptus cyphus*，威 202 井，LM5；j. *Rastrites guizhouensis*，焦页 1 井，LM6；k. *Coronograptus* cf. *gregarius*，焦页 8 井，LM6；l. *Glyptograptus* cf. *tamaricus*，焦页 1 井，LM6；m. *Coronograptus* cf. *gregarius*，焦页 8 井，LM6

龙马溪组笔石带 LM2—LM9 发育，不同笔石带特征笔石分子组成存在明显差异。笔石带 *Akidograptus ascensus*（LM2）特征分子包括 *A.ascensus*、*P.praematurus*、*N.anjiensis*、*N.bicaudatus*、*Neodiplograptus modestus*、*Atavograptus atavus* 等。笔石带 *Parakidograptus acuminatus*（LM3）特征分子包括 *Parakidograptus acuminatus*、*Cystograptus ancestralis*、*Hirsutograptus sinitzini*、*Agetograptus primus* 和 *Hirsutograptus comanits* 等。笔石带 *Cystograptus vesiculosus*（LM4）特征分子包括 *Dimorphograptus nankingensis*（图 1-2-5c、e）、*Pseudorthograptus* sp.（图 1-2-5d）、*Cystograptus vesiculosus*（图 1-2-5f、g）等。笔石带 *Coronograptus cyphus*（LM5）特征分子包括 *Coronograptus* cf. *cyphus*（图 1-2-5h）、*Coronograptus cyphus*（图 1-2-5i）等。笔石带 *Demirastrites triangulatus*（LM6）特征分

子包括 *Rastrites guizhouensis*（图 1-2-5j）、*Pernerograptus difformis*、*Coronograptus* cf. *gregarius*（图 1-2-5k、m）、*Coronograptus gregarius*、*Glyptograptus* cf. *tamaricus*（图 1-2-5l）、*Campograptus communis*、*Falcatograptus falcatus* 和 *Demirastrite triangulatus* 等。笔石带 *Lituigraptus convolutus* 带（LM7）特征分子包括 *Lituigraptus convolutus*（图 1-2-6b、d、e）、*Cephalograptus cometa*（图 1-2-6a）和 *Torquigraptus decipiens*（图 1-2-6f）等。笔石带 *Stimulograptus sedgwickii*（LM8）特征分子包括 *Clinoclimacograptus retroversus*、*Pseudoretiolites daironi* 和 *Stimulograptus* cf. *sedgwickii*（图 1-2-6b）等。笔石带 *Spirograptus guerichi*（LM9）特征分子有 *Oktavites* sp.（图 1-2-6g）、*Stimulograptus sedgwickii*（图 1-2-6h）、*Spirograputs guerichi*（图 1-2-6i、j）和 *Torquigraptus planus*（图 1-2-6k）等。

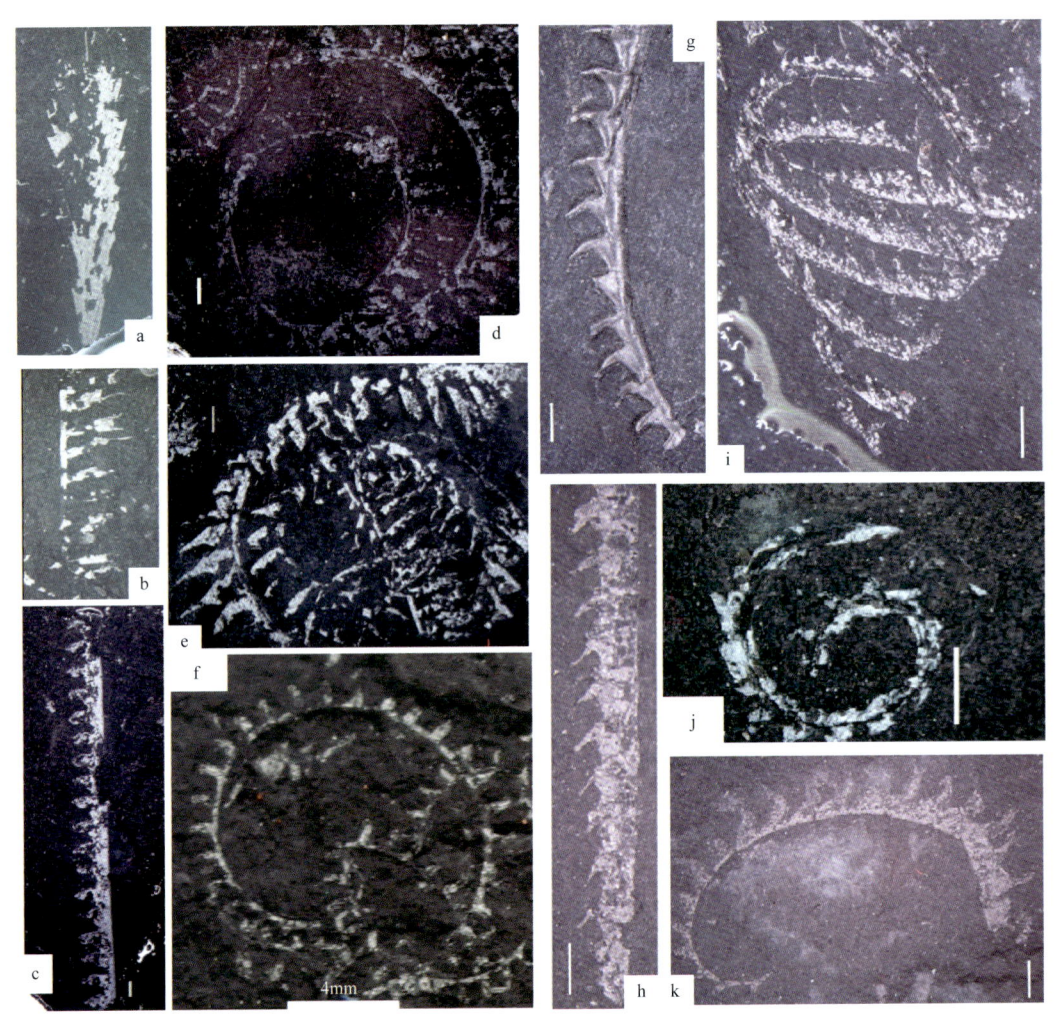

图 1-2-6 川南地区龙马溪组笔石带组成及特征

a. *Cephalograptus cometa*，焦页 1 井，LM7；b. *Lituigraptus convolutus*，焦页 1 井，LM7；c. *Stimulograptus* cf. *sedgwickii*，威 204 井，LM8；d. *Lituigraptus convolutes*，威 202 井，LM7；e. *Lituigraptus convolutus*，威 204 井，LM7；f. *Torquigraptus decipiens*，盐津 1 井，LM7；g. *Oktavites* sp.，WX2 井，LM9；h. *Stimulograptus sedgwickii*，WX2 井，LM9；i. *Spirograputs guerichi*，WX2 井，LM9；j. *Spirograptus gurichi*，威 202 井，LM9；k. *Torquigraptus planus*，WX2 井，LM9

川南地区五峰组—龙马溪组不同笔石带岩性和电性组合特征，全区可以对比（表1-2-1）。其中，笔石带WF1—WF3对应五峰组下部的笔石页岩段，WF4对应观音桥层。笔石带LM1—LM5对应龙马溪组龙一$_1$亚段，笔石带LM1对应龙一$_1^1$小层，笔石带LM2—LM3对应龙一$_1^2$小层，笔石带LM4对应龙一$_1^3$小层，笔石带LM5对应龙一$_1^4$小层，笔石带LM6—LM8对应龙一$_2$亚段，笔石带LM9对应龙二段。

四、地层划分对比方案

川南地区五峰组—龙马溪组生物地层、化学地层和岩性地层划分方案具有可对比性（图1-2-3）岩性地层五峰组对应化学地层Zone 1和生物地层WF1—WF4。龙马溪组龙一$_1$亚段对应于化学地层Zone 2和生物地层LM1—LM5，龙一$_1^1$小层对应生物地层LM1，龙一$_1^2$小层对应于生物地层LM2—LM3，龙一$_1^3$小层对应于生物地层LM4，龙一$_1^4$小层对应于生物地层LM5。龙马溪组龙一$_2$亚段对应于化学地层Zone 3和生物地层LM6—LM8。龙马溪组龙二段对应于生物地层LM9。五峰组—龙马溪组发育2套区域性标志层，即观音桥层和LM6段。观音桥层位于五峰组顶部，富含赫南特贝动物群，在全区及全世界范围内广泛发育，是五峰组和龙马溪组的分界线。LM6段富含 *Demirastrites triangulatus* 笔石带，区域分布最广，是鲁丹阶与埃隆阶分界。

综合考虑研究区页岩气勘探开发需要和国际上可对比性，确定最终地层划分方案（图1-2-7）。龙马溪组划分为龙一段和龙二段，龙一段进一步细分为Zone 1、Zone 2、Zone 3、Zone 4和Zone 5。五峰组形成于中下部形成于凯迪阶，观音桥层和Zone 1形成于赫南特阶，Zone 2、Zone 3和Zone 4形成于鲁丹阶。Zone 5形成于埃隆阶，龙二段形成于特列奇阶。

系	统	阶	组	段	小层	带	名称	年龄(Ma)	GR 低→高	海平面 低→高
志留系	兰多列维统	特列奇阶	龙马溪组	龙二段		LM7—LM9	*Spirograptus guerichi* *Stimulograptus sedgwickii* *Litui graptus convolutus*	439.21		旋回3
		埃隆阶		龙一段	龙一$_2$	LM6	*Demirastrites triangulatus*	440.77		
		鲁丹阶			龙一$_1^4$	LM5	*Coronograptus cyphus*	441.57		旋回2
					龙一$_1^3$	LM4	*Cystograptus vesiculosus*	442.47		
					龙一$_1^2$	LM3	*Parakidogr.acuminatus*	443.40		
						LM2	*Akidograptus ascensus*	443.83		
					龙一$_1^1$	LM1	*Persculptogr.persculptus*	444.43		
奥陶系	上奥陶统	赫南特阶	五峰组	五二段		WF4	*Persculptogr.extraordinarius*	445.16		
		凯迪阶				WF3	*Paraorthogr.pacificus*	447.02		旋回1
				五一段		WF2	*Dicellogr.complexus*	447.62		
						WF1	*Dicellogr.complanatus*			

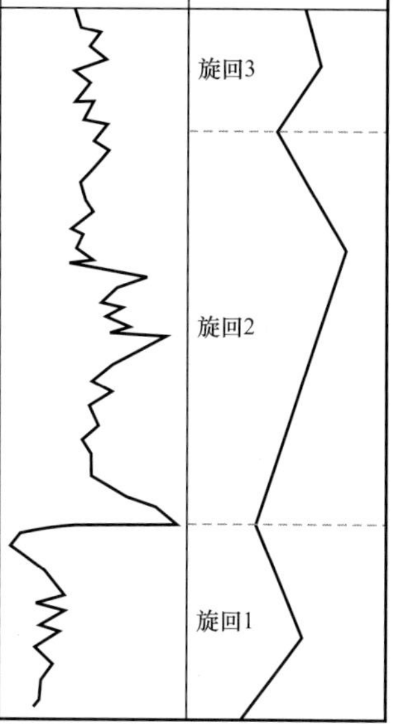

图1-2-7 川南地区五峰组—龙马溪组地层综合划分对比方案

表1-2-1 川南地区五峰组—龙马溪组不同笔石带岩相组合及测井相特征

统	阶	笔石带	地层组	地层段	地层亚段	小层	岩性组成	厚度（m）	底界面特征	测井曲线特征-自然伽马	测井曲线特征-声波时差	测井曲线特征-电阻率	沉积旋回
兰多维列统	特列奇阶	N2		梁山组/石牛栏组			灰色泥灰岩、生物灰岩夹钙质页岩		角度不整合、岩性、岩相突变、强振幅、高连续反射、自然伽马、声波时差突然减小、电阻率突然增大				
	埃隆阶	LM9/N1		龙二段			深灰色、绿色泥岩、粉砂质泥岩	48～446.5	整合接触、界面之下声波时差、自然伽马为箱形、界面之上为箱形				LST
		LM6—LM8	龙马溪组	龙一段	龙一₂		深灰黑色、灰黑色泥岩	9.9～110	整合接触，测井曲线形态由界面之下的漏斗形变成箱形				HST
	鲁丹阶	LM5			龙一₁	龙一₁⁴	粉砂质页岩、钙质页岩	4.3～19.7	整合接触，测井曲线形态由界面之下的箱形变成漏斗形	漏斗形	漏斗形	漏斗形	TST
		LM4				龙一₁³	泥质页岩、含碳质页岩	2.1～14.5	整合接触，测井曲线形态由界面之下的漏斗形变成箱形	箱形	箱形	箱形	
		LM2—LM3				龙一₁²	含碳质页岩、泥页岩	2.0～9.2	指状或箱形转变为漏斗形	漏斗形	漏斗形	齿化漏斗形	
		LM1				龙一₁¹	硅质页岩、富含笔石	1.3～4.2	浅灰色石灰岩突变为硅质页岩，自然伽马和声波时差突然升高，电阻率降低	指状高值	箱形	箱形	
上奥陶统	赫南特阶	WF4	五峰组	观音桥层			浅灰色泥岩、泥灰岩、石灰岩、泥化石、腕足类、三叶虫最多	0.2～1.0	黑色富笔石页岩突变为灰色石灰岩或泥灰岩，自然伽马和声波时差突然降低、电阻率升高	指状低值	指状低值	指状高值	HST
	凯迪阶	WF2—WF3		笔石页岩段			黑色页岩、富含笔石、高碳酸盐含量	0.5～14.5	平行不整合、波峰反射，界面之上自然伽马和声波时差突然增大、电阻率突然减小	箱形高值	箱形高值	箱形低值	TST
			宝塔组				浅灰色瘤状灰岩			箱状低值	箱状低值	箱状低值	

— 14 —

第三节　五峰组—龙马溪组地层展布与演化

一、典型单井地层划分

对照地层划分对比综合方案，综合岩性、电性（包括声波时差、自然伽马、密度、电阻率、TOC 含量等测井曲线）及古生物标注，开展了川南地区典型井地层划分与对比（图 1-3-1—图 1-3-3）。

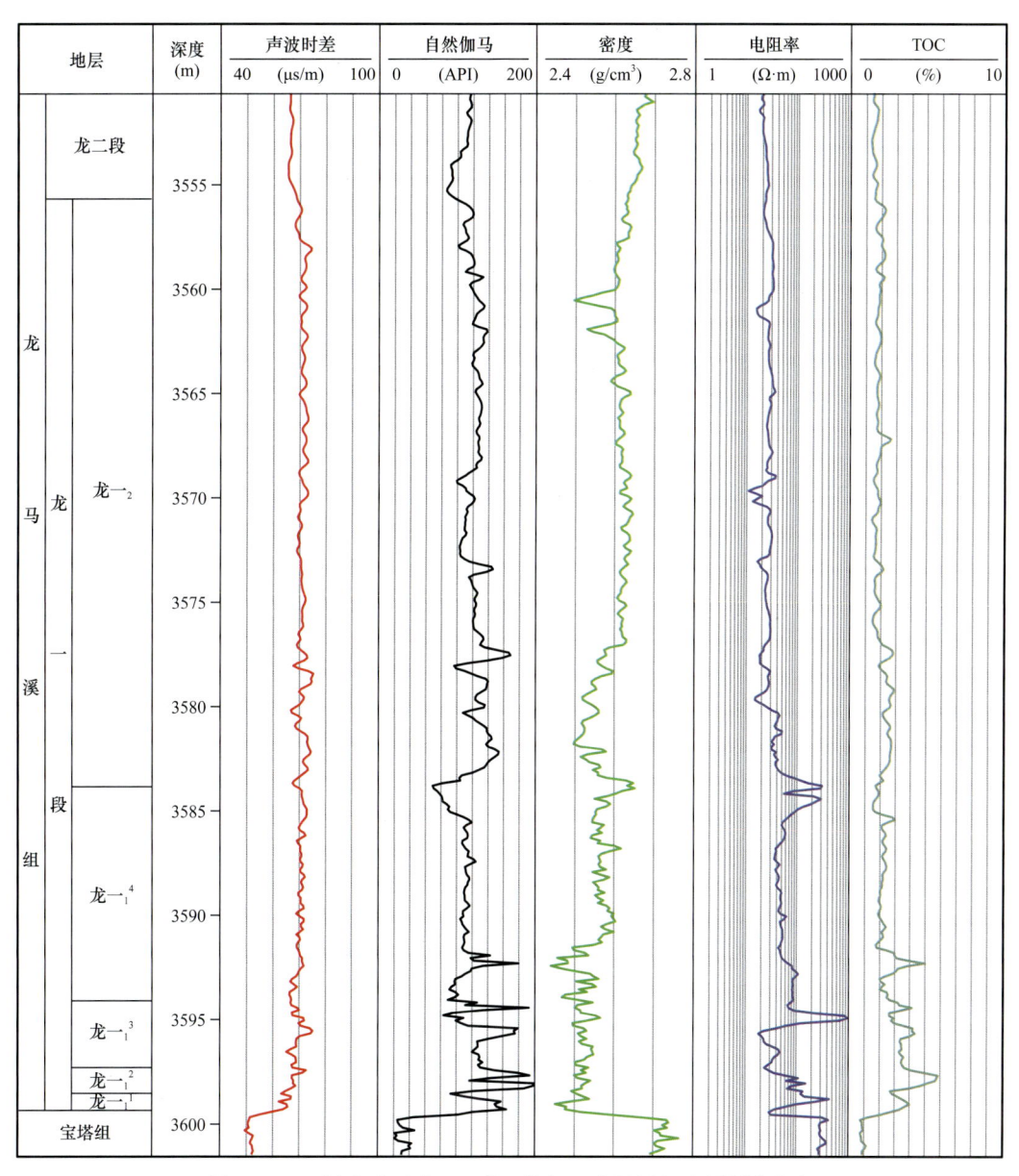

图 1-3-1　川南地区威 212 井五峰组—龙马溪组地层划分方案

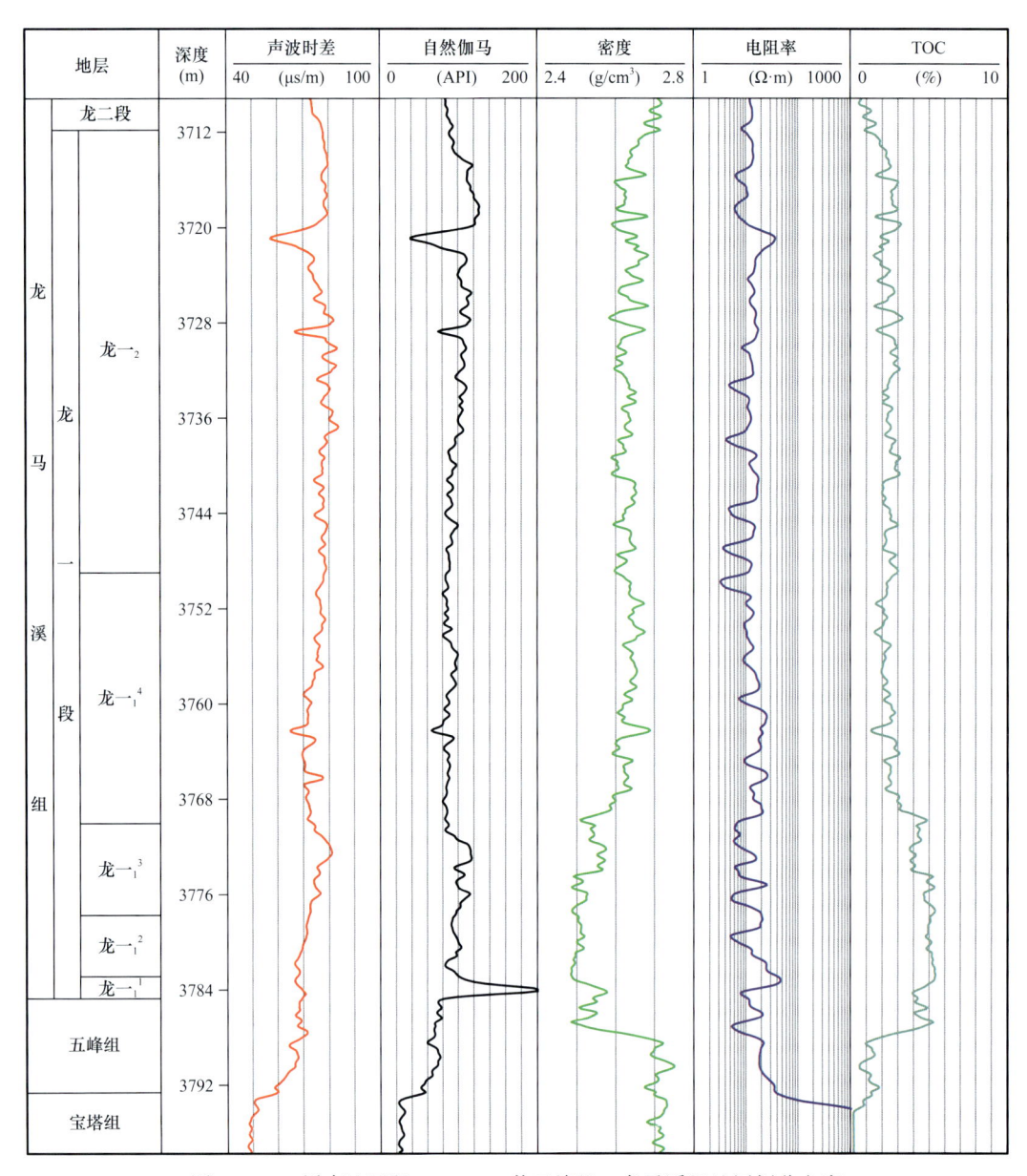

图 1-3-2　川南地区阳 101H3-8 井五峰组—龙马溪组地层划分方案

威 212 井位于川南威远地区，综合岩性、电性及古生物特征，可将该井黑色页岩划分出龙马溪组，五峰组缺失。龙马溪组与下伏宝塔组为平行不整合面，界面上下存在岩性和电性的突变。界面之下，宝塔组为浅灰色的瘤状灰岩，自然伽马和声波时差值较低，密度和电阻率较大；界面之上，龙马溪组组为灰黑色页岩，自然伽马和声波时差值较高，密度和电阻率较小。龙马溪组根据岩性和电性特征可划分为龙一段和龙二段，龙一段主要为黑色页岩，而龙二段主要为浅灰绿色页岩。龙一段根据测井曲线和旋回性细分为龙一$_1$亚段和龙一$_2$亚段，龙一$_1$亚段进一步细分为龙一$_1^1$、龙一$_1^2$、龙一$_1^3$和龙一$_1^4$小层（图 1-3-1）。威远地区威 212 井龙一$_1^1$、龙一$_1^2$、龙一$_1^3$和龙一$_1^4$小层厚度分别为 0.7m、1.3m、3.2m、10.2m，龙一$_2$亚段厚度为 28.2m。

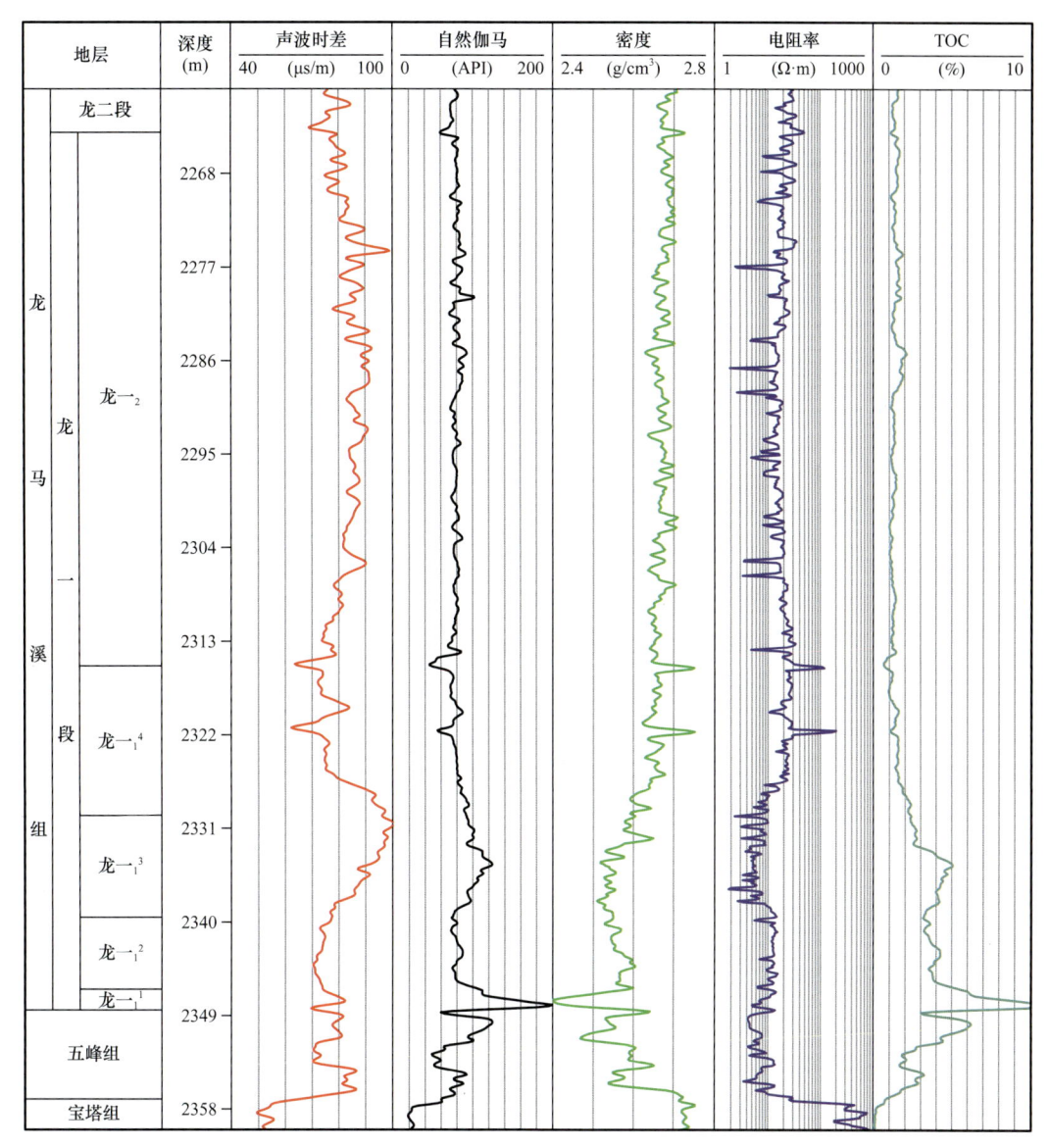

图 1-3-3 川南地区宁 212 井五峰组—龙马溪组地层划分方案

阳 101H3-8 井位于川南泸州地区，综合岩性、电性及古生物特征，可将该井黑色页岩划分出五峰组和龙马溪组。五峰组与下伏宝塔组为平行不整合面，界面上下存在岩性和电性的突变。界面之下，宝塔组为浅灰色的瘤状灰岩，自然伽马和声波时差值较低，密度和电阻率较大；界面之上，五峰组为灰黑色页岩，自然伽马和声波时差值较高，密度和电阻率较小。五峰组与龙马溪组为平行整合接触，界面上下主要存着电性突变。界面之下，自然伽马和声波时差值较低，而界面之上，自然伽马和声波时差值较高。龙马溪组根据岩性特征可划分为龙一段和龙二段，龙一段主要为黑色页岩，而龙二段主要为浅灰绿色页岩。龙一段根据测井曲线和旋回性细分为龙一$_1$亚段和龙一$_2$亚段，龙一$_1$亚段进一步细分为龙一$_1^1$、龙一$_1^2$、龙一$_1^3$和龙一$_1^4$小层（图 1-3-2）。由于该井位于沉积中心位置，地层厚度相对较大，五峰组厚度为 8.5m，龙一$_1^1$、龙一$_1^2$、龙一$_1^3$和龙一$_1^4$小层厚度分别为 1.7m、5.1m、7.7m、21.0m，龙一$_2$亚段厚度为 37.2m。

宁212井位于川南长宁地区，与阳101H3-8井相似，该井五峰组—龙马溪组发育完整。五峰组与下伏宝塔组为平行不整合面，界面上下存在着岩性突变和电性突变。界面之下，宝塔组为浅灰色瘤状灰岩，自然伽马和声波时差值低，密度和电阻率大；界面之上，五峰组为灰黑色页岩，自然伽马和声波时差值突然升高，密度和电阻率突然降低。五峰组与龙马溪组为平行整合接触，界面上下电性突变。界面之下，自然伽马和声波时差值较低，而界面之上，自然伽马和声波时差值较高。自下而上可划分出五峰组和龙马溪组，龙马溪组可划分出龙一段和龙二段，龙一段细分为龙一$_1$亚段和龙一$_2$亚段，龙一$_1$亚段进一步细分为龙一$_1^1$、龙一$_1^2$、龙一$_1^3$和龙一$_1^4$小层（图1-3-3）。该井地层厚度大于威远地区，其五峰组厚度为4.8m，龙一$_1^1$、龙一$_1^2$、龙一$_1^3$和龙一$_1^4$小层厚度分别为3.6m、8.9m、14.1m、19.7m，龙一$_2$亚段厚度为44.5m。

二、典型连井剖面地层对比

川南地区五峰组—龙马溪组沉积中心位于泸州和长宁地区，页岩整体呈中间厚、南北薄，地层由南向北逐渐超覆分布的特征。在过威210井—YS106井南北向五峰组—龙马溪组连井地层对比剖面上（图1-3-4），地层厚度最大值位于宁227井区。由宁227井向北和向南，各小层厚度均逐渐减薄。由宁227井向北方向，地层还出现逐渐超覆的特征，北部的威210井和威232井均缺失底部的五峰组、龙一$_1^1$小层和龙一$_1^2$小层；由宁227井向南方向，YS106井各小层发育完整，但地层厚度明显减薄。

川南宜宾至大足方向，页岩厚度呈现向东北逐渐超覆减薄的分布特征。在过宜205井—足202井五峰组—龙马溪组连井地层对比剖面上（图1-3-5），西南部的宜205井五峰组、龙一$_1^1$小层、龙一$_1^2$小层、龙一$_1^3$小层、龙一$_1^4$小层和龙一$_2$亚段均发育完整，地层厚度相对较大。由西南向东北，自207井缺失五峰组和龙一$_1^1$小层，威232井缺失五峰组、龙一$_1^1$小层和龙一$_1^2$小层，足206井和足202井缺失龙一$_1^1$小层和龙一$_1^2$小层。川南宜宾至大足方向地层的分布可能与该地区存在的水下隆起控制。

川南昭通—长宁地区由西向东，页岩厚度分布较为稳定、各亚段和小层均有分布。在过宜206井—YS135井五峰组—龙马溪组连井地层对比剖面上（图1-3-6），西南部的宜206井五峰组、龙一$_1^1$小层、龙一$_1^2$小层、龙一$_1^3$小层、龙一$_1^4$小层和龙一$_2$亚段均发育完整，地层厚度相对较大。由西向东，长宁和太阳—大寨地区五峰组、龙一$_1^1$小层、龙一$_1^2$小层、龙一$_1^3$小层、龙一$_1^4$小层和龙一$_2$亚段均发育完整。

三、不同时期地层平面展布

五峰组—龙一$_1$亚段沉积时期，川南地区发育两大古隆起，其中，东南部为滇中—雪峰古隆起，西北部为乐山—龙女寺古隆起，黑色页岩分布于两大古隆起之间。该时期存在西南沉积区和东北沉积区两大沉积区域，分界线位于威231井—黄202井—江页探1井—林1井一线（图1-3-7）。整体上，西南沉积区页岩厚度相对较大，最大值为45m，沉积中心位于宜201井—宁219井—宁西202井周边。东北沉积区页岩厚度相对较薄，最大值为35m，沉积中心位于太和1井区域。两大沉积区内部，地层厚度均由东南向西北先增厚再减薄，沉积中心区位于盆地中部。

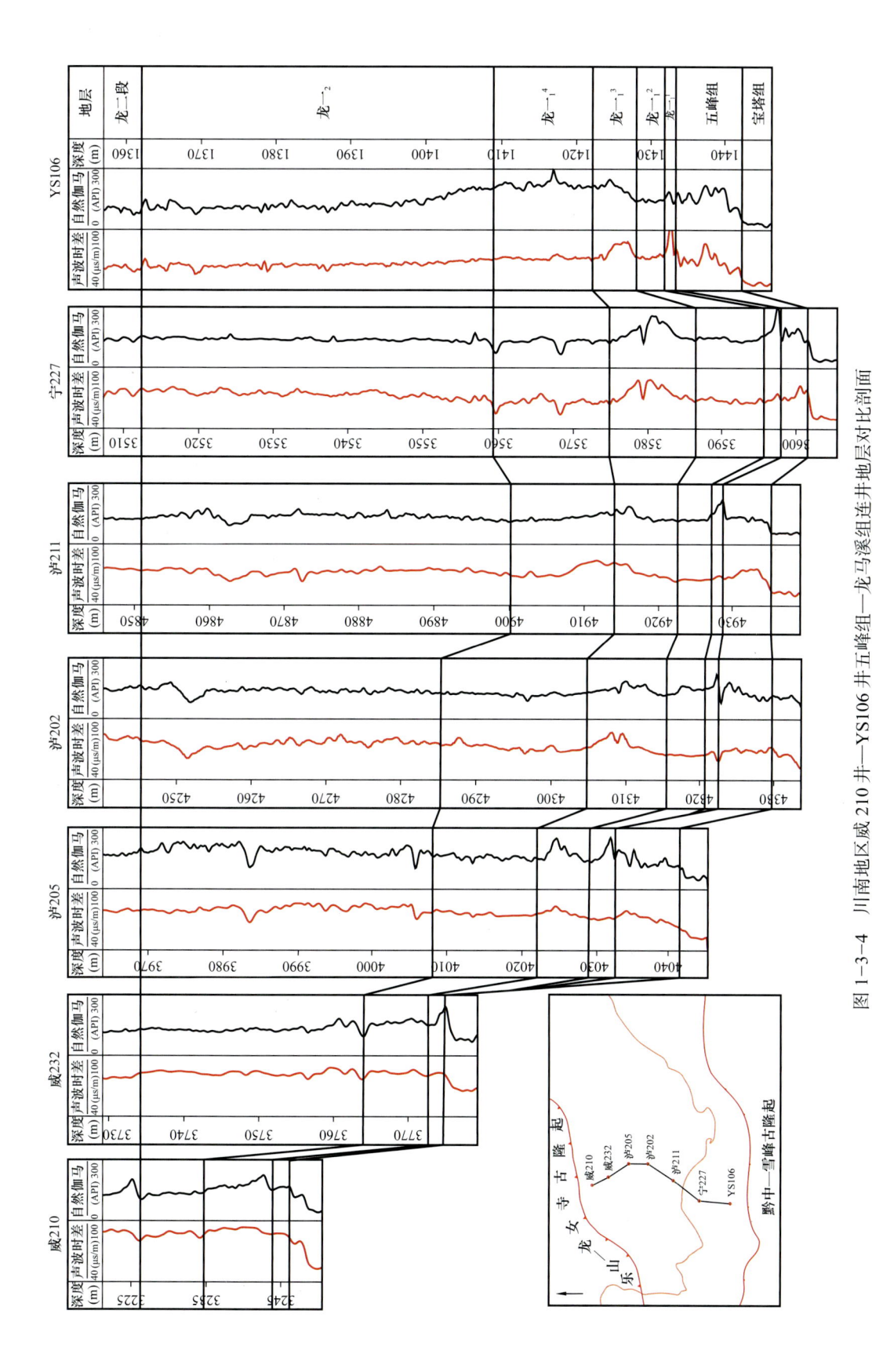

图1-3-4 川南地区威210井—YS106井五峰组—龙马溪组连井地层对比剖面

— 19 —

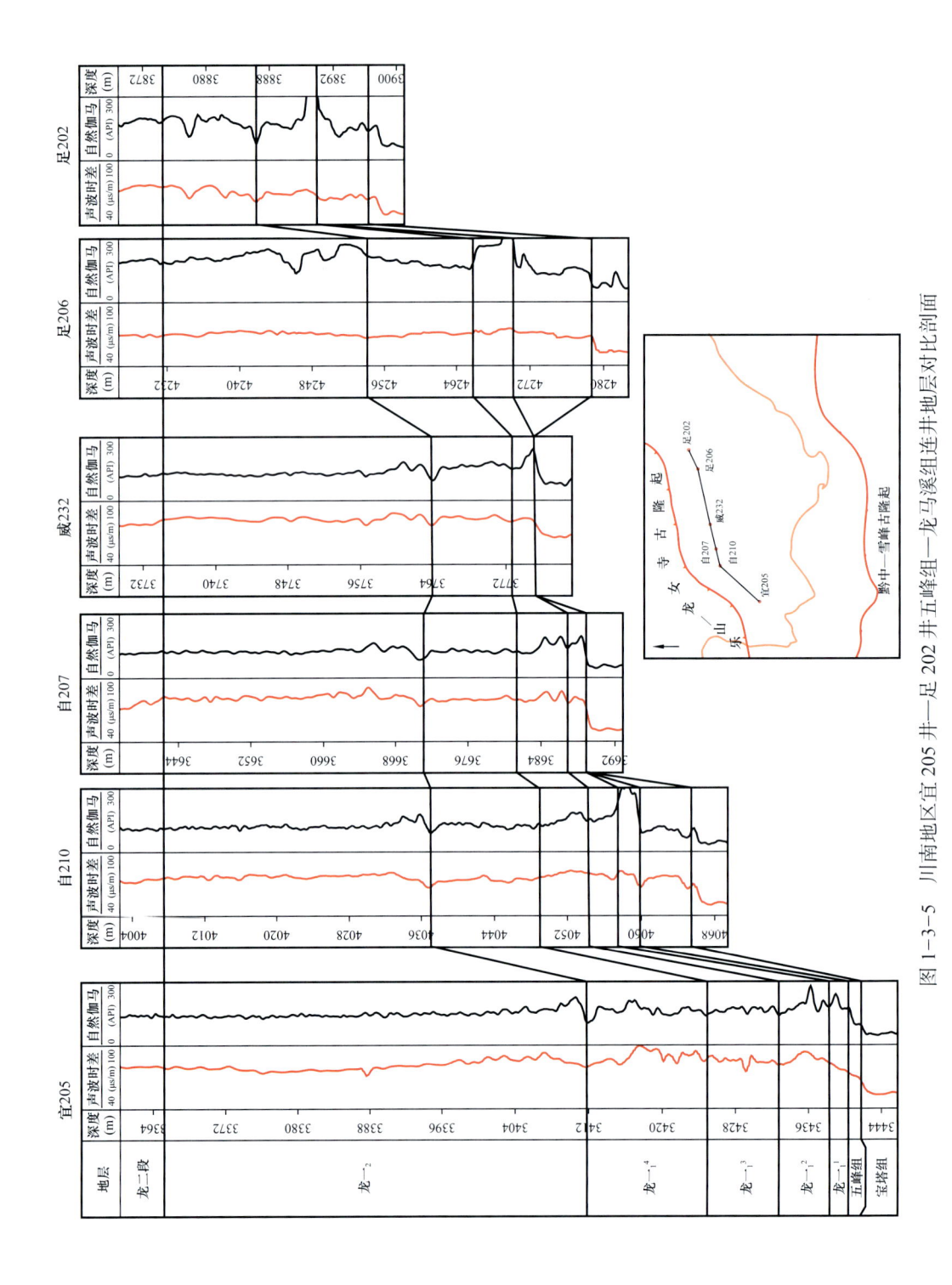

图 1-3-5 川南地区宜205井—足202井五峰组—龙马溪组连井地层对比剖面

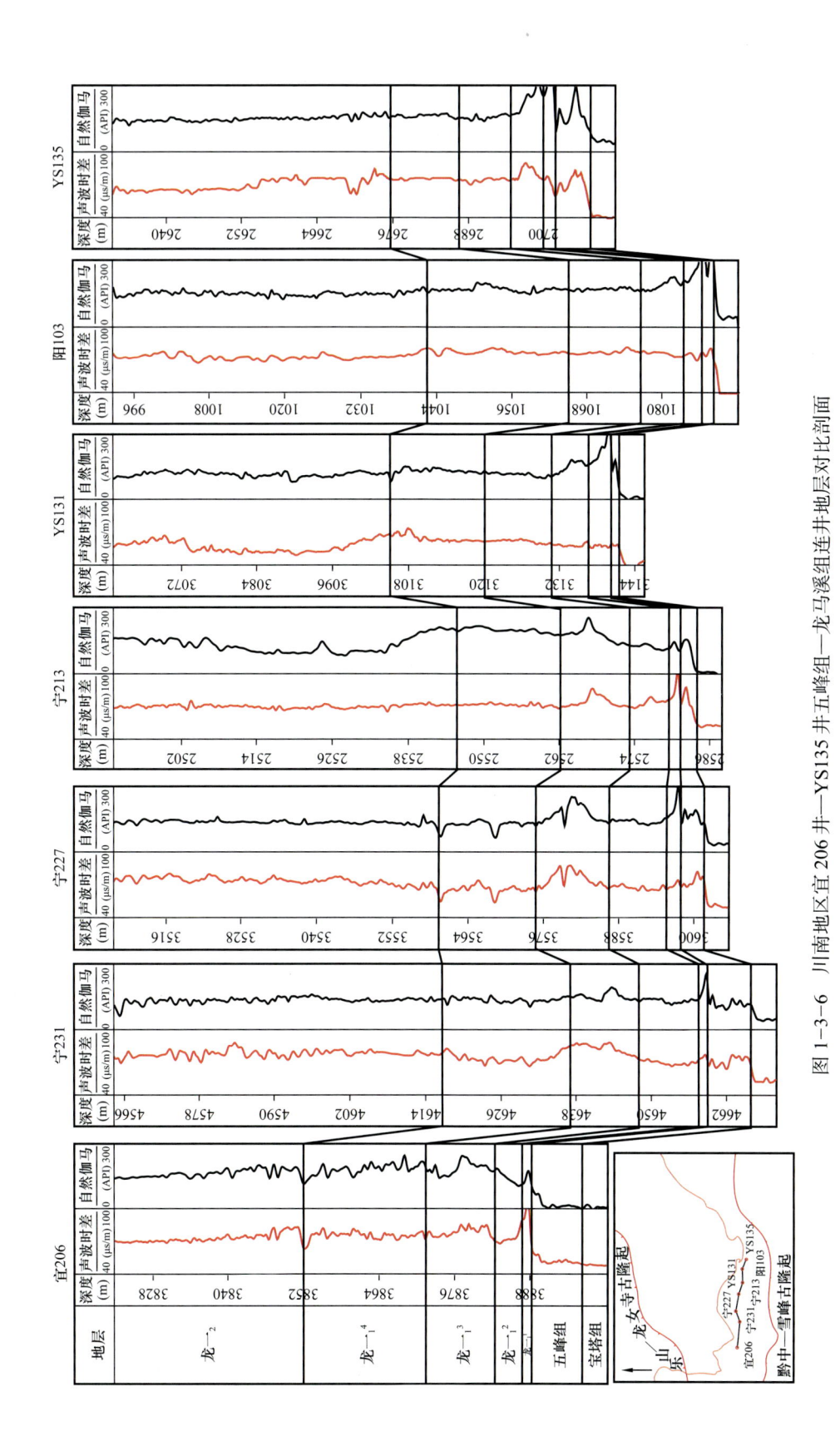

图 1-3-6 川南地区宜 206 井—YS135 井五峰组—龙马溪组连井地层对比剖面

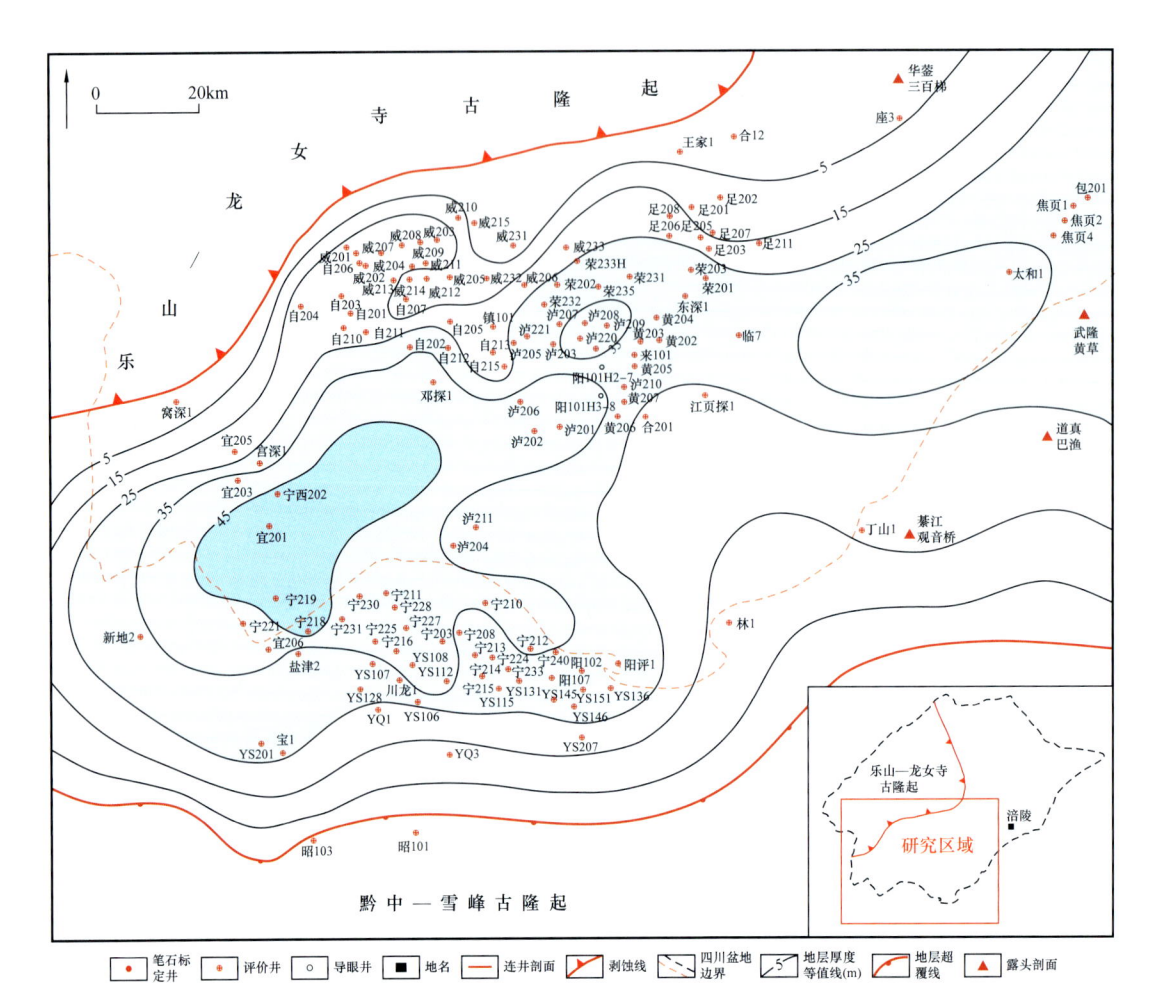

图 1-3-7 川南地区五峰组—龙一₁亚段地层平面分布特征

五峰组地层厚度为 0~11m，沉积中心整体位于泸州地区，地层厚度由泸州地区向南和向北逐渐减薄（图 1-3-8）。该沉积时期存在四个小型的沉积中心。第一个沉积中心位于威 201 井区附近，页岩厚度最大值为 13.5m，沉积中心分布范围相对较小。第二个沉积中心位于自 202 井—宁 211 井—泸 202 井—重庆地区附近，该沉积中心分布范围大，页岩最大厚度为 11.5m。第三个沉积中心位于盐津 2 井—YS128 井—YQ1 井附近，页岩最大厚度为 10.5m，分布范围相对较大。第四个沉积中心位于 YS145 井附近，页岩厚度最大值为 8.3m，厚度较薄、分布范围相对较小。五峰组沉积时期，川南地区北部自 207 井—威 232 井—威 231 井一线以北五峰组均缺失沉积，川南地区南部区宁 224 井附近存在页岩厚度低值区。

龙一₁亚段页岩厚度为 15~53m，沉积中心位于宁西 202 井—宜 201 井区附近和宁 212 井区附近，由沉积中心向南和向北方向，页岩厚度逐渐减薄（图 1-3-9）。该时期昭通地区、长宁地区、长宁西地区、泸州地区都位于沉积中心，威远地区页岩相对较薄。

龙一₁亚段页岩厚度为 25~51m，与龙一₁亚段相似，该时期沉积中心位于宁西 202 井—泸 211 井—宁 224 井区附近，由沉积中心向南和向北方向，页岩厚度逐渐减薄（图 1-3-10）。该时期昭通地区、长宁地区、长宁西地区、泸州地区都位于沉积中心，威远地区页岩相对较薄。

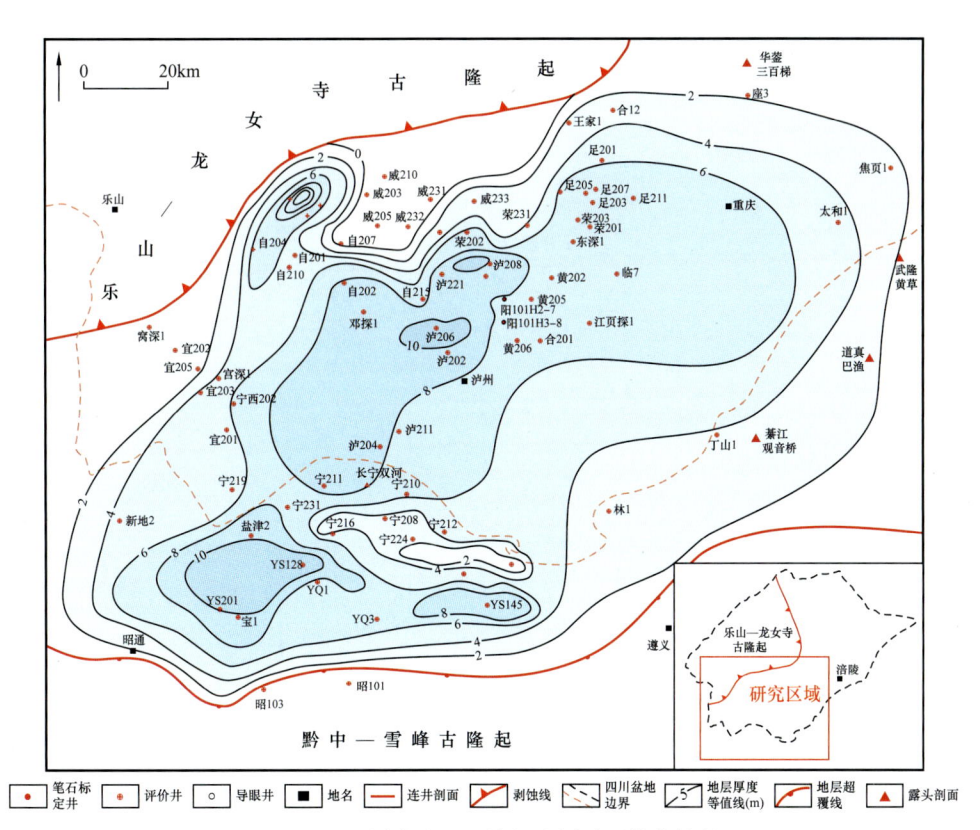

图 1-3-8 川南地区五峰组地层平面分布特征

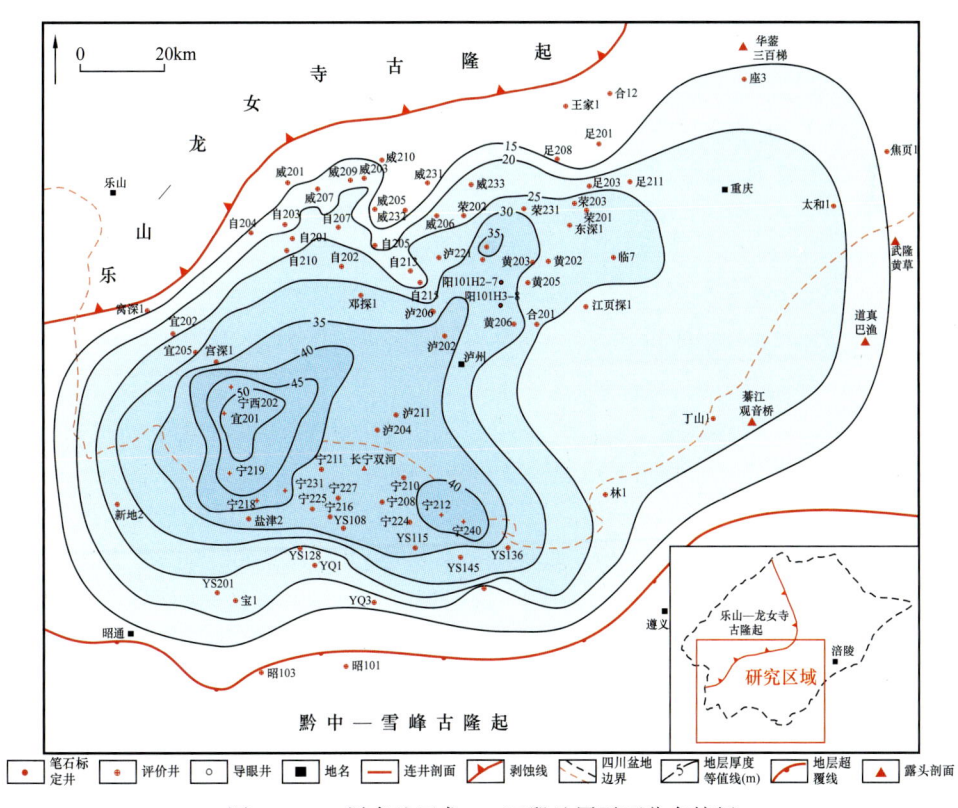

图 1-3-9 川南地区龙一₁亚段地层平面分布特征

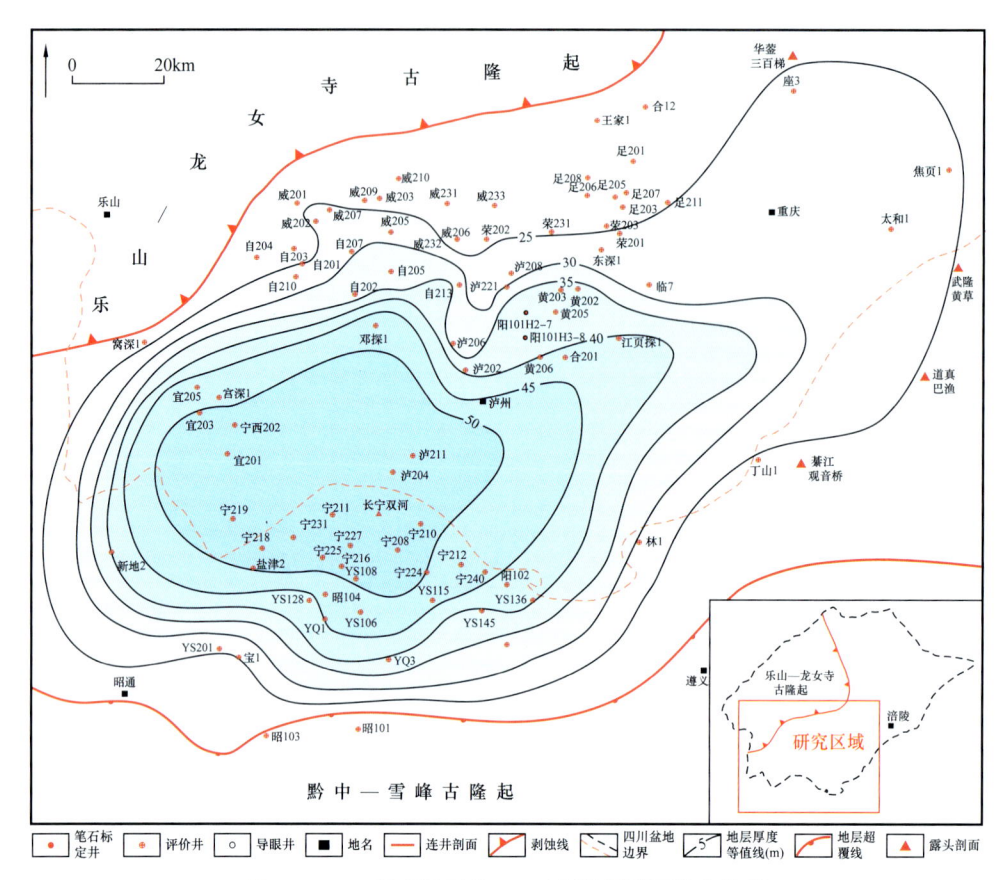

图 1-3-10 川南地区龙一$_1^2$亚段地层平面分布特征

龙一$_1^1$小层厚度为0.5~2.8m，盆地内存在四大沉积中心（图1-3-11）。第一个沉积中心位于宜203井—邓探1井—宁219井区附近，页岩厚度大于2.5m；第二个沉积中心位于临7井—太和1井附近，页岩厚度大于2.5m；第三个沉积中心位于宁216井—昭104井区附近，页岩厚度大于2.5m；第四个沉积中心位于宁212井—阳102井区附近，页岩厚度大于2.5m。龙一$_1^1$小层沉积时期，地层厚度变化相对较小。

龙一$_1^2$小层厚度为1.0~9.5m，与龙一$_1^1$小层相比，该小层厚度明显增大（图1-3-12）。龙一$_1^2$小层沉积时期，盆地沉积中心位于宁219井 宁227井区附近，最大厚度达到9.5m。由宁231井向北方向，页岩厚度逐渐减薄向。其中，泸州地区页岩厚度为3~4m，威远地区和大足地区页岩厚度小于1m。由宁231井向南方向，页岩厚度逐渐减薄，其中，长宁地区页岩厚度为6~7m，昭通地区为2~4m。

龙一$_1^3$小层厚度为1.5~10.8m，与龙一$_1^2$小层相比，该小层页岩厚度明显增大（图1-3-13）。龙一$_1^3$小层沉积时期，盆地内沉积中心位于宁西202井—泸202井—阳102井—盐津2井附近，页岩厚度均大于10m。该时期北部的泸州地区页岩厚度为6~8m；大足地区和威远地区为1~4m。昭通地区的YS128井区和宝1井区，页岩厚度1~4m。

龙一$_1^4$小层厚度为12~21m，与龙一$_1^2$小层相比，该小层页岩厚度明显增大（图1-3-14）。龙一$_1^4$小层沉积时期，盆地内沉积中心位于宁219井—泸211井—江页探1井—重庆一线附近，页岩厚度均大于18m。该时期北部自贡地区页岩厚度为14~16m，威远地区和大足地区均小于14m，南部的YS201井和YQ3井区附近为12~14m。

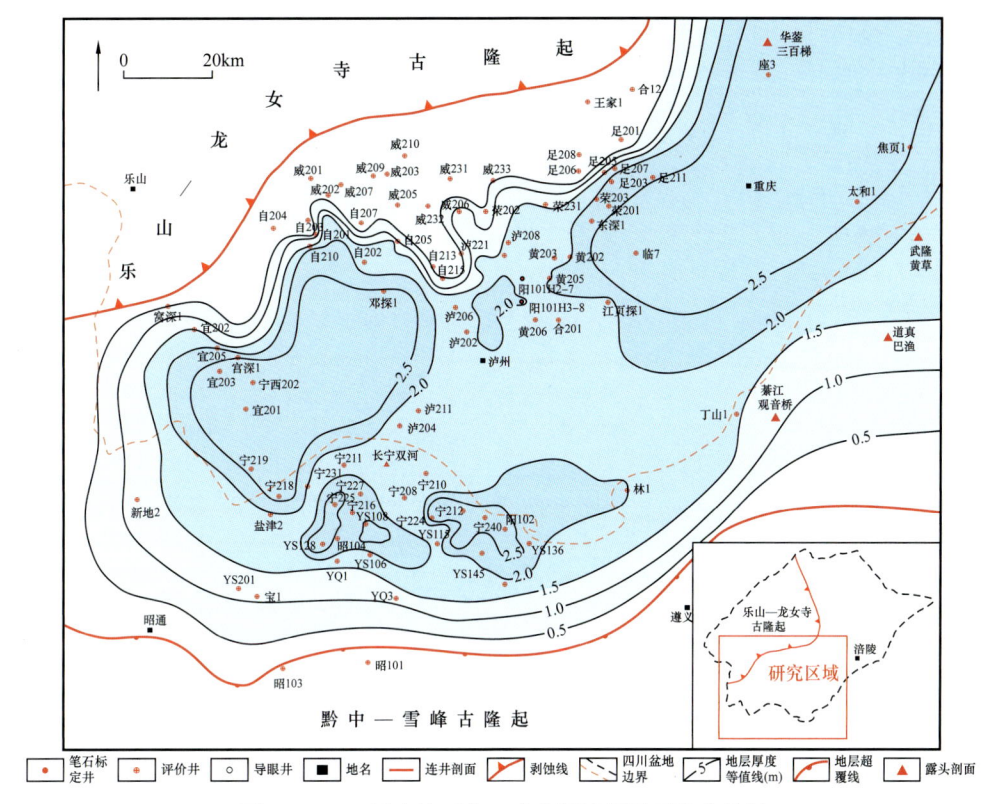

图 1-3-11 川南地区龙一$_1^1$小层地层平面分布特征

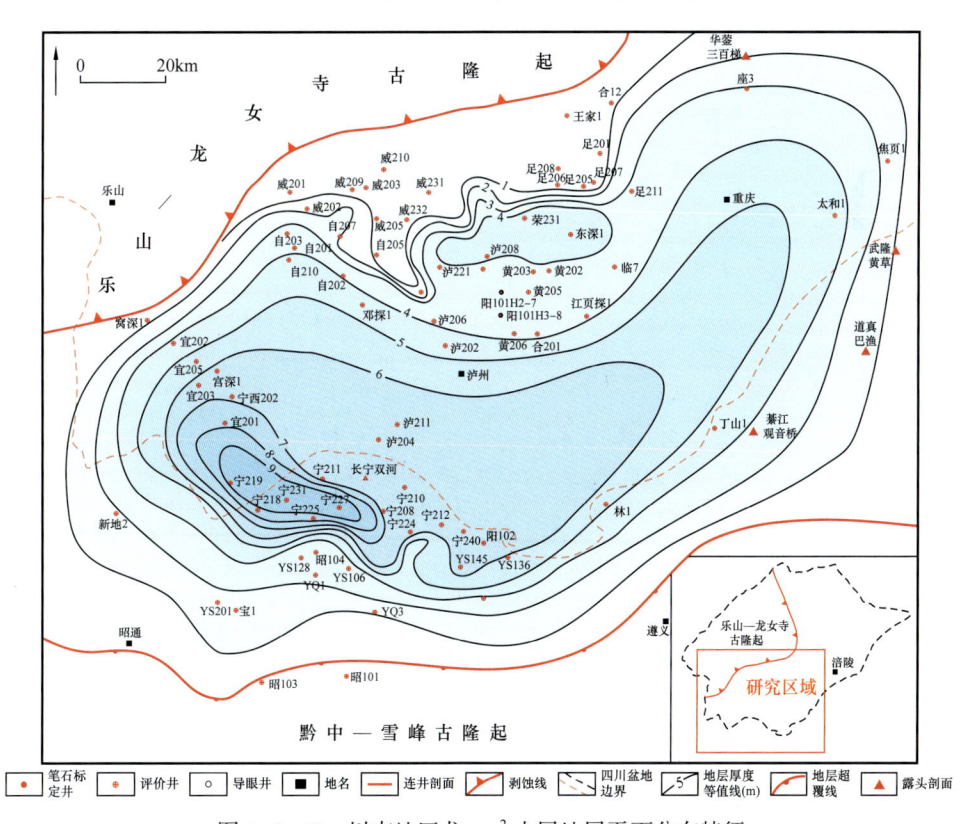

图 1-3-12 川南地区龙一$_1^2$小层地层平面分布特征

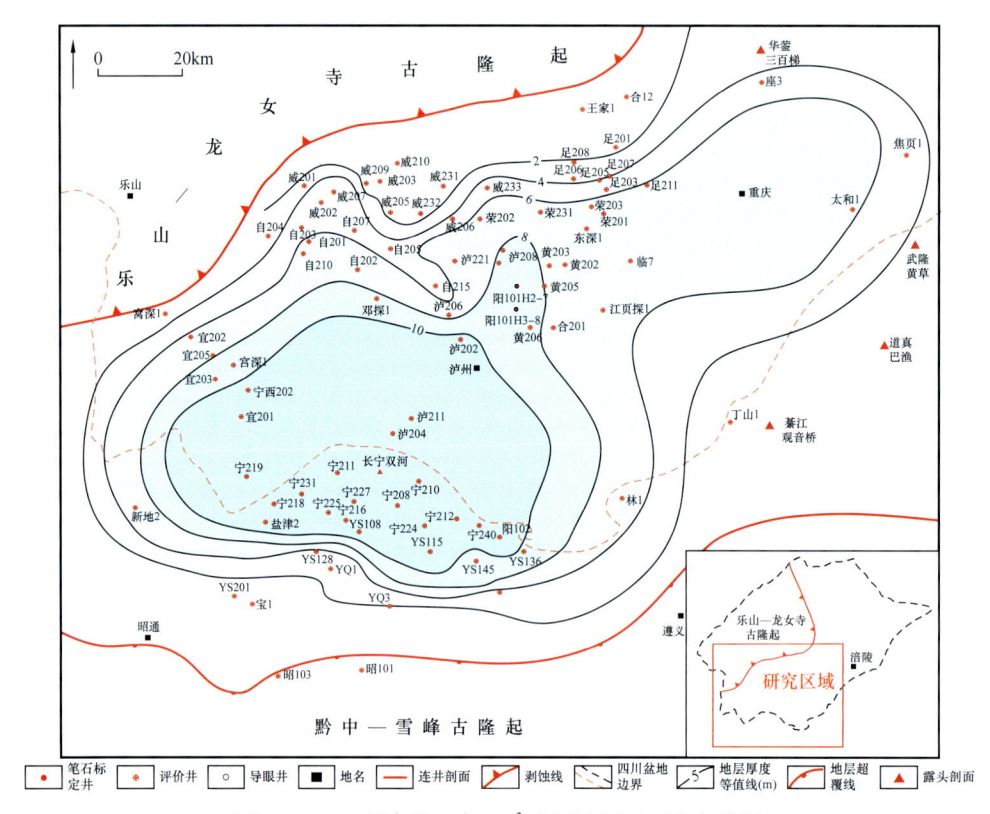

图 1-3-13　川南地区龙一$_1^3$小层地层平面分布特征

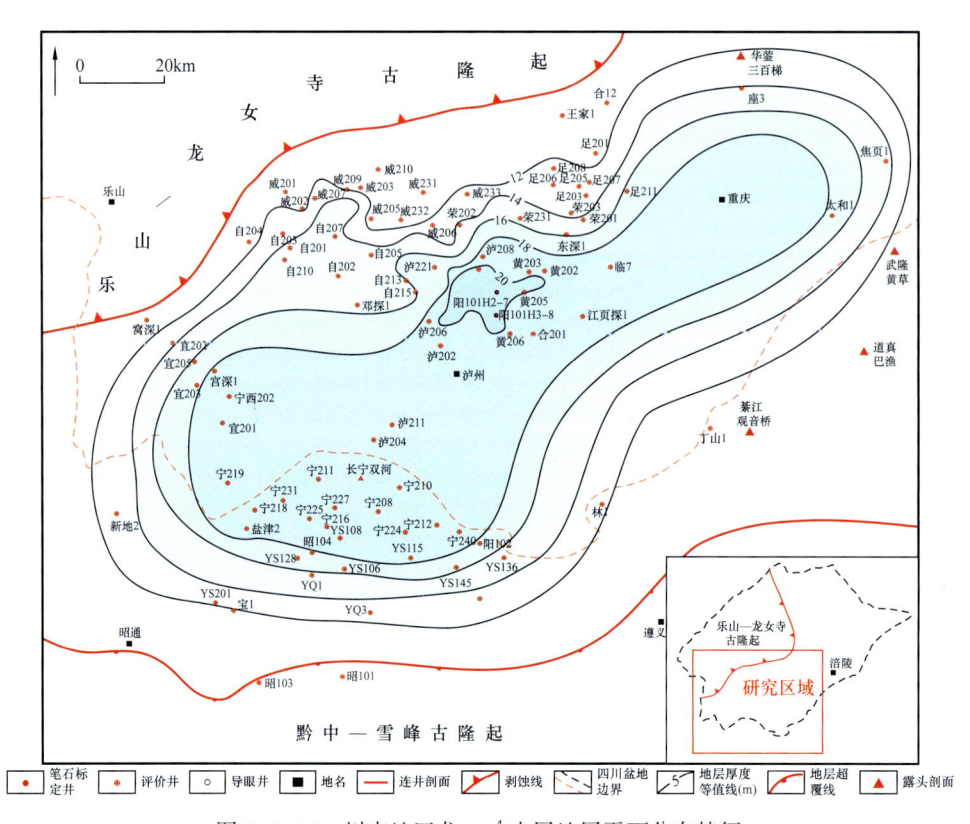

图 1-3-14　川南地区龙一$_1^4$小层地层平面分布特征

第二章 细粒碎屑岩的组成

细粒碎屑组成主要包括碎屑组分和空隙，其中，碎屑组分包括矿物组分、生物碎屑组分和有机质组分，空隙分为孔隙和裂缝。细粒碎屑岩的碎屑组分与沉积物源、搬运、生物改造和成岩作用等密切相关；而空隙与油气的储集及运移密切相关。

第一节 细粒碎屑物质来源及沉积作用

一、物质来源

1. 生物成因

海洋环境中，生物成因沉积物主要有两种来源，一是生活于水体中或沉积物—水界面处生物的残骸，二是透光带中初级生产力生产的有机碳。生物活动主要有浮游植物季节性生长、细菌作用、底栖生物活动及游泳生物活动。海洋环境中，浮游藻类的生长常呈季节性变化，甚至在某一季节勃发。藻类勃发期，其他属种生物生长由于光线、营养物质等缺乏而受到严重抑制。藻类勃发期可以形成大量有机质，从而形成富有机质层。细粒物质形成之后，底栖生物可以在此殖居，对其进行改造和破坏，其扰动强度与水体含氧量、沉积物沉积速率、沉积物有机质含量等密切相关。

2. 生物化学成因

海洋环境中，生物化学成因物质主要指由底栖微生物群落通过捕获与粘结碎屑沉积物，或经与微生物活动相关的无机或有机诱导矿化作用在原地形成的沉积物或沉积岩（杨孝群等，2018）。其物质成分可由碳酸盐岩、磷块岩、硅质岩、铁岩、锰岩和有机质页岩等组成，也可由硫化物、黏土岩和各种碎屑岩组成。其中，微生物碳酸盐岩最为发育。

微生物是所有形体微小的单细胞或个体结构较为简单的多细胞、甚至无细胞结构低等生物的总称。自地球历史早期起，微生物便广泛存在于沉积物表面和内部，广泛参与沉积物的生产、沉积及成岩。微生物类型多样，包括光合原核生物（蓝细菌）、真核微体藻类（如褐藻、红藻、硅藻等）、化学自养或异养微生物（如硫细菌等），以及一些后生生物（如介形虫及甲壳类等）。细菌对细粒物质的形成和改造也会起一定的作用，甚至可以形成深水微生物席并构成纹层。另外，细菌的活动能够在沉积物表面聚集多种金属，在沉积速率很低的情况下，可形成富金属尤其是富铁纹层。

3. 碎屑成因

细粒物质除了生物成因、生物化学成因外，还有碎屑成因。碎屑成因沉积物主要来源于土壤的物理风化和化学风化作用的产物，少量来源于火山灰和陆源有机质。前人研究表明，晚古生代及更年轻土壤层的风化作用产物主要是黏土矿物、石英及少量长石和岩屑。硅质碎屑组分中，黏土级颗粒（<3.9μm）矿物主要为黏土矿物，其多来源于化学风化作用，而粉砂级颗粒（3.9~62.5μm）矿物主要为石英，其多来源于物理风化作用。

碎屑成因沉积物通过水系输入海洋，在水体分层的情况下，随入盆水流输入的碎屑物质可以沿着温跃层或密跃层呈平流或层间流的方式运移至整个深水区。在一定的水体环境条件下，这些平流物质克服自身的内聚力和水体摩擦力沉积下来。内聚力和摩擦力对正常的平流悬移状态起保护作用，免受气候驱动力影响，直到处于某种决定性的机械沉积临界值为止。

二、沉积作用

1. 颗粒类型

细粒物质可以呈单颗粒（包括碳酸盐单晶矿物）、絮凝颗粒、泥质内碎屑、岩屑、有机—矿物集合体（"海洋雪"）及浮游动物粪球粒等形式搬运和沉积。现代泥质沉积分析表明，粒径小于10μm的颗粒可以通过范德华力结合成絮凝颗粒进行搬运，絮凝作用受溶液浓度及紊流强度影响。絮凝颗粒与粒径大于10μm的单颗粒一起构成细粒沉积的主要组分。细粒沉积含有大量泥质内碎屑，其由沉积物表层泥质侵蚀而成，形状从不规则到圆状，大小为几十微米到几厘米。泥质内碎屑搬运受含水量影响，其含水率越低，搬运过程中越不易分解。而成壤集合体及再改造的冲积泥壳虽然含水率低（含水率一般为30%~40%），但并不适合长距离搬运。来源于完全固化岩石碎片的泥岩岩屑在现代及古代细粒沉积物中也普遍存在，其能以底载荷的形式搬运几百千米到几千千米。有机—矿物集合体主要由分散的无定形有机质、黏土级颗粒和黄铁矿组成，其也构成细粒沉积的重要组分。在现代海洋中，当其粒径大于500μm时称为"海洋雪"，而粒径小于500μm时称为植物腐殖质。这些聚合体通过浮游动物分泌的胞外多糖、颗粒间的电化学吸引和不规则颗粒之间物理嵌合结合在一起，含水量与絮凝颗粒相似。粪球粒由浮游生物的排泄物形成，有机质含量高，构成细粒沉积的重要组分。

2. 搬运动力

细粒沉积存在风力搬运、重力搬运和底流搬运三大搬运营力。风力搬运有沙尘暴（Middleton et al., 2001; Weren et al., 2002; Sageman et al., 2003）和火山灰两种方式：沙尘暴的形成需要大面积分布的物源区和合适的信风模式；而火山灰的形成与火山喷发有关，并可在区域上形成良好标志层。重力搬运有四种类型，即低密度流搬运、与河流三角洲相伴生的浊流搬运、波浪和水流引发的重力流搬运及风暴作用引发的离岸流搬运。低密度流搬运常形成于河流入海处，搬运距离一般为几十千米，甚至可达上百千米（Weight et al., 2011）。浊流的形成常与三角洲前缘滑塌、河流的异常洪水作用及小型干旱河流产生的高密度流有关，地形坡度通常大于0.7°，搬运距离一般为几千米。波浪和水流引发的沉积物重力流与底层泥质沉积物再活化有关，在重力驱动下，可沿坡度为0.03°的斜坡离岸搬运，并形成正粒序（Martin et al., 2008）或"三层序列"。风暴作用引发的离岸流形成的沉积物远端主要或完全由泥质组成，其形成地形坡度为 0.03°～0.7°。由于受风暴浪基面的限制，以上营力搬运泥质沉积物的距离均很有限，一般小于 100km。而对于陆缘海或陆表海上千千米的细粒沉积物搬运，风力或潮汐引发的底流搬运起到关键作用，其搬运距离可达 1000km 左右。同时，多级别的海平面升降旋回也有一定的影响。

3. 起剥速度与沉降方式

细粒物质的剥蚀主要受颗粒间粘合力及泥岩固结程度控制，粒径和水流速度并不能起到主要控制作用。由于颗粒间粘合力作用，泥质剥蚀所需流速比细砂还大，甚至达到砾石级颗粒的程度。研究表明，泥岩起始剥蚀速度受多种因素影响，包括固结程度、黏土矿物类型、空隙比、剪切力及其经历的地质过程等。对于不同的黏土矿物，在给定的剥蚀速度下，伊/蒙混层起始流速最快，高岭石最难剥蚀。泥质的起始剥蚀速度与其沉淀时悬浮溶液浓度、沉降和固结过程中形成的结构及非均质性分布状况等有关。另外，生物因素及有机质也有重要影响，生物扰动强度增加，起始剥蚀速度下降；而对于无生物扰动泥岩，生物席、海草密度、硅藻种群密度及有机质含量对泥质沉积物具有稳定作用，有机质含量增加，起始剥蚀速度增大。

细粒物质主要有两种沉降方式：第一种是在水体分层的静水环境中，细粒物质以悬浮物的形式直接从水体中连续沉降下来（图 2-1-1a）；第二种是在流动水体中，细粒物质以颗粒集合体的形式搬运，并以水流波纹的形式聚集下来，其聚集的最大水流流速可达 35cm/s，细粒物质层与层之间可能存在着剥蚀面（图 2-1-1b）。洪水作用、浊流作用和高初级生产力区形成的大量细粒物质，以羽状流形式在水体中搬运。在特定的水体环境中，由于水体 pH 值、Eh 值、水体盐度等水化学环境变化或者重力作用，细粒物质可以以第一种方式沉降下来。

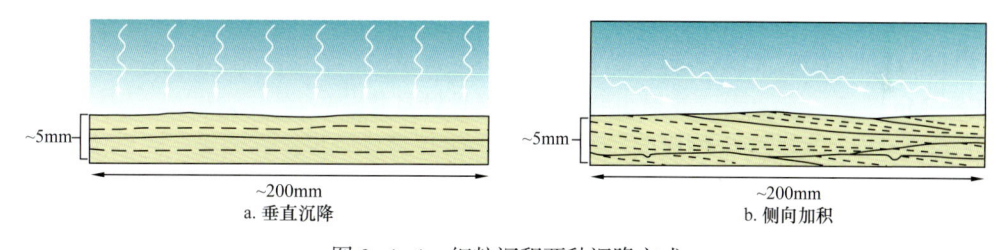

a. 垂直沉降　　　　b. 侧向加积

图 2-1-1　细粒沉积两种沉降方式

静水并非细粒物质沉降的必要条件。在流速为 15～30cm/s 的水体中，陆源碎屑泥（Macquaker et al.，2007；Warrick et al.，2007）、不同类型黏土及碳酸盐泥等在蒸馏水、淡水和海水中均可发生絮凝沉降，沿水槽底部迁移并形成波纹。随着时间迁移，波纹迁移可产生侧向堆积，并形成下超、削截和上超等沉积构造。细粒物的絮凝受流体浓度、层剪切力、沉降速度及紊流作用强度等因素控制。随着时间推移，絮凝颗粒逐渐增大，并达到最大平衡直径。当絮凝颗粒强度足够抗拒层面剪切力时，颗粒便发生沉降。研究表明，在给定的水体浓度和盐度下，不同黏土矿物关键沉降速率非常相似。随着水流速度和层面剪切力下降，絮凝颗粒粒径增大。当泥质悬浮物达到关键沉积速率时，悬浮沉积物浓度持续降低，越来越多的絮凝颗粒降到水底，并以底载荷方式移动。随着流速进一步降低，底部絮凝颗粒移动越来越慢，更多沉积物沉降并以底载荷形式搬运，最终堆积并形成波纹。

不同成因石英的分布特征及主控因素存在差异。陆源碎屑石英含量及分布主要受物源影响，越靠近源区，石英含量越高。海底火山及热液成因石英含量及分布主要受热源控制，越靠近热源，石英含量越高。自生石英含量及分布主要受表层水体生产力、陆源碎屑稀释作用和水体溶解作用共同控制。在表层水体生产力一定的情况下，距离物源越远，石英含量越高。同样，在表层水体生产力一定的情况下，水体溶解作用与水体温度、水体pH值及水体压力有关。随着水温降低、水体压力增大，石英溶解度减小，石英含量增高。同时，随着水体pH值减小，石英溶解度也减小，石英含量增高。总之，自生石英含量与分布主要受水体深度控制，在远离陆源碎屑供给的深水陆棚区，随着水深增大，自生石英含量增大。

川南地区五峰组—龙马溪组黑色页岩石英以生物成因为主，能够反映古水深变化，因此可以构成沉积微相编图的关键单因素。深水陆棚沉积环境中，在没有海底火山及热液活动的区域，由于陆源碎屑稀释作用弱，石英的含量及分布主要受水深控制，水深越大，石英含量越高，水深越浅，石英含量越低。

2. 长石

五峰组—龙马溪组页岩长石主要为陆源碎屑成因，主要包括钾长石和斜长石，粒度为5~30μm，含量基本在10%以下，斜长石含量明显大于钾长石。大部分长石在成岩过程中普遍产生了溶蚀或蚀变为黏土矿物。有机质降解和黏土矿物转化产生的酸性流体使孔隙水pH值降低，使不稳定矿物产生溶蚀。长石的溶蚀受温度影响显著，表现为随温度升高，长石溶解速率增大。依据长石与矿物及有机质相互接触关系，推断长石溶蚀时间晚于生物石英，略早于或同步于生油期。因此，长石的溶蚀与蚀变对次生孔隙的形成、原油的充注滞留及晚期沥青质的裂解生气成孔具有一定的建设性作用。由于伊利石化作用的发生需要消耗K^+，从而促使钾长石溶解。五峰组—龙马溪组页岩钾长石含量明显低于斜长石，说明伊利石化所需的K^+除由水介质提供少部分外，主要由页岩和钾质斑脱岩内钾长石等富钾矿物溶解提供，进一步促进了长石的溶蚀与蚀变。

3. 碳酸盐矿物

川南地区五峰组—龙马溪组黑色页岩碳酸盐矿物主要为方解石和白云石。方解石与白云石颗粒均呈分散状分布于其他矿物颗粒之间，粒径较大，多为20~40μm。方解石扫描电子显微镜下颜色相对较浅，多呈不规则状，表面可见溶蚀孔隙、纵向条纹及压碎纹（图2-2-2a—d），周围的黏土矿物围绕颗粒收敛排布（图2-2-2b）。白云石颗粒扫描电子显微镜下颜色相对较深，多显示为规则的自形晶（图2-2-2e、f）。另外，部分方解石自形晶周围有一圈颜色较浅的加大边，为铁白云石交代白云石，晶体形状分明，为菱形，几乎不见溶蚀孔隙。

黑色页岩中，碳酸盐矿物按其来源可分为陆源成因、生物成因、原生化学沉淀和成岩转化成因。陆源碳酸盐矿物含量及分布主要受物源影响，越靠近物源区，表层沉积物中碳酸盐含量越高。生物成因碳酸盐矿物含量及分布主要受表层水体中钙质生物生产、陆源碎屑稀释作用和水体溶解作用共同控制。表层水体钙质生物生产主要受海平面和季风变化所致的营养物质供应多少控制。中国近海细粒沉积物中的方解石主要受浮游生物影响，呈

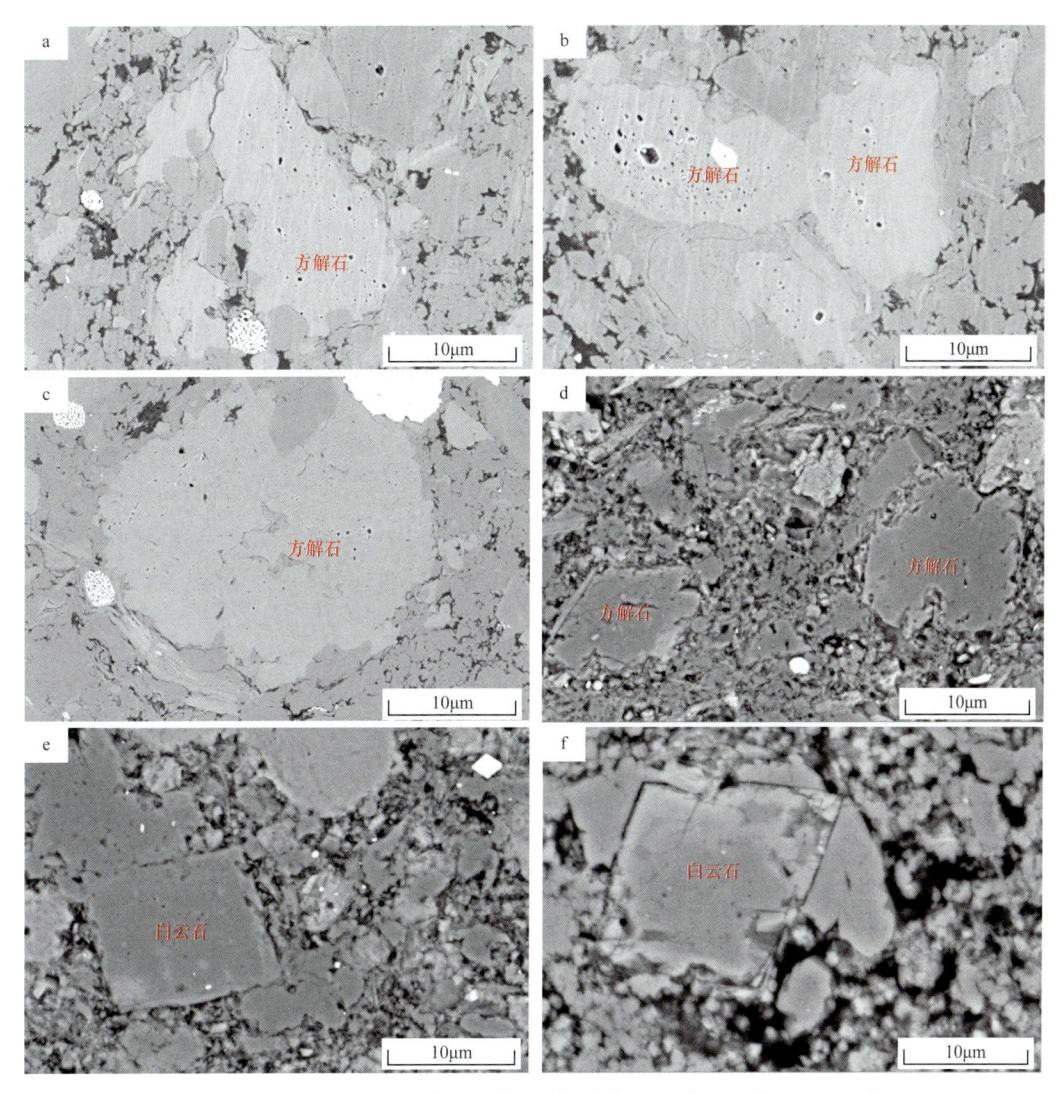

图 2-2-2 川南地区五峰组—龙马溪组方解石和白云石的 SEM 照片

a.方解石颗粒,外形不规则,表面可见溶蚀孔隙及压碎纹;b.方解石颗粒,外形不规则,表面可见溶蚀孔隙及压碎纹;c.方解石颗粒,外形不规则,表面可见溶蚀孔隙,内部包裹有黄铁矿集合体;d.方解石颗粒,外缘发育溶蚀坑,表面可见溶蚀孔隙;e.白云石颗粒,菱形,内部可见溶蚀孔隙;f.白云石颗粒,菱形颗粒

现沿岸低、向外海方向增高的趋势。陆源碎屑稀释作用与距离物源远近密切相关,距离物源越近,方解石含量越低,距离物源越远,方解石含量越高。原生化学沉淀碳酸盐含量及分布与水体溶解作用有关,而水体溶解作用与水体温度、pH 值及压力有关。在表层生产力和陆源碎屑供给一定的情况下,随着水温降低、水体压力增大,方解石溶解度增大,表层沉积物中碳酸盐含量降低。另外,随着水体 pH 值减小,方解石溶解度增大,表层沉积物中碳酸盐含量降低。总体说来,水体深度是控制方解石含量最重要因素,在远离陆源碎屑供给的深水陆棚区,水体越深,水体温度越低,水压越大,pH 值越低,碳酸盐溶解度越大,因此沉积物中碳酸盐含量越低;相反,水体越浅,水体温度越高,水压越小,pH 值越大,碳酸盐溶解度越小,因此沉积物中碳酸盐含量越高。南海西部表层沉积物中碳酸盐分布与水深密切相关,在水深 400m 以内,由于陆源碎屑供给影响大,随着水深增大,沉积物

中碳酸盐含量增加，水深400～600m，碳酸盐平均含量最高（含量超过40%）；当水深大于1300m，由于陆源碎屑供给影响减小，溶解作用影响增大，随着水深增大，碳酸盐含量降低，在水深4000～4300m时的碳酸盐含量仅为3.73%～5.89%。成岩转化方解石的形成与裂缝发育及地下水活动有关，在裂缝相对发育区，地下水的长期作用可沉淀大量方解石。

川南地区五峰组—龙马溪组黑色页岩碳酸盐矿物主要来源于陆源成因，能够反映古水深的变化，可以构成沉积微相编图的关键单因素。陆源成因方解石颗粒形态多不规则，表面可见溶蚀孔隙；生物成因、原生化学沉淀和成岩转化成因方解石颗粒多与周围矿物紧密接触，表面一般不发育溶蚀孔隙。白云岩大多是石灰岩和碳酸盐沉积物的白云石化产物，其形成多与成岩阶段方解石的白云石化作用有关。川南地区五峰组—龙马溪组黑色页岩中，方解石为不规则的颗粒形态，表面可见溶蚀孔隙，表明其为陆源成因；白云石矿物与周围矿物紧密接触，连片发育，推测其为方解石成岩转化形成。深水陆棚沉积环境中，陆源碎屑稀释作用弱，碳酸盐矿物含量及分布主要受水深及距离陆源远近控制，水深越大，距离陆源越远，碳酸盐矿物含量越低，水深越浅，距离陆源越近，碳酸盐矿物含量越高。

4. 黏土矿物

川南地区五峰组—龙马溪组黑色页岩黏土矿物主要为伊利石、绿泥石和伊/蒙混层，个别样品含有极少量的高岭石。伊利石通常呈片状、针柱状团状或凝絮状集合体（图2-2-3a—c），粒径较大的碎屑颗粒上存在风化搬运的痕迹。大部分样品中伊利石由于受到成岩压实作用顺层扁平聚集发育，小部分为单独伊利石矿物集合发育，更多的是包裹着石英颗粒或嵌入石英颗粒之内（图2-2-3c）。绿泥石多呈长条状（图2-2-3d—f），层间松散，多夹有自形黄铁矿颗粒，显微镜下可观察到较多云母特征，正交偏光下具有高级干涉色。绿泥石常随碎屑颗粒的形状而发生弯曲或变形，表现出明显的塑性。如在彭水鹿角剖面中，绿泥石颗粒长度较长，可达5～60μm，厚度为2～5μm，呈现塑性夹于层间（图2-2-3e），随碎屑颗粒的分布和形态而发生变形。伊/蒙混层多为片状，集合体呈蜂窝状发育，矿物间嵌有石英颗粒，或包裹着石英颗粒（图2-2-3f—h）。

黏土矿物大多数来源于母岩风化产物，并以悬浮方式搬运至汇水盆地，以机械方式沉积而成。由汇水盆地中的SiO_2和Al_2O_3胶体的凝聚作用形成的自生黏土矿物，以及由火山碎屑物质蚀变形成的黏土矿物，在黏土矿物总含量中占比较少。因此，就形成机理而言，黏土矿物应归属陆源碎屑成因。对于非事件沉积而言，陆源碎屑成因黏土矿物含量受物源的控制，越靠近物源区，黏土矿物含量越高。

川南地区五峰组—龙马溪组黑色页岩黏土矿物均来源于陆源碎屑成因，其含量和分布可以反映物源方向，因此可以构成沉积微相编图的关键单因素。川南地区五峰组—龙马溪组黑色页岩绿泥石多为云母蚀变产生的次生绿泥石，其形成与沉积水体中富含铁离子有关。伊利石和伊/蒙混层可能来源于蒙皂石，其形成与成岩演化有关。赵杏媛等（2016）研究表明，黏土矿物的成岩演化序列一般为蒙皂石转化为伊/蒙混层，再转化为伊利石。川南泸州地区页岩处于高—过成熟演化阶段，原生蒙皂石已全部转化为伊利石或伊/蒙混层。次生的伊利石矿物呈针状，多包裹着微米级—亚微米级的石英颗粒，这是由于蒙皂石在转化为伊利石的过程中会生成一部分硅质，结晶成为石英。

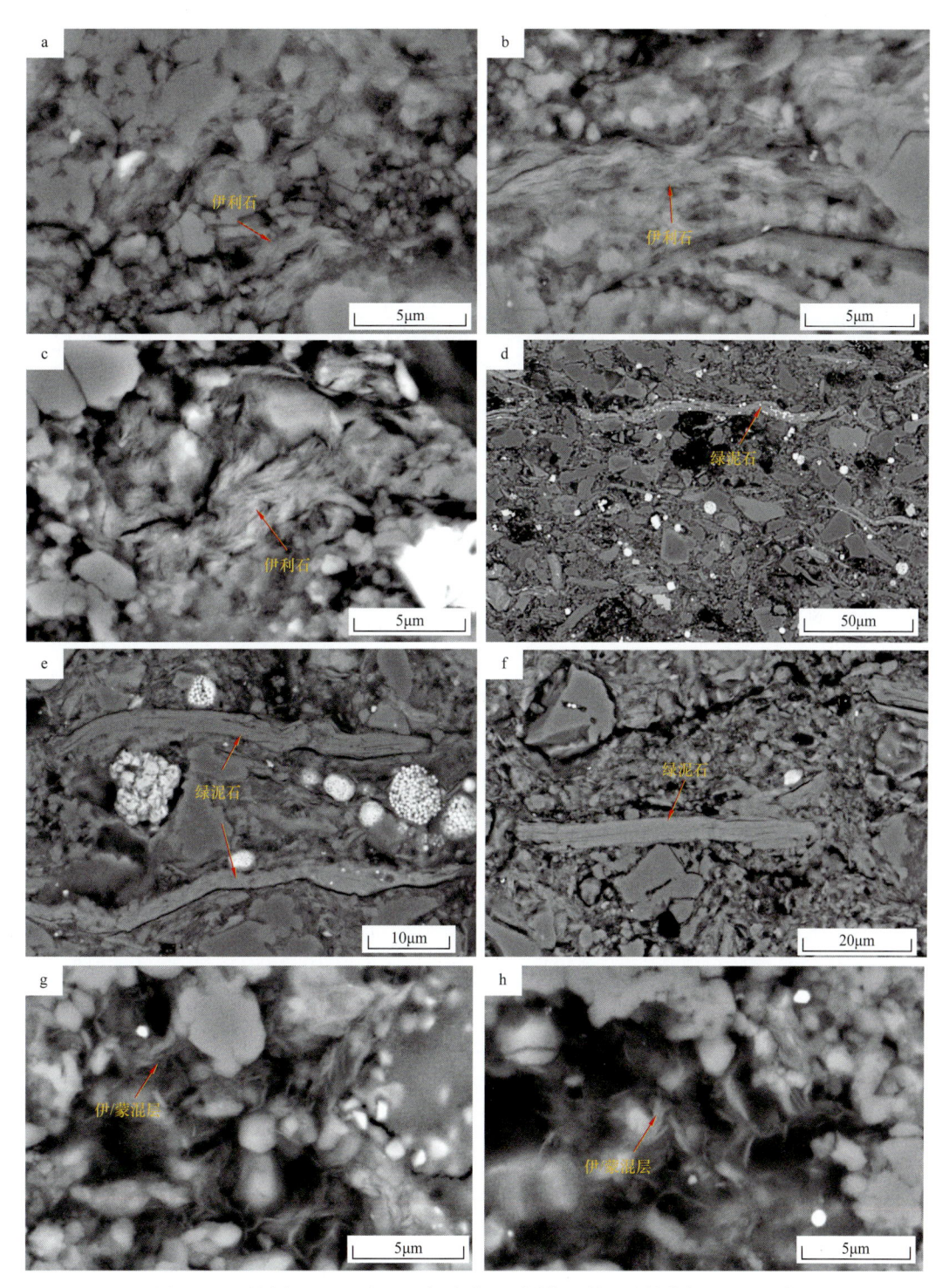

图 2-2-3　川南地区五峰组—龙马溪组不同类型黏土矿物特征 SEM 照片

a. 片状伊利石，武隆黄莺剖面，SEM 照片；b. 片状伊利石，武隆黄莺剖面，SEM 照片；c. 片状伊利石，中间包裹着石英颗粒，武隆江口剖面，SEM 照片；d. 绿泥石，中间夹有黄铁矿自形晶体，彭水鹿角剖面，SEM 照片；e. 绿泥石，彭水鹿角剖面，SEM 照片；f. 绿泥石，石柱漆辽剖面，SEM 照片；g. 伊/蒙混层，片状，矿物间嵌有石英颗粒，彭水鹿角剖面，SEM 照片；h. 伊/蒙混层，片状，矿物间嵌有石英颗粒，彭水鹿角剖面，SEM 照片

5. 黄铁矿

川南地区五峰组—龙马溪组黑色页岩主要有纹层状（结核状）黄铁矿、草莓状黄铁矿、自形（它形）黄铁矿和交代黄铁矿。

纹层状（结核状）黄铁矿：结核状黄铁矿多以立方自形晶的形式分布于层面上，立方自形晶富集到一定程度会在宏观上显示出顺层产出的细条带状、薄纹层状及结核状黄铁矿（图2-2-4），大部分纹层状黄铁矿层厚零点几厘米，极少数达到1～2cm。岩层中裂隙发育部位可见到沿裂隙分布的连续分布的自形晶黄铁矿（图2-2-4）。

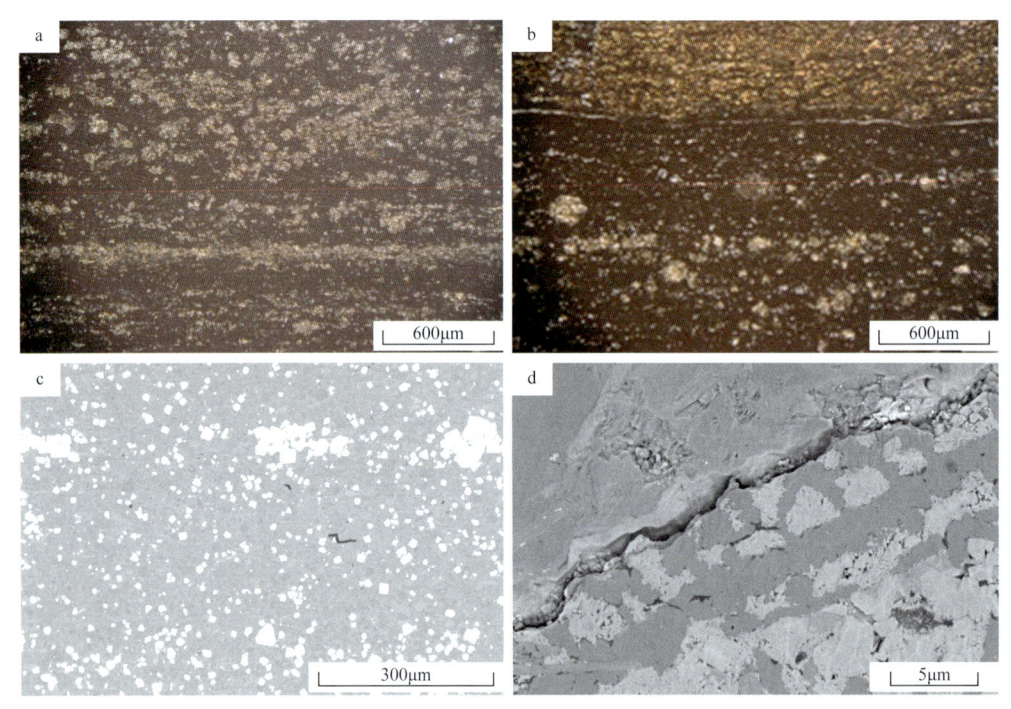

图2-2-4 川南地区五峰组—龙马溪组纹层状（结核状）黄铁矿特征照片
a. 巫溪2井，1604m；b. 巫溪2井，1614.5m；c. 阳101H3-8井，3789.7m；d. 阳101H3-8井，3790.68m

早期成岩过程由于沉积物较为疏松，孔隙空间相对较大，连通性相对较好，硫及铁元素供应充足的条件下，孔隙中形成的黄铁矿微晶会逐渐生长加大，最终占满微晶所在的孔隙空间。经过岩石压实、压溶、胶结等成岩作用，孔隙空间变小，黄铁矿微晶在孔隙中持续生长并聚集在一起，形成团块状黄铁矿，最终部分形成自形黄铁矿，部分形成纹层状及结核状黄铁矿。

草莓状黄铁矿：SEM下，草莓状黄铁矿形态多样，有正常的草莓状黄铁矿、充填的草莓状黄铁矿和多晶草莓状黄铁矿（图2-2-5）。正常的草莓状黄铁矿包括微型草莓状黄铁矿和大型草莓状黄铁矿。前者的微晶通常为梨形，而后者的微晶通常是八面体。充填的草莓状黄铁矿显示出残余微孔，显示出草莓状结构。草莓状黄铁矿粒度分布区间为3.5～8.0μm（平均值为5.2μm）。标准偏差为1.0～4.8μm（平均值为2.0μm），偏度范围为0.3～6.4（平均值为1.8）。草莓状黄铁矿尺寸为8.2～37μm（平均值为15.0μm）。

硫酸盐菌还原作用产生的硫化氢与铁反应生成黄铁矿，黄铁矿可以形成于水体中（准同生黄铁矿），也可形成于沉积物中（成岩黄铁矿）。微型草莓状黄铁矿为形成于缺氧水体中的准同生黄铁矿，而大型草莓状黄铁矿（>20μm）和草莓状黄铁矿集合体形成于贫氧—氧化水体下的成岩黄铁矿。块状黄铁矿形成于早成岩阶段。多晶草莓状黄铁矿形成于早成岩晚期。草莓状黄铁矿的尺寸受生长时间控制，因此，与成岩类黄铁岩相比，准同生黄铁矿的平均尺寸更小（5.0μm ± 1.7μm），尺寸变化更小。

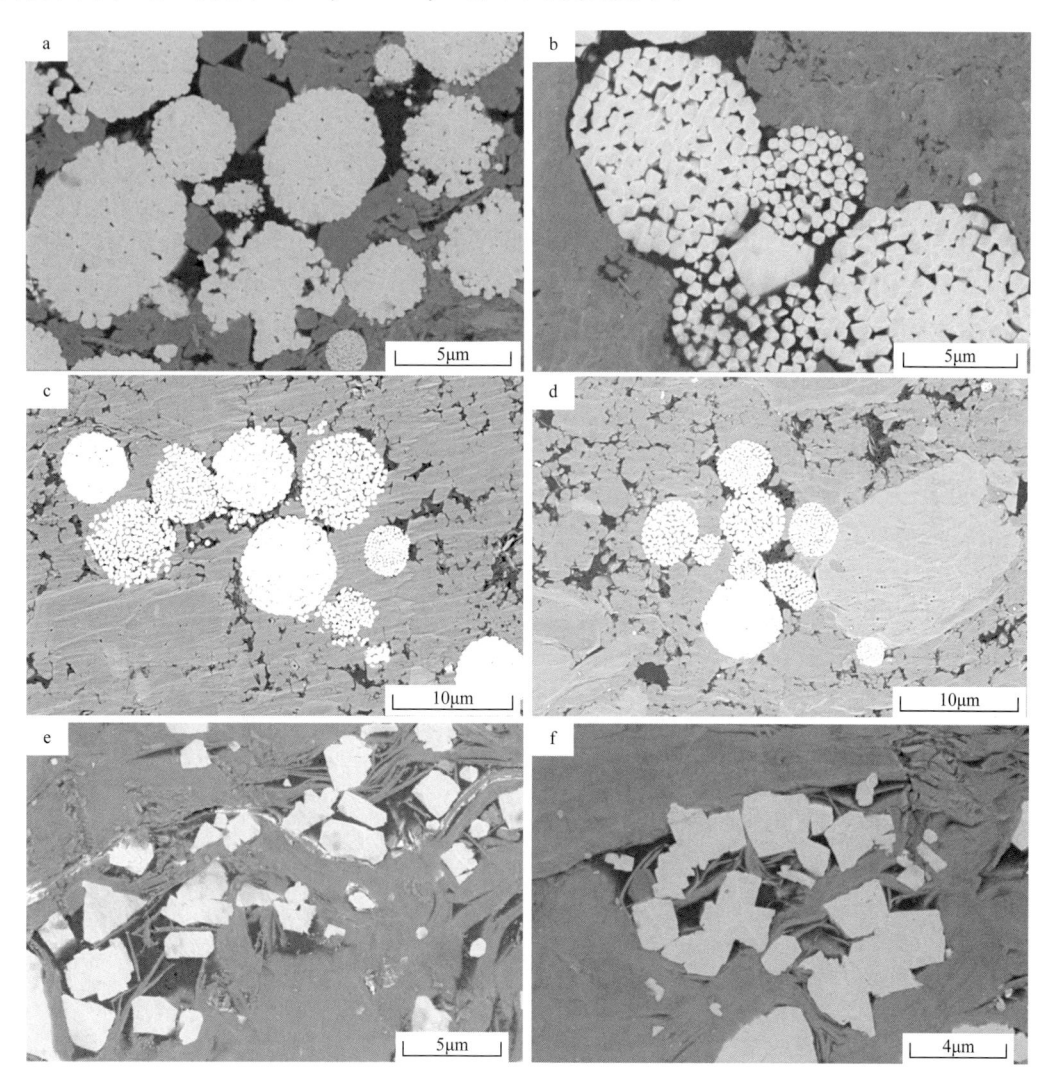

图 2-2-5　川南地区五峰组—龙马溪组草莓状黄铁矿、自形黄铁矿和它形黄铁矿特征照片
a. 阳101H3-8 井，3773.4m；b. 阳101H3-8 井，3789.7m；c. 阳101H3-8 井，3784.65m；d. 阳101H3-8 井，3781.95m；
e. 阳101H3-8 井，3765.29m；f. 阳101H3-8 井，3773.4m

自形黄铁矿和它形黄铁矿：自形晶黄铁矿以八面体、立方体和球粒状存在，该类型通常以孤立的晶体及其集合体出现，常为自形晶或半自形晶，粒径变化较大（图2-2-5）。自形晶黄铁矿通常与黏土颗粒或黏土片晶共生，在黏土片晶间的黄铁矿颗粒周围通常被有机质包围。SEM 观察发现，自形黄铁矿集合体常常在有机质与草莓状黄铁矿集合体附近或边缘缝隙普遍存在。它形黄铁矿多不具备规则形状，与草莓状黄铁矿相比，黄铁矿它形晶及集合体通常为不规则单体微粒或不规则集合体团块。

黄铁矿的自形晶体存在多种形成方式，可以通过铁的单硫化物转化而来，但大多情况下是从含硫水体中直接析出。通过铁的单硫化物转化及从含硫水体中析出的黄铁矿自形晶不经过胶黄铁矿阶段，不会形成草莓状黄铁矿。成岩期间，岩石孔隙相对封闭，其中存在的含硫水体处于滞留状态，形成黄铁矿的物质供应不足，以黄铁矿微晶增大生长作用为主，最终形成黄铁矿自形晶体。而在晶体生长过程中，溶液的饱和程度决定了黄铁矿的晶体形态，自形晶体的出现表明了沉积环境中的硫浓度呈现较长时间的低饱和度，此时的沉积环境有利于有机质的富集。黄铁矿它形晶多与黏土矿物共生。多个它形晶体聚集生长，充填在岩石裂隙、裂缝及矿物中，形成一定的空间，有利于后期有机质所生成的油气的充注和保存。

交代黄铁矿：黄铁矿交代海绵骨针和放射虫（图2-2-6）。海绵在生活过程中，吸收、吸附水体环境中的成矿物质等，在埋藏过程中经受埋藏、成岩成矿过程中的失水、分解等作用，形成海绵骨针化石被黄铁矿交代。

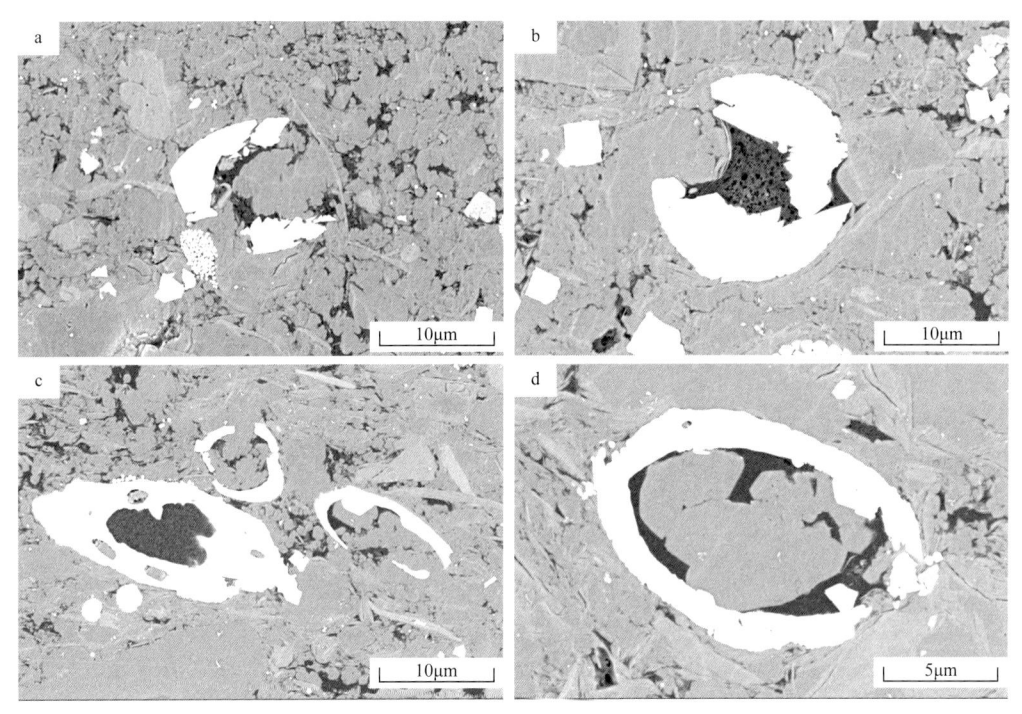

图2-2-6 川南地区五峰组—龙马溪组交代黄铁矿特征照片
a.阳101H3-8井，3779.65m；b.阳101H3-8井，3779.65m；c.阳101H3-8井，3777.26m；d.阳101H3-8井，3777.26m

黄铁矿交代海绵骨针化石，形成时间相对较晚，可能对应早成岩晚期至中成岩阶段，化石格架内被固体沥青充填。沉积物中存在的化石常存在微型孔洞，孔洞中形成一种微型的缺氧—还原微环境，黄铁矿在这个微环境中形成并交代附近矿物，例如黄铁矿交代硅质放射虫，生物体空腔为有机质充填提供了空间，其中的有机质在后期产生孔隙。部分黄铁矿呈条带状分布，紧邻有机质发育，黄铁矿充填在有机质附近裂隙中，为后期油气提供了支撑空间。

二、生物碎屑组分

放射虫：川南地区五峰组—龙马溪组页岩岩中放射虫比较发育（图2-2-7a、b）。

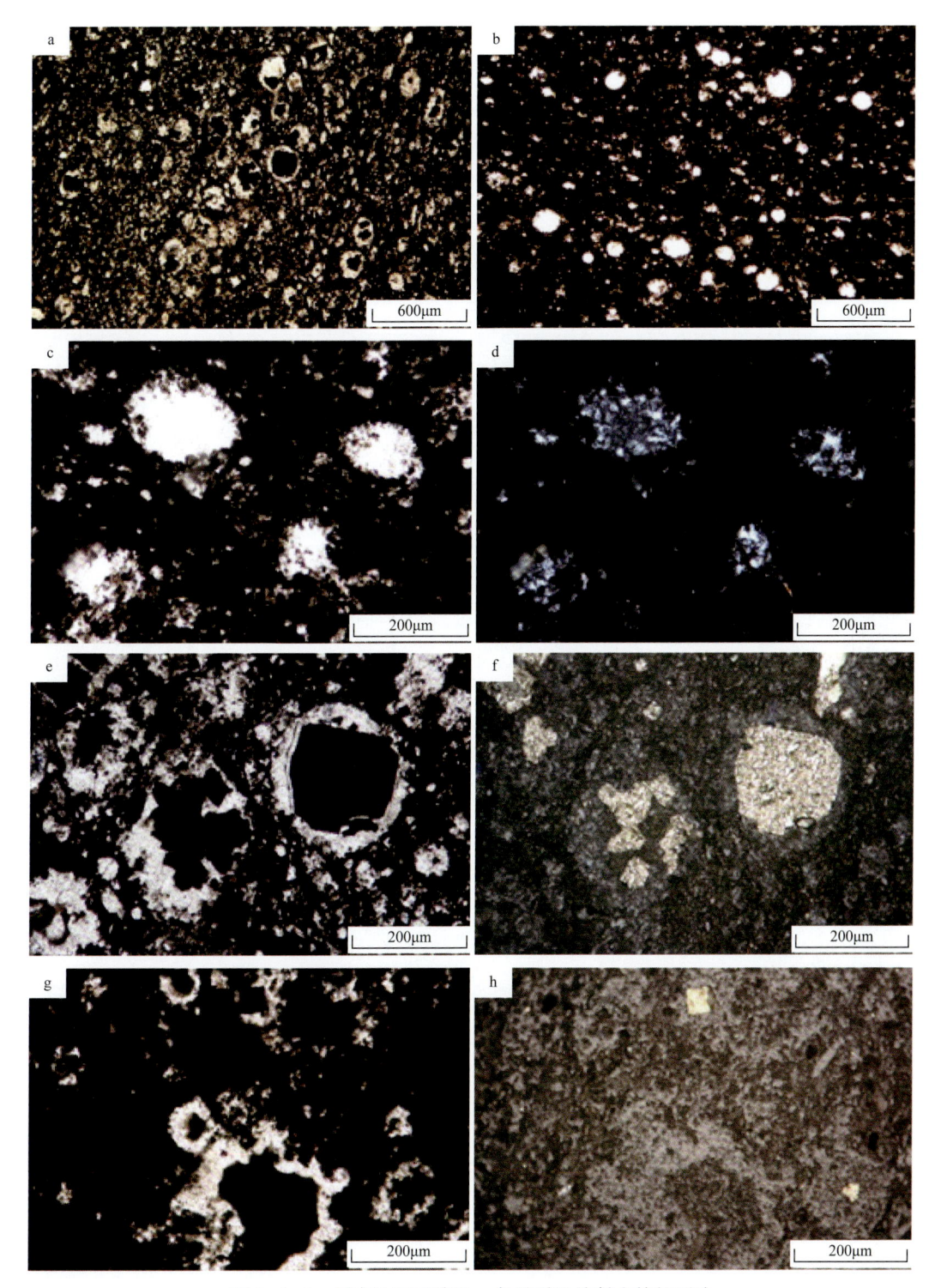

图 2-2-7 川南地区五峰组—龙马溪组放射虫特征照片

a. 放射虫大量发育，具有顺层的特征，巫溪 2 井，1630m；b. 放射虫大量发育，具有顺层的特征，巫溪 2 井，1625m；c. 放射虫被硅质充填，巫溪 2 井，1625m；d. 放射虫被硅质充填，巫溪 2 井，1625m；e. 放射虫被黄铁矿充填，巫溪 2 井，1630m；f. 放射虫被黄铁矿充填，巫溪 2 井，1630m；g. 放射虫被有机质充填，少数被黄铁矿充填，巫溪 2 井，1620.5m；h. 放射虫被有机质充填，少数被黄铁矿充填，巫溪 2 井，1620.5m

在薄片下多为圆形，大小主要介于0.003～0.3mm，但是在扫描电子显微镜下较难识别，一般情况下具有球形或者圆形轮廓的可能为放射虫。放射虫多数被硅质充填（图2-2-7c、d），硅质可见被碳酸盐矿物交代的现象，此外一部分放射虫被黄铁矿充填（图2-2-7e、f），少数被有机质充填（图2-2-7g、h）。

硅质海绵骨针：纹层状泥岩中除放射虫较发育外，海绵骨针也较发育，但是镜下未见海绵骨针纹层状大规模分布，仅可见其零星分布于泥岩中，大小介于几十微米到几毫米（图2-2-8）。显微镜下海绵骨针形态多样，纵切面多平直，横切面形状不规则。扫描电子显微镜下也可观察到形状平直的海绵骨针，且可见其内部发育大量的自生钡长石矿物。

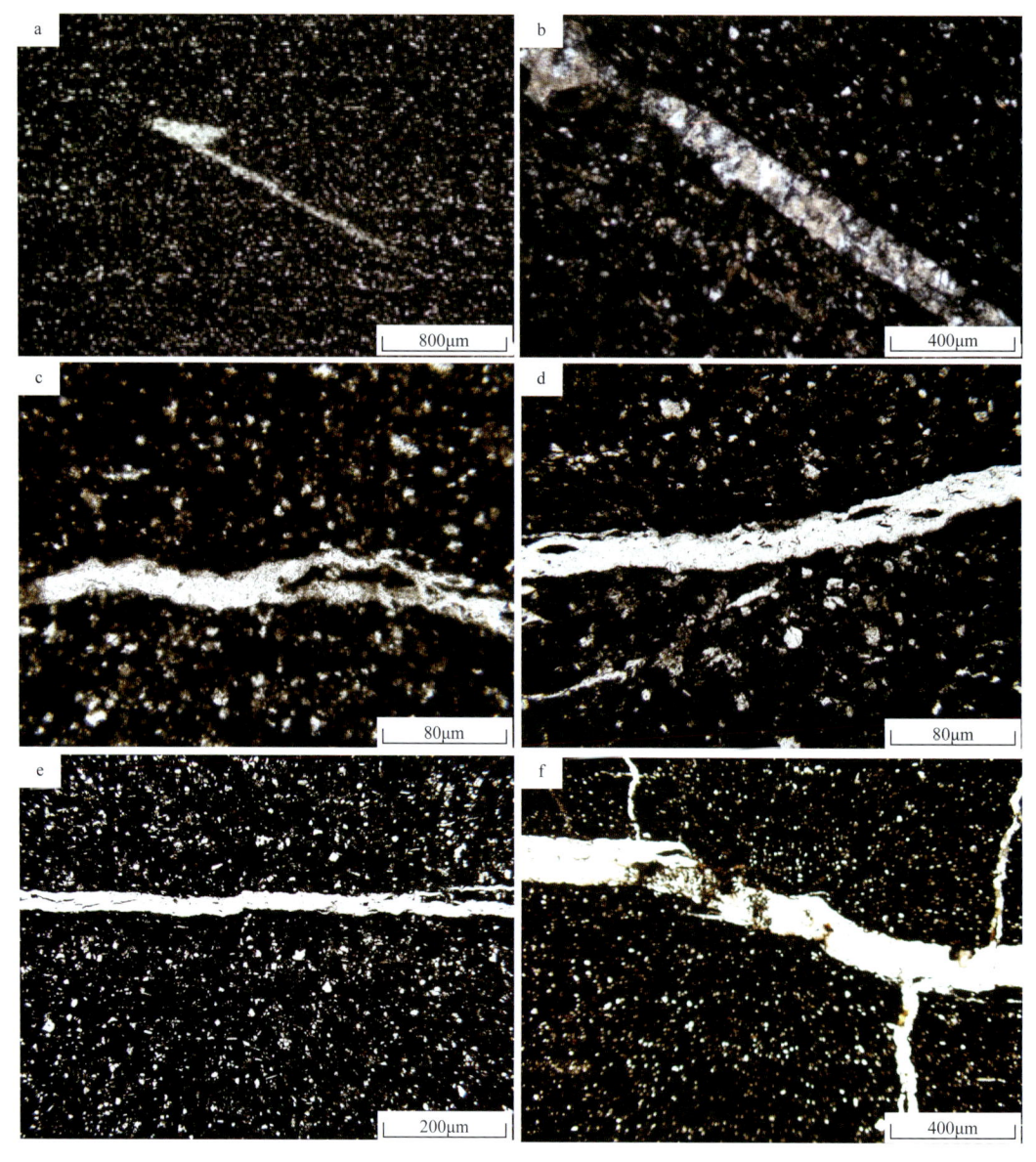

图2-2-8 川南地区五峰组—龙马溪组硅质海绵特征照片
a. 巫溪2井，1613m；b. 巫溪2井，1571m；c. 长宁双河，4-9-1；d. 长宁双河，5-9-1；e. 长宁双河，8-6-1；
f. 长宁双河，8-11-1

其他生物碎屑：主要包括笔石碎屑、棘皮类、壳类、三叶虫等（图2-2-9）。笔石化石在五峰组和龙马溪组广泛发育，呈层状分布于层面上，局部层段富集；壳类和三叶虫等碎屑集中分布于观音桥层，其形成与该时期气候变凉和全球海平面下降密切相关。

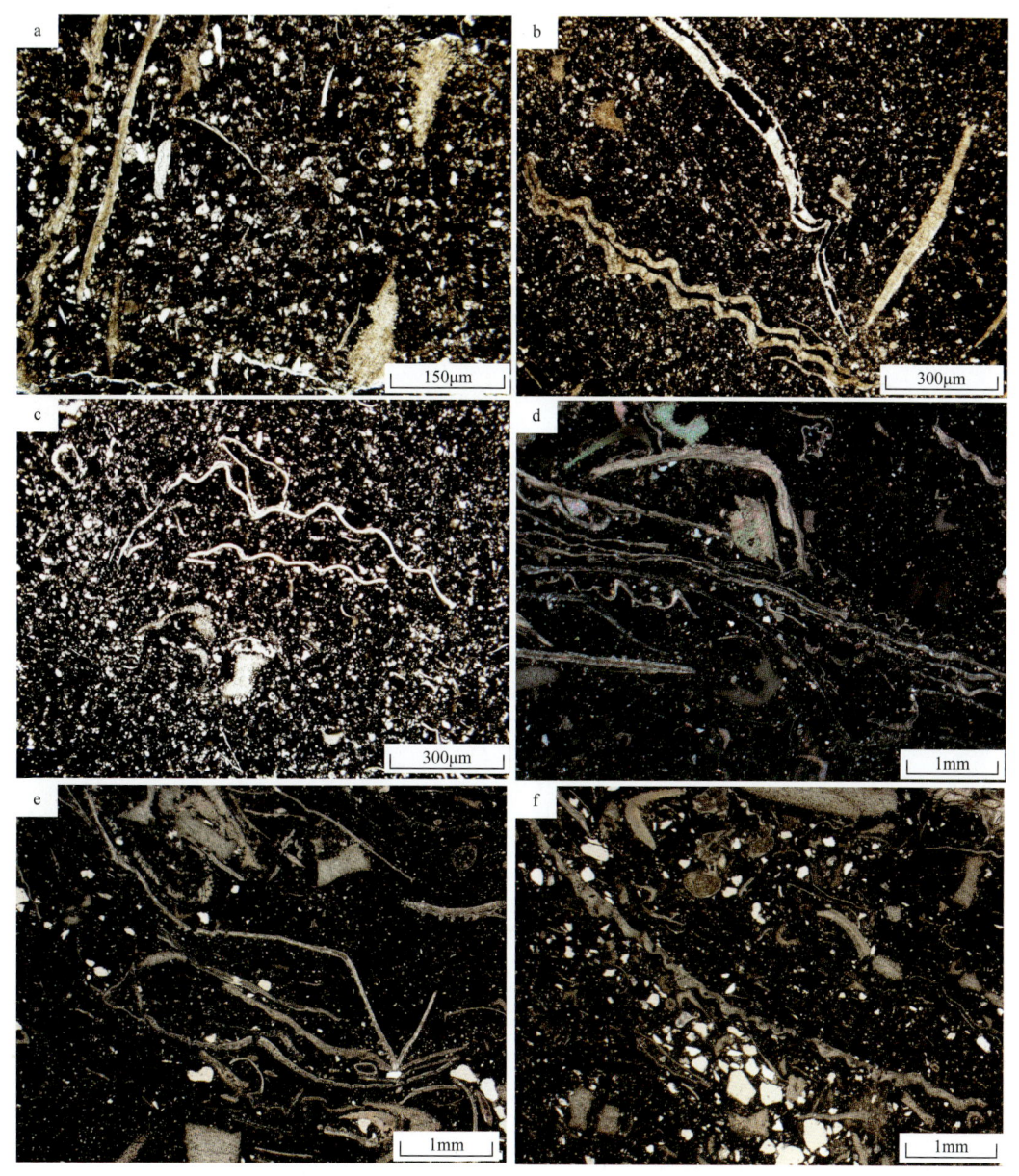

图2-2-9 川南地区五峰组—龙马溪组生物碎屑特征照片
a.长宁双河，7-4-2；b.长宁双河，7-4-1；c.长宁双河，7-3-1；d—f.大安2井，4104.15m

三、有机质组分

根据有机质的赋存状态，同时考虑成因及来源，可将川南地区有机质划分为有形有机质、有机—矿物集合体和无定形有机质（施振生等，2018）。

1. 有形有机质

有形有机质主要包括条带状或脉状有机质（图 2-2-10a、b）、不规则团块状有机质（图 2-2-10c、d）及圆状（椭圆状）有机质（图 2-2-10e、f），有机质与基质界限清晰，有机质周围无或存在极少量的自生矿物。条带状有机质常呈黑色，条带长度不一，一般为微米级，与基质具有清晰的接触界面，表面常发育灰色纵向条带，有些有横向分隔纹。条带状有机质外围，通常发育一层铁绿泥石层。团块状有机质多呈不规则状，形态不一，与基质接触界面清晰。圆状（椭圆状）有机质表面有横向分隔，发育包壳，包壳常发生黄铁矿化。有形有机质内部结构较为均一，极少或不发育孔隙，仅在其与基质矿物接触边界常见发育收缩缝。

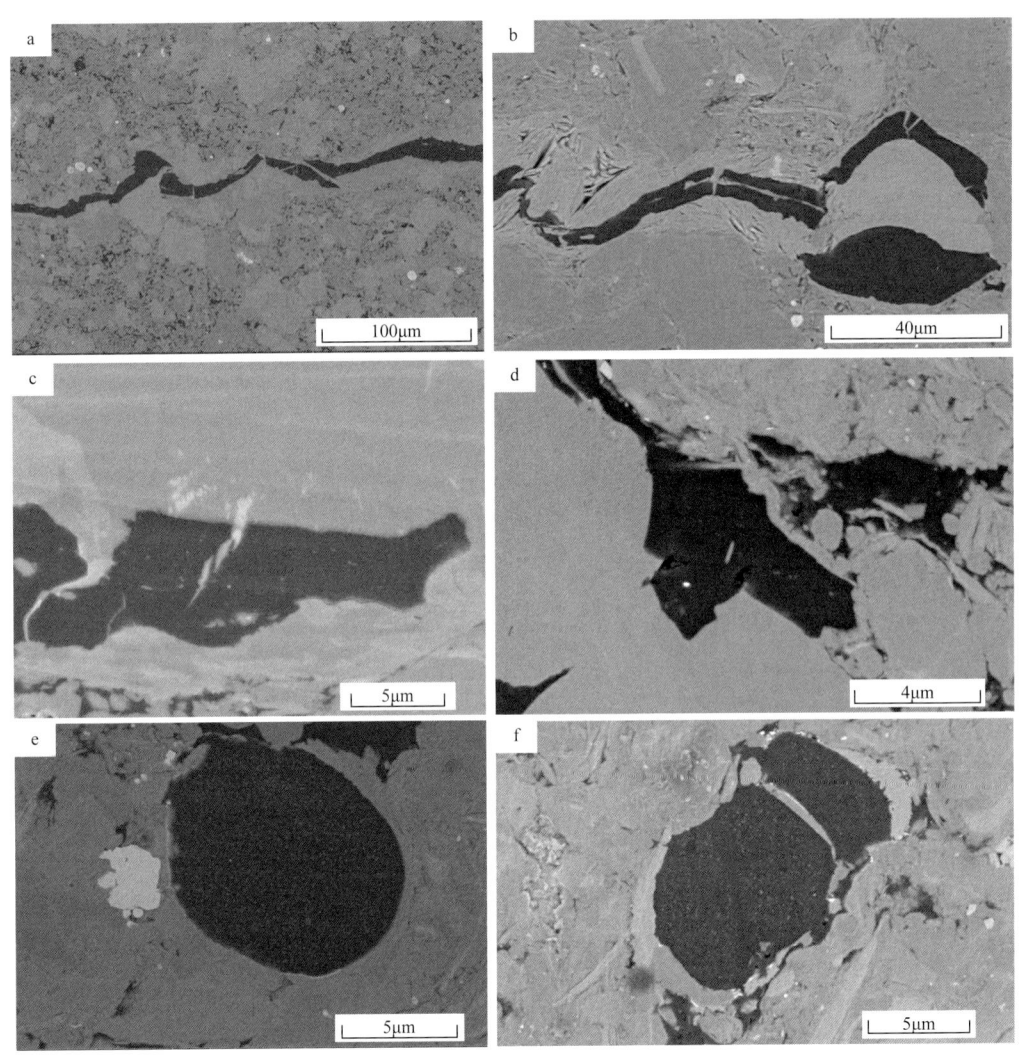

图 2-2-10　川南地区五峰组—龙马溪组有形有机质特征照片
a. 宁西 202 井，3940m；b. 宜 202 井，3630.31m；c. 巫溪 2 井，1578m；d. 阳 101H3-8 井，3761.34m；
e. 阳 101H3-8 井，3757.66m；f. 阳 101H3-8 井，3748.42m

三类有形有机质起源差异。条带状或脉状有机质可能来源于笔石化石的碎片。笔石体在沉积之后，外围的壳体部分可能由于成岩作用被交代形成铁绿泥石，笔石体腔内的有机质降解、缩聚形成胶质。不规则团块状有机质属成岩作用过程中残存的生物碎屑或早成岩阶段有机质降解、缩聚形成的胶质、沥青质，是通过沉积或成岩作用进入沉积物中的有机质。圆状（椭圆状）有机质可能是硅质海绵、放射虫或笔石的体腔被有机质充填形成。

2. 有机—矿物集合体

有机质与黏土矿物或自生石英混生，局部可见与黄铁矿共生（图2-2-11）。自生石英或重结晶的黏土矿物通多呈它形结构，纤片状或羽状黏土矿物可见自形结构。有机孔发育好，以不均匀的气泡状大孔隙为特征，孔径一般介于30～300nm，非均质性较强。

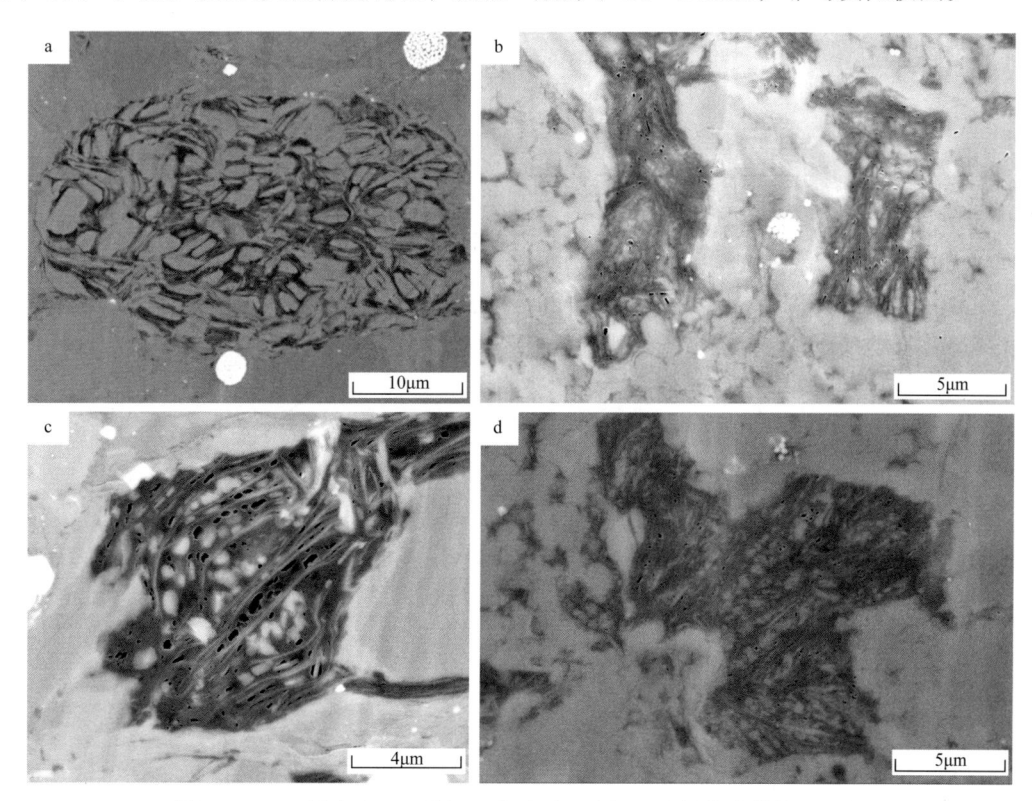

图 2-2-11 川南地区五峰组—龙马溪组有机—矿物集合体特征照片
a. 巫溪2井，1570m；b. 巫溪2井，1617.5m；c. 巫溪2井，1570m；d. 巫溪2井，1616.5m

有机—矿物集合体中有机质多为低等生物及其分泌物或排泄物与水体中黏土矿物相互吸附形成的胶体混合物，在成岩过程中，经过无机矿物的重结晶及有机质先热演化发生降解、聚合作用而发生分异，属于以分散状态沉积下来并经成岩作用及有机质演化新生成的有机质。黏土矿物颗粒在水体沉积时，颗粒表面会吸附大量有机物质，使之转化为颗粒状集合体并进而沉积，黏土颗粒与有机质的凝絮、黏合作用是有机质和黏土沉积的最重要机制。

3. 无定形有机质

川南地区五峰组—龙马溪组页岩中的无定形有机质含量最高，呈分散状充填于自生矿物晶间（图2-2-12），通常以被自形矿物环绕为特征。无定形有机质是沉积干酪根在热成熟过程中产生的沥青或油，经过运移进入矿物孔隙中。无定形有机质周边的基质矿物多呈自形晶体，表时基质矿物先期结晶形成，有机质后期充填进入基质矿物晶体格架中。

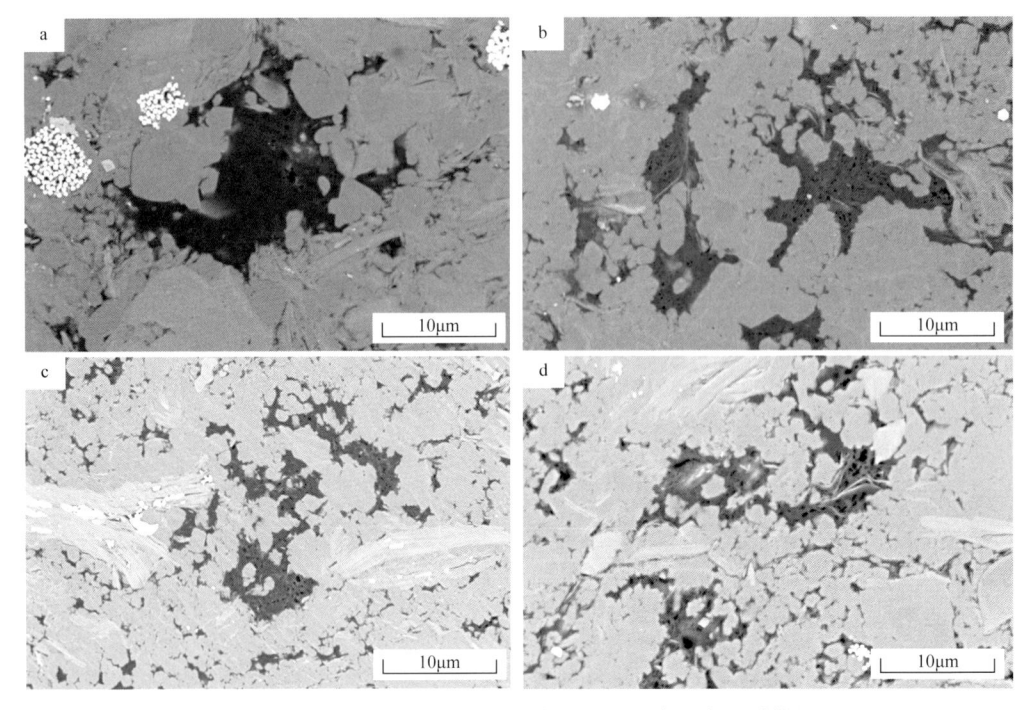

图 2-2-12 川南地区五峰组—龙马溪组无定形有机质特征
a. 阳 101H3-8 井，3761.34m；b. 阳 101H3-8 井，3781.95m；c. 黄 206 井，4355.5m；d. 泸 211 井，4918.45m

川南地区五峰组—龙马溪组页岩中的无定形有机质主要充填在自生石英颗粒晶体间，内部有机孔十分发育，呈海绵状孔隙结构，均匀密布，孔径一般在 10～80nm 之间，孔径特征与有机—矿物集合体明显差异，有机质单体中的有机孔面孔率可达 30% 以上，显示了较强的生气能力。

四、碎屑组分分布

1. 垂向分布

川南地区五峰组—龙马溪组石英和 TOC 含量逐渐降低、黏土矿物和碳酸盐含量逐渐增加（图 2-2-13）。五峰组石英、黏土矿物和碳酸盐平均含量分别为 40.2%、21.3% 和 29.2%，龙一$_1$亚段石英、黏土矿物和碳酸盐平均含量分别为 37.7%、33.5% 和 14.6%。龙一$_2$亚段石英、黏土矿物和碳酸盐平均含量分别为 37.8%、36.1% 和 12.5%。龙一$_1$亚段内部，龙一$_1^1$小层石英、黏土矿物和碳酸盐平均含量分别为 53.1%、21.6% 和 3.5%，龙一$_1^2$小层石英、黏土矿物和碳酸盐平均含量分别为 52.5%、25.1% 和 8.1%，龙一$_1^3$小层石英、黏土矿物和碳酸盐平均含量分别为 39.4%、32.8% 和 11.3%，龙一$_1^4$小层石英、黏土矿物和碳酸盐平均含量分别为 36.7%、32.7% 和 16.1%。在 TOC 含量分布上，五峰组平均值为 3.9%，龙一$_1^1$小层、龙一$_1^2$小层、龙一$_1^3$小层和龙一$_1^4$小层分别为 6.3%、5.0%、4.4% 和 3.4%，龙一$_2$亚段为 2.4%。

2. 平面分布

川南地区五峰组—龙马溪组页岩由水下高地至水下洼地，硅质含量逐渐增加、碳酸盐矿物含量逐渐降低、黏土矿物含量先降低再升高。以过威 232 井—阳 101 井连井剖面含气页岩为例（图2-2-14），页岩硅质含量由水下高地位置（威231井）的41.3%上升至水下洼地位置（古202-H1井）的64.9%，碳酸盐矿物含量由22.9%降至5.6%，黏土矿物含量由34.1%降至18.4%。

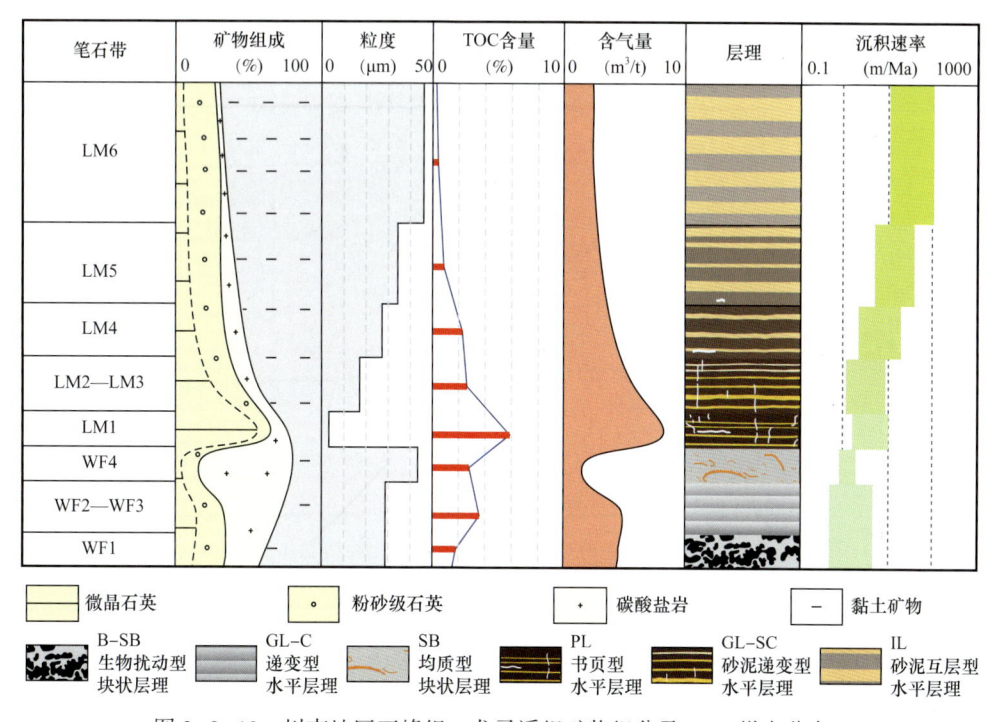

图2-2-13 川南地区五峰组—龙马溪组矿物组分及TOC纵向分布

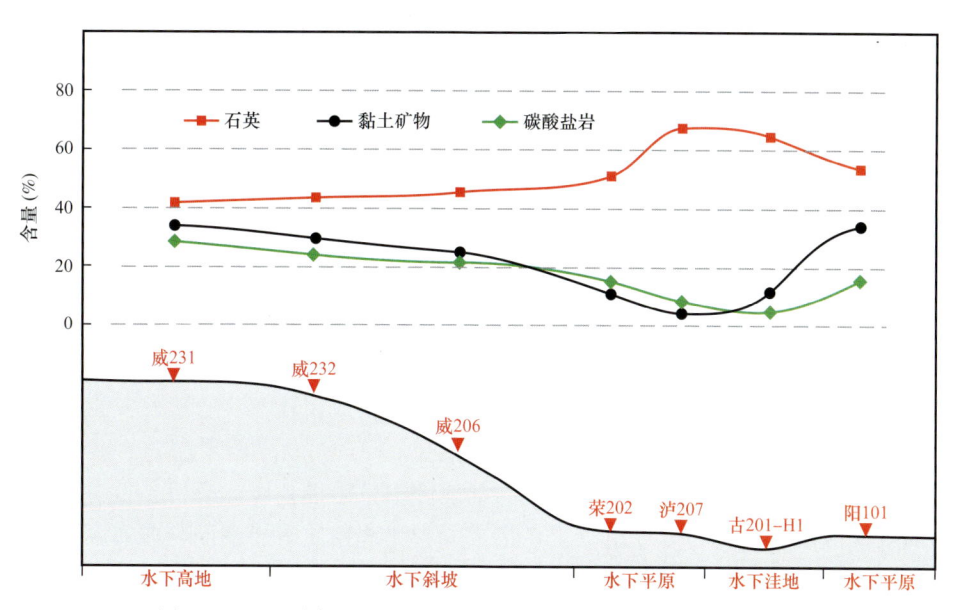

图2-2-14 川南地区五峰组—龙马溪组不同地貌单元矿物组成

川南地区五峰组—龙马溪组含气页岩TOC含量为0.9%～11.2%，由水下高地至水下洼地，TOC含量逐渐降低。以笔石带LM4段为例（图2-2-15），页岩TOC含量为2.0%～3.4%。其中，水下斜坡上部（威232井）含气页岩TOC含量平均值3.4%，水下斜坡下部（威206井）平均值3.2%，水下平原位置（荣232井）平均值为2.9%，而水下洼地位置（泸208井和泸209井）平均值分别为2.6%和2.0%。

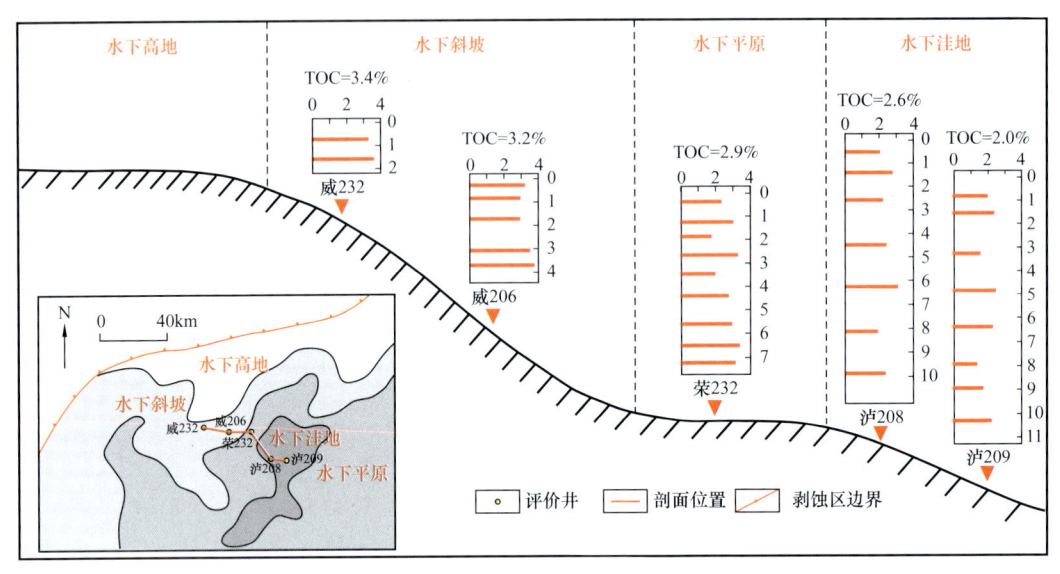

图2-2-15 川南地区五峰组—龙马溪组不同地貌单元页岩TOC含量

第三节 细粒碎屑岩孔隙组成与孔径分布

孔隙类型与孔径分布决定着黑色页岩储层的储集性能、连通性及气体赋存状态，其受有机质类型、有机质含量、矿物组分、页岩结构与构造、原生有机孔隙度、有机质热成熟度等因素的影响和控制。在埋藏成岩过程中，随着地层温度升高和压力增大，各组分相互作用，页岩孔隙类型与孔径分布也相应变化。整体上，随着埋深增大，页岩孔隙度和无机孔含量持续降低；有机孔在生气阶段先随R_o增加而增加，但当R_o大于2.0%后，总体又趋于降低。未成熟至半成熟阶段，页岩孔隙度为30%~80%，以原生无机孔为主，偶见少量原生有机孔或盘绕状有机孔。无机孔集中分布于硬颗粒周围，直径多为微米级，孔隙形态多呈伸长状、圆状和棱角状，孔隙连通性好，形态多样，定向排列性不强。生油窗早期，整体仍以无机孔为主，少量原生有机孔及盘绕状有机孔少量。无机孔直径多为微米级，由于早期沥青充注及压实作用而发生改变，孔径和数量也进一步降低。同时，由于页岩各组分塑性增大、干酪根膨胀、油和沥青等产物的生成及迁移，有机孔发生堵塞。生油窗中后期，仍以无机孔为主，开始形成少量有机孔。该阶段无机孔孔径进一步减小，多为微米级，呈分散状和次圆状，无定向性，局部地区发育溶蚀孔隙。有机孔发育气孔状、海绵孔状或收缩成因有机孔，丰度由于受矿物成分和物理性质等影响而与成熟度之间关系复杂。有机质高成熟阶段，海绵孔状有机质大量生成，并构成孔隙主体。该阶段无机孔数量有限，多被油、气、水等充填。

一、孔隙类型

川南地区五峰组—龙马溪组黑色页岩黑色页岩发育有机孔和无机孔。无机孔主要为粒间孔、粒内孔、晶间孔和溶蚀孔，溶蚀孔隙主要为碳酸盐矿物和少量长石溶蚀而成。

1. 有机孔

有机孔是页岩中有机质在热裂解生烃过程中形成的孔隙，主要发育在有机质间和有机质内，有机质纳米孔是页岩中存在最广泛的孔隙类型之一。镜下观察主要呈近球形、椭球形、片麻状、凹坑状、弯月形和狭缝形等（图2-3-1），孔径主要分布在2～1000nm之间，

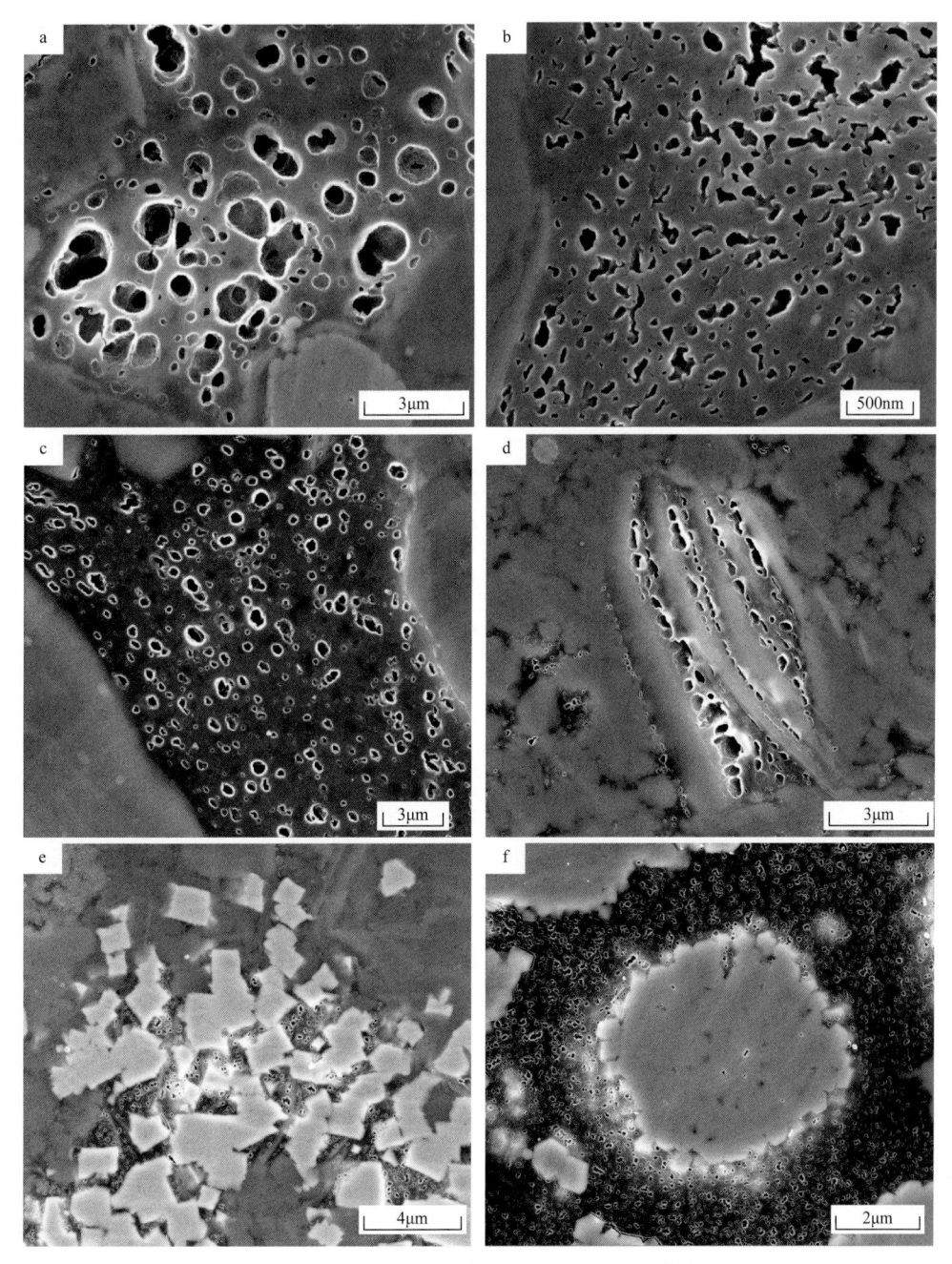

图2-3-1 川南地区五峰组—龙马溪组有机孔特征

a. 威213井，3738.74m; b. 阳105井，1681.00m; c. 泸202井，4285.81m; d. 阳104井，1198.06m;
e. YS136井，2007.76m; f. YS138井，1957.55m

多属中孔范围。有机孔的形成主要受有机质类型和丰度、原始成烃生物差异、固体沥青、热演化程度等的控制（聂海宽等，2022），面孔率介于10%～50%，平均面孔率为30%。有机孔也会受到埋藏压实的影响，扫描电子显微镜发现在龙马溪组底部有机质压实变形成不规则形态，有机孔不是孤立存在的，而是存在某种程度上的连通性。有机孔具有亲油性，更有利于页岩气的吸附和储集，因此，富含大量连通性的有机孔可以形成良好的天然气导流微通道，提高了页岩的渗透性。

2. 无机孔

1）粒间孔

通常发育于矿物颗粒接触处，成因主要有两种类型：（1）各种颗粒间的不完全胶结或后期成岩改造（图2-3-2），多呈多角形、拉长形等；（2）矿物颗粒，尤其是方解石或白云石颗粒，发生不完全溶蚀而形成粒间溶孔（图2-3-3）。

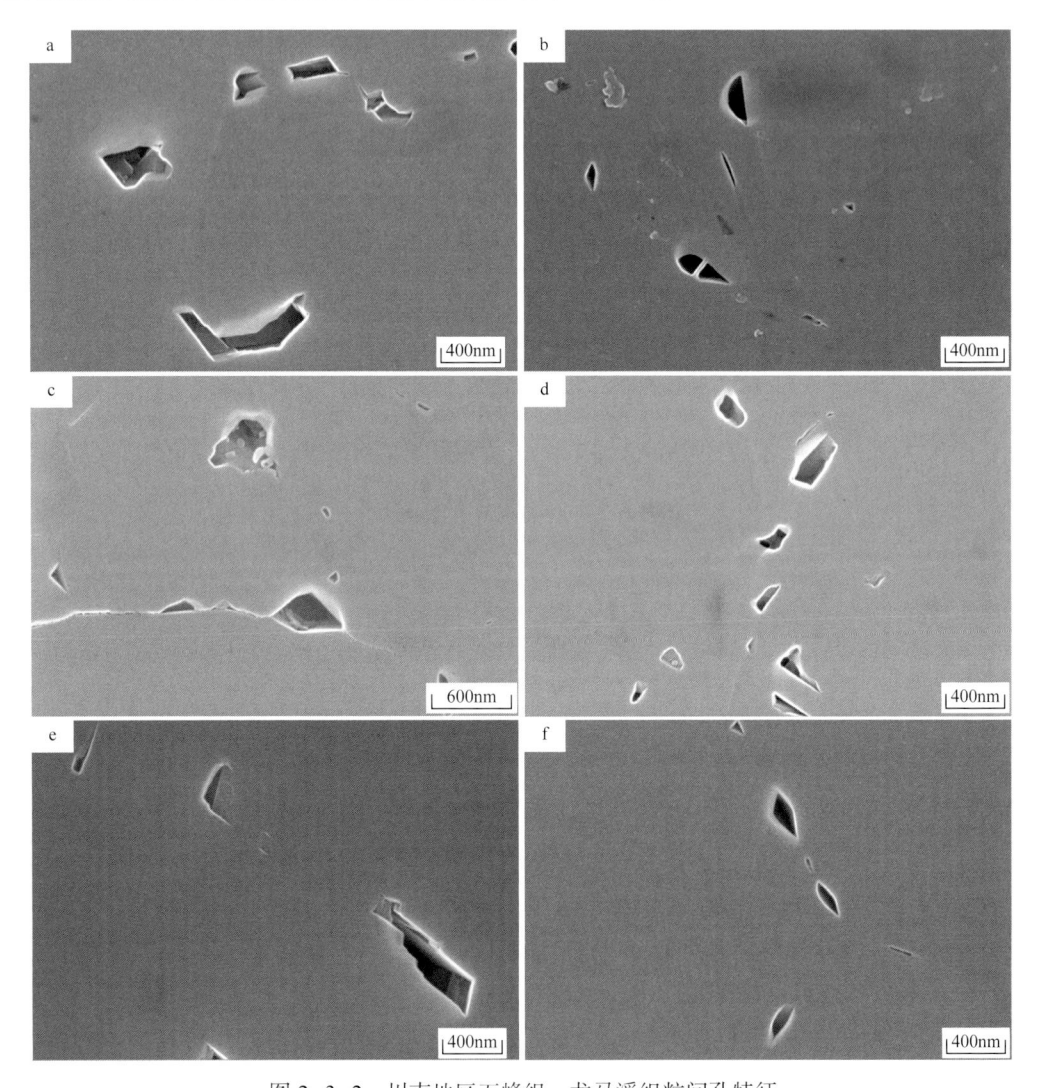

图2-3-2 川南地区五峰组—龙马溪组粒间孔特征
a. 巫溪2井，1620.5m；b. 巫溪2井，1620.5m；c. 巫溪2井，1570m；d. 巫溪2井，1570m；e. 巫溪2井，1611m；
f. 巫溪2井，1611m

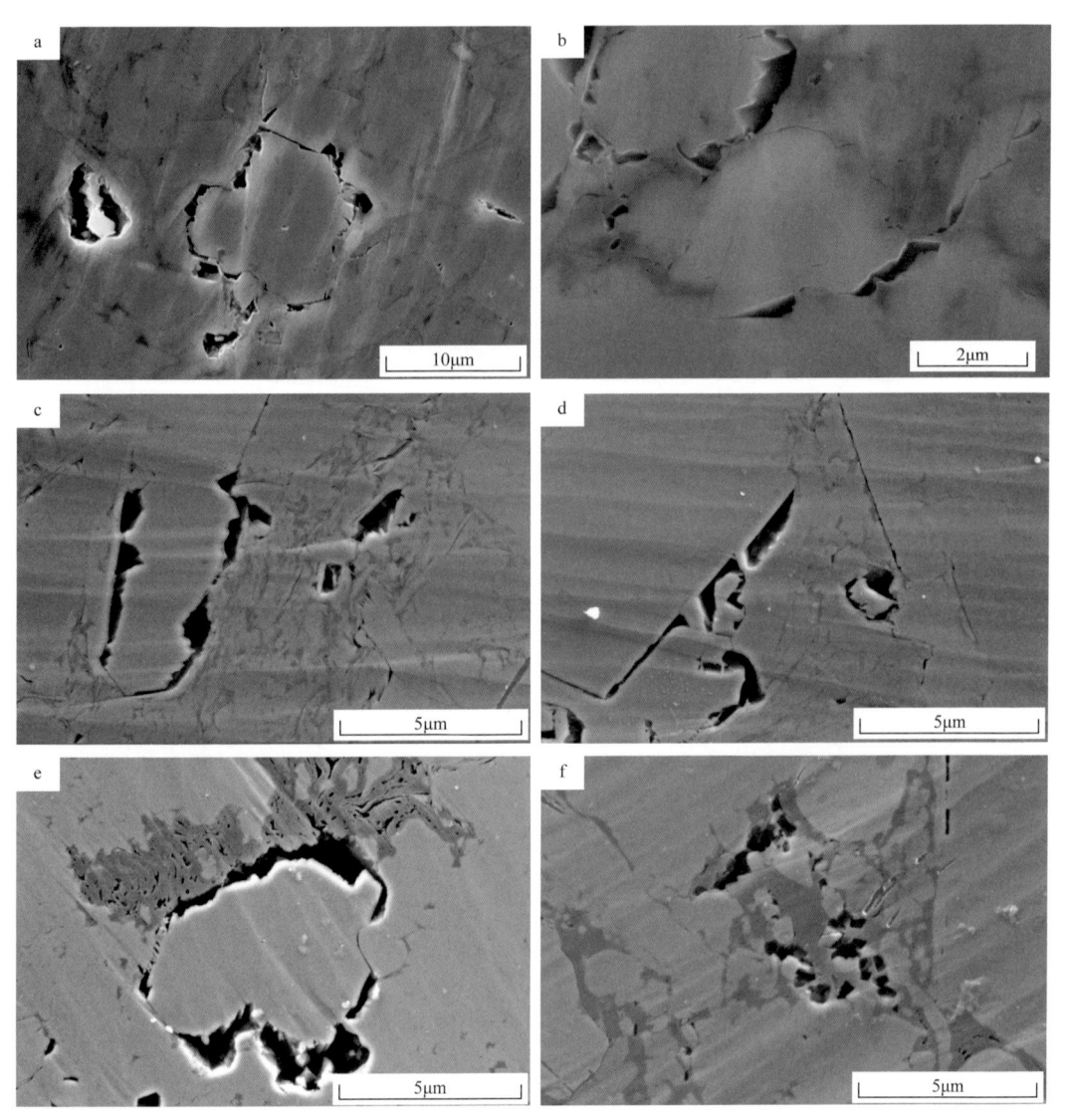

图 2-3-3　川南地区五峰组—龙马溪组粒间孔特征
a. 长宁双河，4-16-1；b. 长宁双河，6-22-1；c. 长宁双河，7-2-2；d. 长宁双河，7-2-2；e. 长宁双河，8-4-1；
f. 长宁双河，9-16-2

2）粒内孔

该类孔隙发育于矿物颗粒内部，主要有两种类型：(1) 黏土矿物发育大量粒内孔，该地区龙马溪组黏土矿物（尤其是伊利石）在页岩沉积形成过程中可形成片粒状集合体，颗粒之内形成大量粒内孔隙。镜下观察表明，发育大量黏土片粒集合体及孔隙（图 2-3-4）。这些粒间孔提供了甲烷分子（0.38nm）的储集空间，同时为页岩气的渗流提供了良好通道；(2) 方解石颗粒，在成岩学化过程中，形成大量粒内溶孔（图 2-3-5）。

3）晶间孔

晶间孔是在环境稳定和介质条件适当情况下，矿物结晶形成的晶间微孔隙。该地区该类孔隙分布广泛，多为缺氧环境下形成的草莓状黄铁矿晶粒间的孔隙（图 2-3-6），这种缝隙边缘平整，相互之间具有一定的连通性。

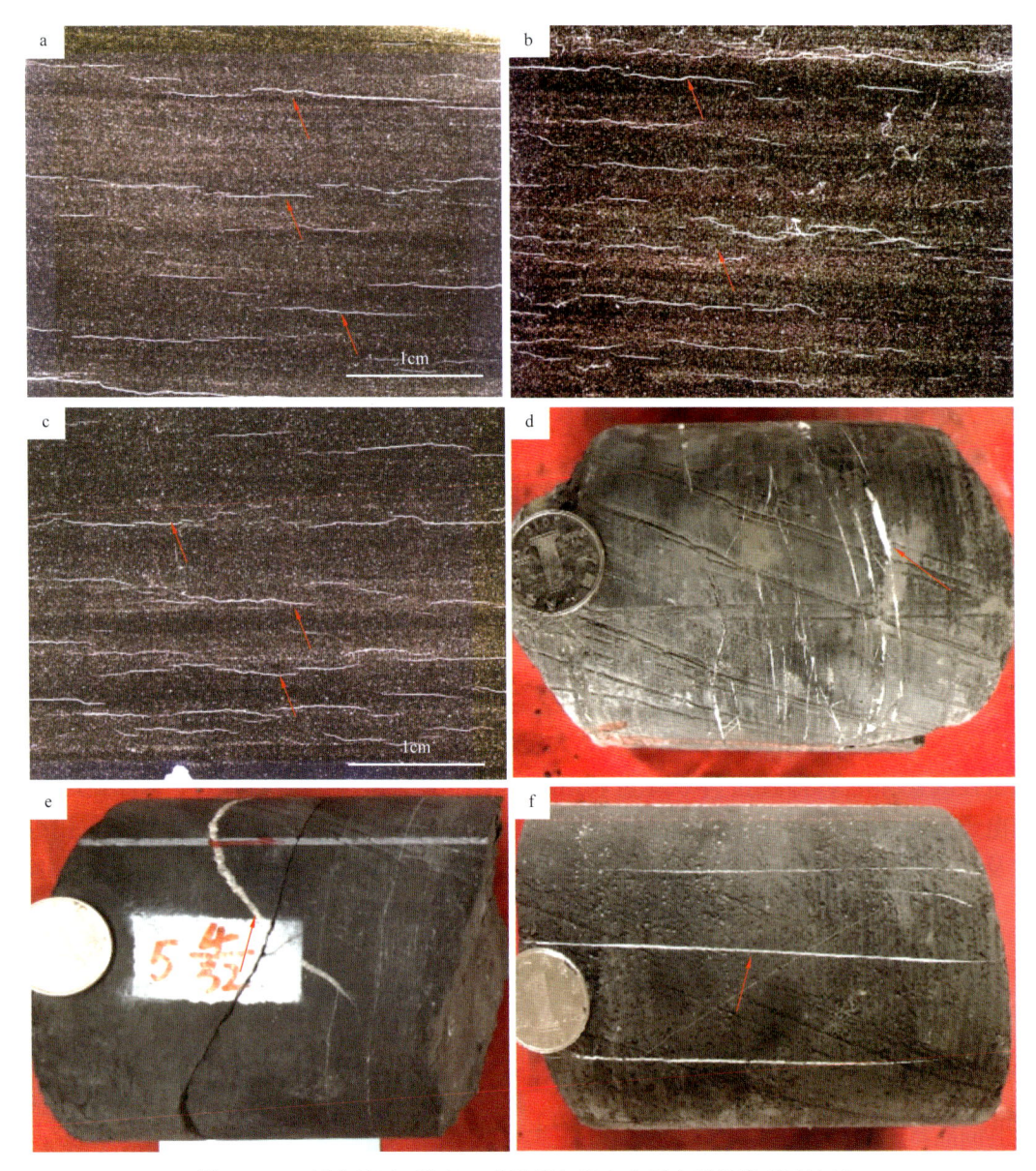

图 2-4-1 川南地区五峰组—龙马溪组岩心和露头裂缝类型及特征

a. 顺层缝，页理缝，多数被有机质充填，少数方解石充填，长宁双河剖面，五峰组；b. 顺层缝，页理缝，多数被有机质充填，少数被方解石充填，长宁双河剖面，五峰组；c. 顺层缝，页理缝，多数被有机质充填，少数被方解石充填，长宁双河剖面，龙马溪组；d. 顺层缝，层间滑移缝，方解石充填，阳107井，埋深1209.05m，龙一$_2$亚段；e. 斜交缝，方解石充填，阳105井，埋深1690.10m，龙一$_1^2$小层；f. 垂直缝，方解石充填，阳107井，埋深1254.22m，龙一$_1^2$小层

子显微镜下根据裂缝与层理面的关系也可细分为顺层缝和非顺层缝。顺层缝主要为页理缝，非顺层缝主要为生烃增压缝、成岩收缩缝和溶蚀缝。顺层缝层面多呈线状或凹凸状。大薄片显微照片下，顺层缝主要沿着泥纹层与粉砂纹层分界面或泥纹层内部延伸，在某一位置切穿纹层并进入另一纹层分界面穿行（图2-4-2）。顺层缝长8～35mm，裂缝开度20～30μm。多数充填硅质，少数充填有机质（图2-4-3）。SEM电子显微镜下，顺层缝主要为页理缝，微裂缝平行层理面呈孤立状分布，少数相互交切构成网状。微裂缝面顺着纹

层接触面（图2-4-4a、b）或层状有机质（图2-4-4c、d）与围岩接触面伸展，裂缝伸展过程中多数绕过颗粒边缘，很少切穿矿物颗粒或有机质。微裂缝长度一般为80～400μm，开度一般为2～10μm。裂缝面两侧颗粒凹凸接触，相互匹配良好，未发现大量滑动或偏移。少数微裂缝呈开放状，局部充填围岩碎片（图2-4-5a、b）。多数微裂缝被沥青充填，沥青中含有大量围岩碎片或草莓状黄铁矿颗粒（图2-4-5c—f）。顺层缝主要沿纹层接触面或条带状水平分布的沥青与围岩接触面分布，表现其形成与页理有关；富含围岩碎片的沥青作为唯一充填物表明微裂缝主要形成于干酪根降解过程中，其形成与生烃增压作用有关。

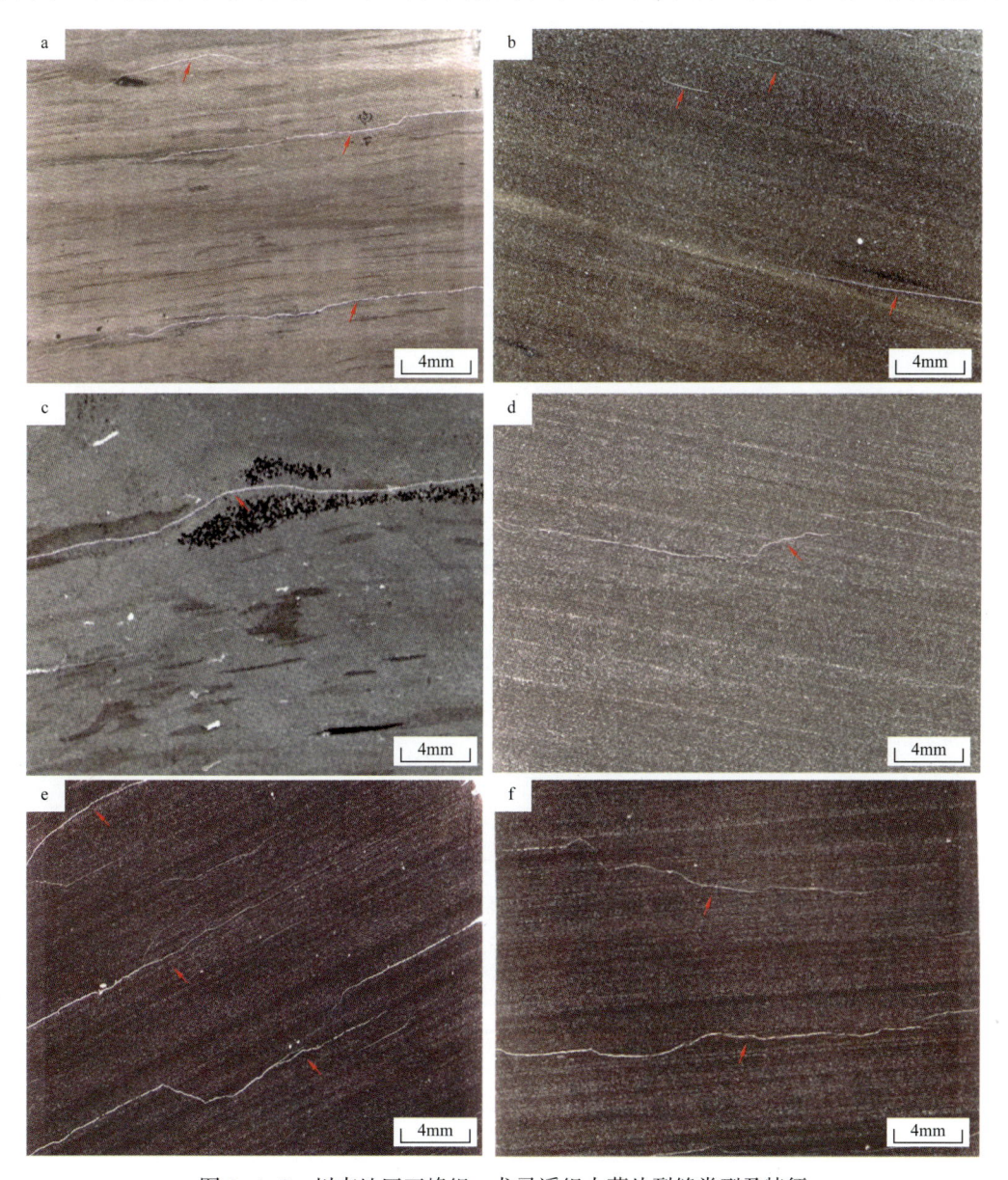

图 2-4-2 川南地区五峰组—龙马溪组大薄片裂缝类型及特征

a. 顺层缝，硅质充填，阳101H3-8井，五峰组，埋深3790.68m；b. 顺层缝，硅质充填，阳101H3-8井，五峰组，埋深3788.69m；c. 顺层缝，硅质充填，阳101H3-8井，五峰组，埋深3792.84m；d. 顺层缝，硅质充填，阳101H3-8井，龙一$_1^1$小层，埋深3785.22m；e. 顺层缝，硅质充填，阳101H3-8井，龙一$_1^3$小层，埋深3777.26m；f. 顺层缝，硅质充填，阳101H3-8井，龙一$_1^3$小层，埋深3773.40m

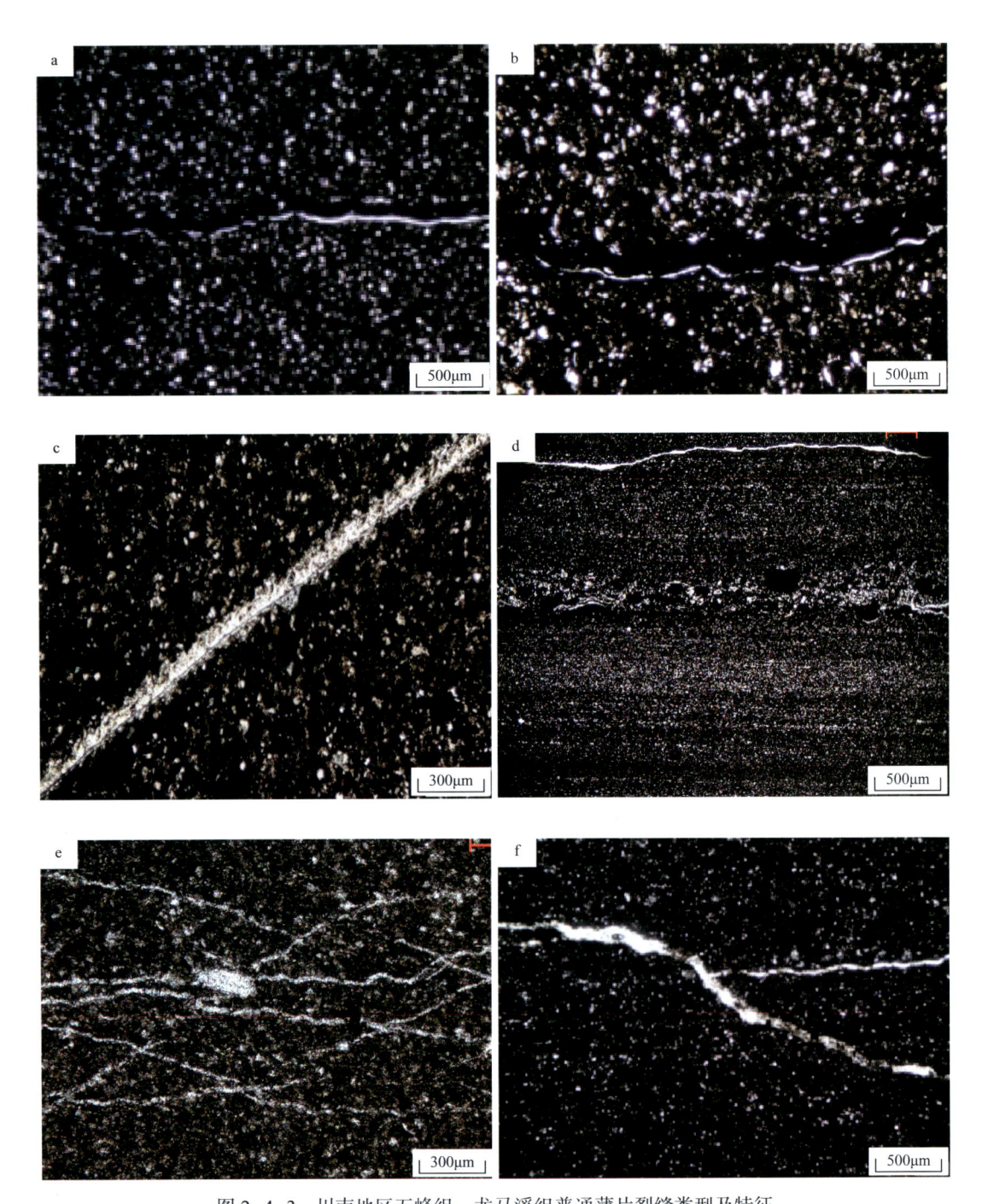

图 2-4-3　川南地区五峰组—龙马溪组普通薄片裂缝类型及特征

a. 顺层缝，有机质充填，巫溪 2 井，龙一$_1^3$小层，埋深 1614.0m；b. 顺层缝，有机质、硅质充填，巫溪 2 井，龙一$_1^2$小层，埋深 1583.5m；c. 顺层缝，有机质充填，巫溪 2 井，龙一$_2$亚段，埋深 1584.0m；d. 顺层缝，硅质充填，泸 205 井，龙一$_1^1$小层，埋深 4032.67m；e. 非顺层缝，树枝状，硅质充填，巫溪 2 井，龙一$_1^4$小层，埋深 1610.5m；f. 非顺层缝，网状，硅质充填，泸 205 井，龙一$_1^1$小层，埋深 4376.0m

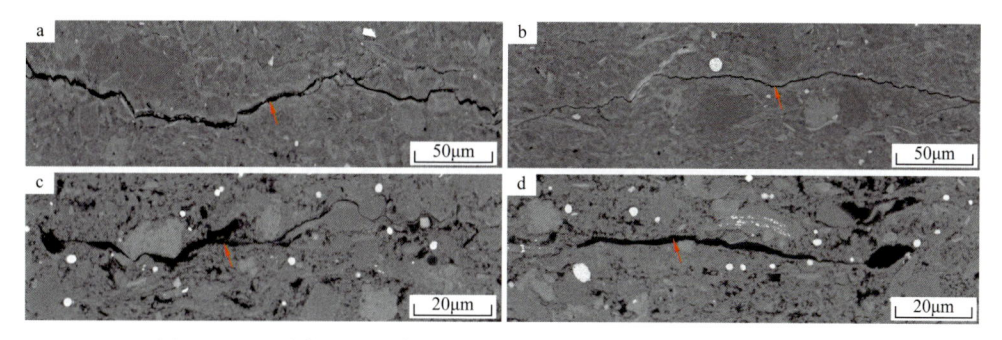

图 2-4-4　川南地区五峰组—龙马溪组 SEM 照片微裂缝类型及特征

a、b. 页理缝，无充填，阳 101H3-8 井，五峰组，埋深 3789.30m；c、d. 页理缝，有机质充填，阳 101H3-8 井，龙一$_1^1$小层，埋深 3783.71m

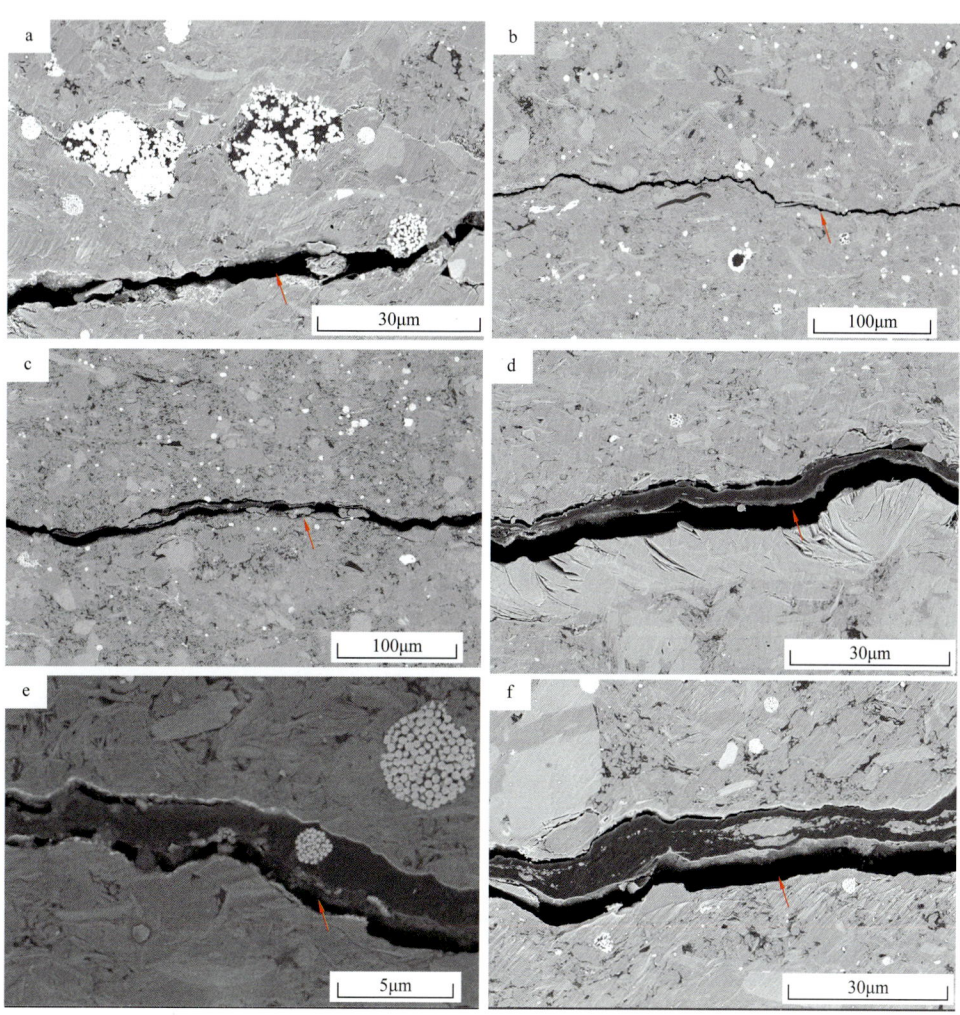

图 2-4-5　川南地区五峰组—龙马溪组 SEM 照片顺层微裂缝类型及特征

a. 页理缝，充填少量围岩碎片，阳 101H3-8 井，龙一$_2$亚段，埋深 3752.60m；b. 页理缝，无充填，阳 101H3-8 井，龙一$_1^4$小层，埋深 3765.29m；c. 页理缝，充填有机质和围岩碎片，阳 101H3-8 井，龙一$_1^2$小层，埋深 3781.95m；d. 页理缝，充填有机质，阳 101H3-8 井，龙一$_2$亚段，埋深 3747.18m；e. 页理缝，充填有机质，有机质中含黄铁矿颗粒和围岩碎片，阳 101H3-8 井，龙一$_2$亚段，埋深 3745.92m；f. 页理缝，有机质中含大量围岩碎片，阳 101H3-8 井，龙一$_1^3$小层，埋深 3773.40m

二、裂缝组成与分布

1. 裂缝发育规模和密度

宏观裂缝和微裂缝均以顺层缝密度最大。宏观裂缝中，顺层缝密度为15条/m，斜交缝密度为4条/m，而垂直缝密度仅为1条/m，顺层缝密度占比达到75%（图2-4-8a）。以长宁地区双河露头剖面、威远地区威202井、泸州地区阳101H2-7井和泸206井岩心统计结果为例，其顺层缝占比均超过70%，非顺层缝占比均不足30%（图2-4-9）。微裂缝中，顺层缝为39条/片，成岩收缩缝为4条/片，生烃增压缝和溶蚀缝仅为1条/片（图2-4-8b），顺层缝密度占比可达87%。以泸州地区阳101H3-8井10块样品MAPS图像统计结果为例，其顺层缝为42条/片，成岩收缩缝为5条/片，生烃增压缝为2条/片，溶蚀缝仅为1条/片。

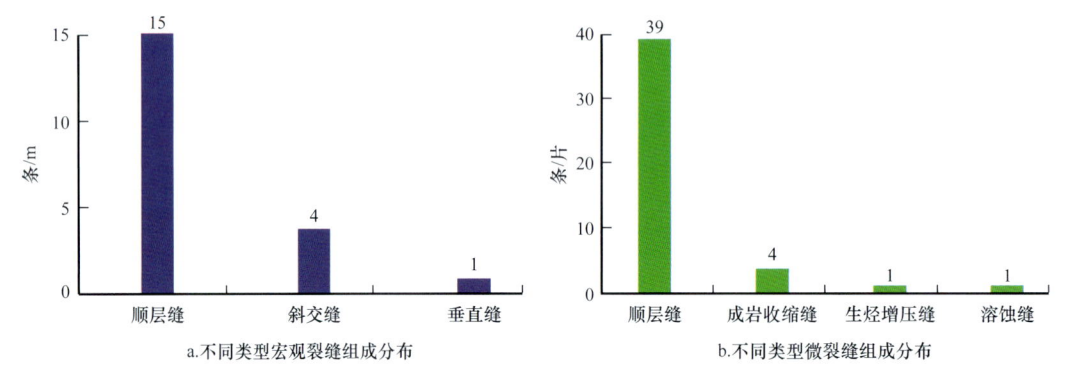

图2-4-8 川南地区五峰组—龙马溪组含气页岩宏观裂缝和微裂缝密度组成

2. 裂缝分布

川南地区龙马溪组底部宏观裂缝密度最大，其中埋深小于3500m地区龙一$_1^1$小层裂缝密度最大，埋深大于3500m地区龙一$_1^{1-3}$小层裂缝密度最大。以浅层威远地区威202井为例（图2-4-9），系统观察的35m岩心中，五峰组裂缝密度为1.3条/m，龙一$_1^1$小层5.4条/m，龙一$_1^{2-4}$小层和龙一$_2$亚段裂缝密度仅为1条/m，龙一$_1^1$小层裂缝密度最大。以深层泸州地区泸206井为例（图2-4-9），系统观察的50m岩心中，五峰组裂缝密度为3条/m，龙一$_1^1$小层裂缝为7条/m，龙一$_1^2$小层为5条/m，龙一$_1^3$小层为4条/m，龙一$_1^4$小层为3条/m，而龙一$_2$亚段裂缝密度仅为1条/m，龙一$_1^{1-3}$小层裂缝密度均较大。

川南地区龙马溪组底部含气页岩微裂缝密度大，其中，埋深大于3500m地区五峰组—龙一$_1^{1-3}$小层微裂缝密度最大。以泸州地区阳101H3-8井为例（图2-4-9），所分析的20块MAPS图像中，五峰组总裂缝密度为18条/片，龙一$_1^1$小层为10条/片，龙一$_1^2$小层为6条/片，龙一$_1^3$小层为8条/片，龙一$_1^4$小层为7条/片，龙一$_2$亚段为7条/片，龙二段为5条/片，五峰组—龙一$_1^{1-3}$小层微裂缝密度最大。另外，所有微裂缝以顺层缝为主，裂缝密度最大值集中分布于五峰组—龙一$_1^{1-3}$小层。

3. 不同埋深含气页岩裂缝特征差异性

深层地区宏观裂缝密度远大于非深层地区。以阳105井、威202井、阳101H3-8井和泸206井为例，阳105井龙一₁¹小层埋深1200.2～1201.5m，其裂缝密度0.77条/m；威202井龙一₁¹小层埋深2572.6～2574.0m，裂缝密度5.4条/m；阳101H3-8井龙一₁¹小层埋深3781.9～3784.6m，裂缝密度5.9条/m；泸206井龙一₁¹小层埋深4038.0～4040.8m，裂缝密度7.8条/m。随着埋深增大，含气页岩宏观裂缝密度增大。深层泸206井龙一₁¹小层裂缝密度是浅层阳105井的10倍。

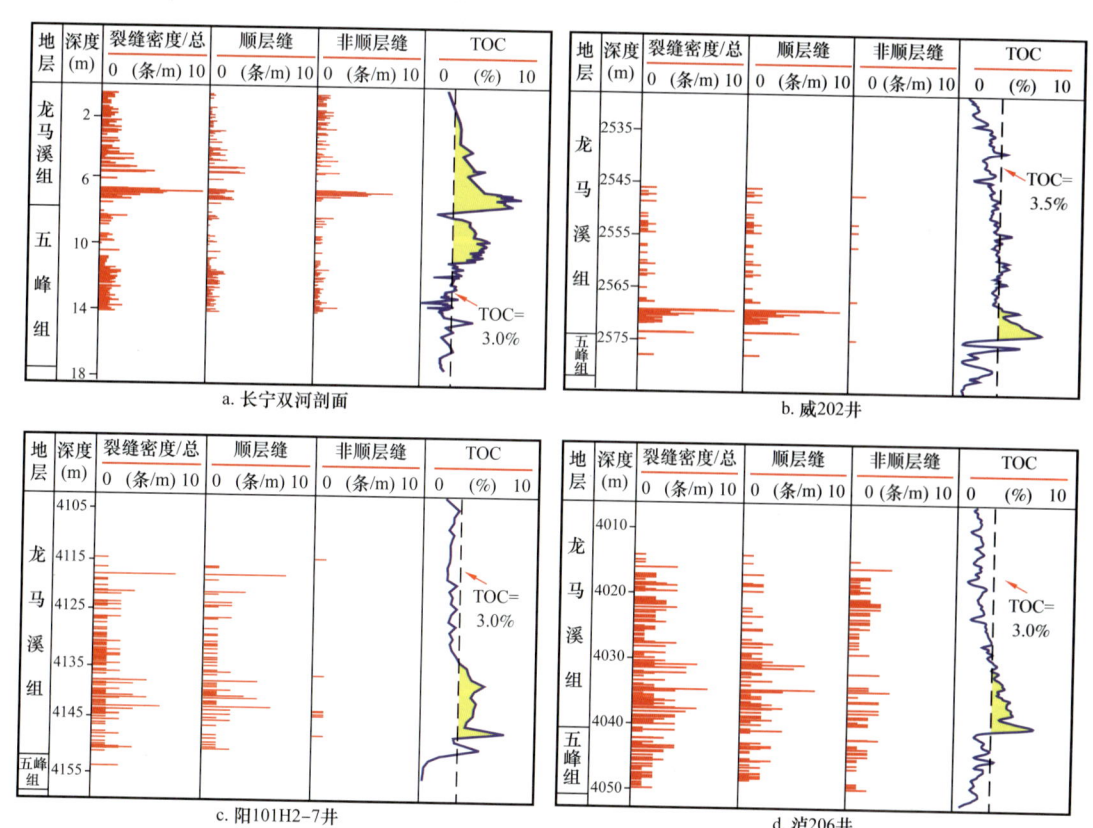

图2-4-9 川南地区五峰组—龙马溪组含气页岩宏观裂缝和微裂缝密度组成

深层地区微裂缝密度远大于非深层地区。深层地区页岩顺层缝密度和开度均较大（图2-4-4、图2-4-5），但浅层地区页岩顺层缝密度和开度较小（图2-4-10a—c）。同样，深层地区页岩生烃增压缝发育，在条带状有机质与围岩之间普遍发育微裂缝（图2-4-6a—c），但浅层地区页岩生烃增压缝不发育，有机质与围岩紧密接触（图2-4-10d、e）。同样，深层地区页岩片状矿物中发育大量成岩收缩缝（图2-4-6d—f），但浅层地区页岩的片状矿物多数呈紧密接触，很少发育成岩收缩缝（图2-4-10f）。另外，深层地区页岩的溶蚀缝发育（图2-4-7d—f），但浅层地区页岩溶蚀缝较少。

三、裂缝形成主控因素

川南地区五峰组—龙马溪组裂缝发育主要受有机碳含量、层理类型及埋藏深度控制。其中，有机碳含量为最重要控制因素，在有机碳含量相同情况下，埋藏深度大的条带状粉砂型水平层理页岩裂缝密度更发育。

图 3-1-3 川南地区五峰组—龙马溪组泥纹层组和粉砂粉纹层组特征

三、层

层是由一组相对整合且成因相关的纹层或纹层组构成，其顶、底界面为剥蚀面、停积面或相对整合面。黑色细粒沉积中，泥纹层和粉砂纹层可构成递变层和均质层两大类。递变层进一步细分为正递变层、反递变层、砂泥正递变层、砂泥反递变层和复合递变层五种类型。均质层进一步细分为粉砂质层和泥质层。

1. 递变层

正递变层由多个泥纹层或粉砂纹层构成，由下至上细粉砂级颗粒减少，黏土级颗粒增加（图 3-1-4）。正递变层偏光显微镜下底部颜色较浅、上部颜色较深，底界面多呈连续、波状，呈突变接触。正递变层分为四种类型（图 3-1-5），即分布式递变、粗尾式递变、底部式递变和顶部式递变。分布式递变表现为层内部所有颗粒粒径均向上变细；粗尾式递变为层内部仅最粗的颗粒表现出显著的向上逐渐变细；底部式和顶部式递变为仅最下部和最上部存在粒序变化。

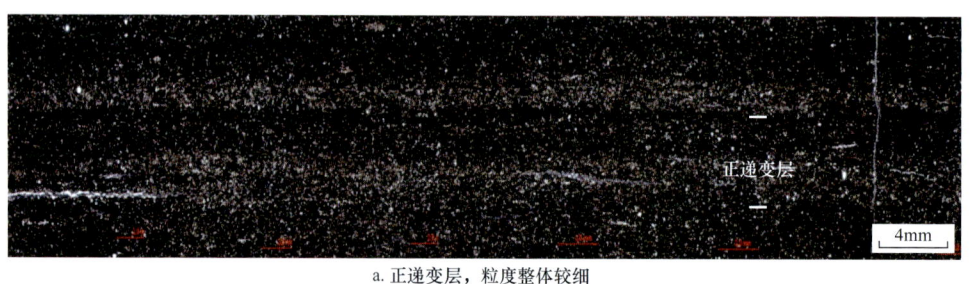

a. 正递变层，粒度整体较细

b. 正递变层，粒度相对较粗

图 3-1-4 川南地区五峰组—龙马溪组正递变层特征

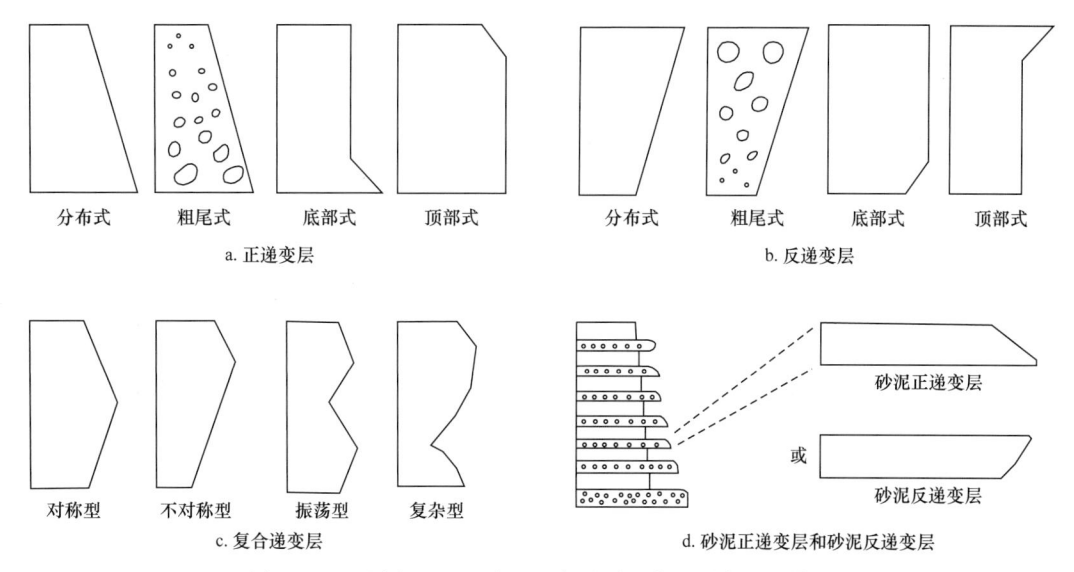

图 3-1-5 川南地区五峰组—龙马溪组主要层类型及特征

反递变层由多个泥纹层或粉砂纹层构成，由下至上细粉砂级矿物颗粒增加，黏土级颗粒减少（图 3-1-6）。反递变层偏光显微镜下底部颜色较深、上部颜色较浅，顶界面多呈连续、波状，突变接触。与正递变层相似，反递变层也分为四种类型，即分布式递变、粗尾式递变、底部式递变和顶部式递变。分布式递变表现为层内部所有颗粒粒径均向上变粗；粗尾式递变为层内部仅最粗的颗粒表现出显著的向上逐渐变粗；底部式和顶部式递变为仅最下部和最上部存在粒序变化。

图 3-1-6 川南地区五峰组—龙马溪组反递变层特征

复合递变层由粉砂纹层或泥纹层组成，单层内即发育正递变又发育反递变（图 3-1-7），底界面多呈连续、波状，突变接触。复合递变层可分为 4 种类型，即对称型、不对称型、振荡型和复杂型。

砂泥正递变层由粉砂纹层组和泥纹层组叠置而成，下部为粉砂纹层组，上部为泥纹层组（图 3-1-8）。粉砂纹层组由下至上表现为颗粒粒度逐渐变细，泥纹层组由下至上表现为粉砂级颗粒减少，黏土级颗粒增加，粉砂纹层组逐渐过渡为泥纹层组，从而构成正粒序。砂泥正递变层底部常呈突变接触，几何形态呈连续、波状、平行。

砂泥反递变层由泥纹层组和粉砂纹层组叠置而成，下部发育泥纹层组，上部发育粉砂纹层组（图 3-1-9）。由下至上，泥纹层组中粉砂级颗粒增加，黏土级颗粒减少，粉砂纹层组表现为颗粒粒度增大，泥纹层组逐渐过渡为粉砂纹层组，从而构成反粒序。砂泥反递变层顶部突变接触，几何形态连续、波状、平行。

a. 长宁双河剖面，9-3-1

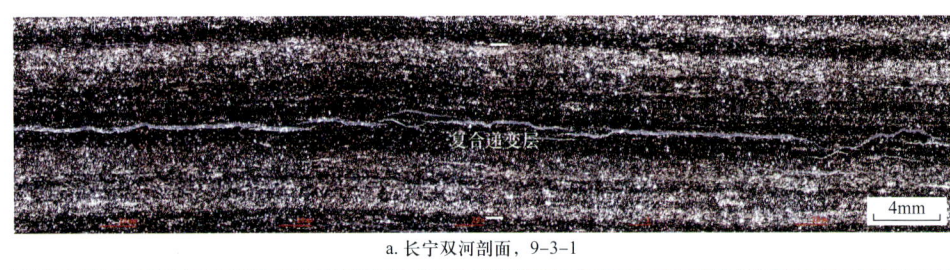

b. 长宁双河剖面，9-12-1

图 3-1-7　川南地区五峰组—龙马溪组复合递变层特征

a. 长宁双河剖面，9-5-2

b. 长宁双河剖面，9-13-2

图 3-1-8　川南地区五峰组—龙马溪组砂泥正递变层特征

a. 长宁双河剖面，9-2-1

b. 长宁双河剖面，9-9-2

图 3-1-9　川南地区五峰组—龙马溪组砂泥反递变层特征

2. 均质层

粉砂质层由多个粉砂纹层构成（图3-1-10），整体呈均质状，其顶、底界均为突变接触，界面呈现连续、波状、平行。

泥质层主要由泥纹层组成（图3-1-10），整体呈均质状，其顶、底界均为突变接触，界面呈现连续、波状、平行。

均质层分原生型和成岩型两种类型。原生型均质层由快速的沉积作用形成，常见于浊流沉积、河流泛滥沉积、火山碎屑沉积、岩崩、碎屑流沉积和冰川沉积物中。成岩型均质层可形成于生物扰动、脱水作用和重结晶作用。

a. 长宁双河剖面，9-17-1

b. 长宁双河剖面，9-20-2

图3-1-10 川南地区五峰组—龙马溪组砂泥反递变层特征

四、关键属性

形状、连续性和几何关系是描述页岩成层性的关键。形态是指单个地层单元的形态变化特征，主要分为板状、波状、弯曲状、透镜状和不规则状（图3-1-11）。连续性是指单个地层单元在横向上的延伸情况，分为连续和非连续两种。几何关系是指不同地层单元相互之间关系，分为平行和非平行两种。连续、平行的成层性指示了稳定的沉积条件。非平行、非连续表明存在局部变化。波状和不规则状的成层性指示了快速、不稳定的碎屑沉积作用。弯曲状和透镜状成层性表明沉积作用侧向上存在显著变化。

页岩各地层单元厚度存在着垂向和侧向变化。通常情况下，下游或下风方向层厚度减薄。系统性的增大或减小反映了沉积控制因素的逐渐变化。厚度的旋回性变化呈更加有规律性的韵律性变化模式。

边界性质和清晰性也是页岩的重要属性。不清晰或模糊的边界指示了沉积状态渐变。明显、清晰的界面指示了沉积状态突变。

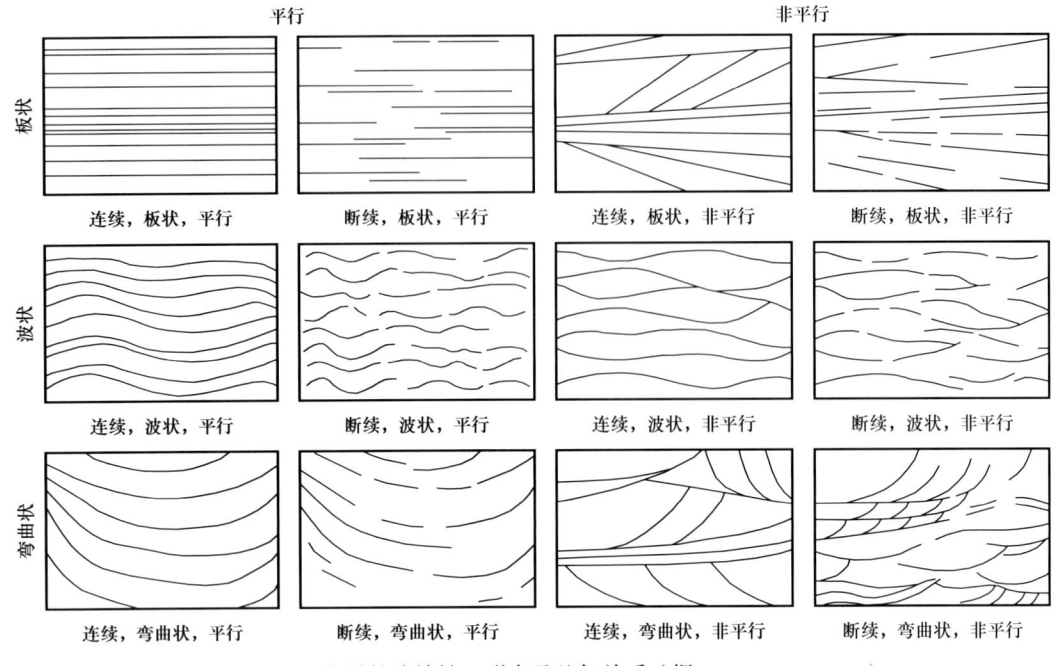

图 3-1-11 纹层的连续性、形态及几何关系（据 Campbell，1967）

五、纹层成因机理

黑色页岩纹层形成机制常见有脉冲流（Lambert et al.，1976）、多个不同水体能量的沉积事件堆积（O'Brien，1989）、藻类生物勃发（Macquaker et al.，2010）、沉积分异（Piper，1972）或水流搬运分异（Yawar et al.，2017）等。

富硅生物的勃发可能是四川盆地龙马溪组一段含气页岩的纹层形成机制。主要证据有三：（1）泥纹层和粉砂纹层中的泥质均为生物成因硅，表明沉积时期硅质生物大量繁盛。泥纹层和粉砂纹层发育大量放射虫、硅质海绵骨针等生物骨骼，生物骨骼多被硅质和有机质充填，少数被黄铁矿充填。同时，泥纹层和粉砂纹层中泥质多为隐晶、微晶（1～3μm）或石英集合体，阴极发光照射下发光微弱—不发光，表明其为自生成因或生物成因。而且，前人通过石英赋存状态、微量元素统计及过量硅含量的研究也认为这些硅质成分主要为生物成因（赵建华等，2016；刘江涛等，2017；卢龙飞等，2018）。综合分析认为，泥纹层中生物成因硅含量大于70%，粉砂纹层中生物成因硅质含量大于20%。（2）董大忠等（2018）通过长宁双河剖面103块含气页岩样品的主微量元素分析，发现龙马溪组 Zr 含量与 SiO_2 含量呈负相关关系，从而推测该时期硅质矿物多为生物成因。（3）粉砂纹层与泥纹层界面多为板状平行结构，未见任何交错层理和侵蚀现象。Schieber et al.（2007）研究表明，水流成因纹层多发育交错层理或侵蚀现象，而生物勃发成因纹层多发育板状平行结构。

生物勃发的形成可能与古气候的季节变化有关，气候相对温暖潮湿的季节，陆源淡水带来大量营养成分，造成硅质生物的勃发性生长。泥纹层可能形成于勃发期，粉砂纹层可能形成于间歇期。富硅生物勃发期，由于硅质生物大量生长，形成大量生物成因硅和有机质。同时，生物勃发造成水体中二氧化碳消耗严重，故碳酸钙大量沉淀（刘传联等，2001；Macquaker et al.，2010），形成大量方解石、白云石和生物骨骼。方解石、白云石和生物骨骼由于颗粒直径和密度较大，故其沉降速率较大，故在生物勃发期形成粉砂纹层。硅质生物和有机质由于密度和粒径小，故其缓慢沉降，形成富有机质的泥纹层。

近年来由于页岩气工业的迅速发展，人们对黑色页岩有了更深入的认识。前人研究表明，黑色页岩存在强非均质性，发育大量宏观和微观沉积构造。然而，由于黑色海相页岩形成环境多样，形成机理复杂，对其沉积构造类型及特征、纹层类型及特征、沉积构造和纹层形成条件和形成机制等方面，目前仍处于探索阶段。现阶段针对不同层系、不同形成背景，选择典型露头剖面，通过大薄片系统观察分析，开展精细沉积构造及纹层描述，建立"铁柱子"。在此基础上，通过广泛的现代地质考察，结合水槽、沉积试管、沉积水箱等实验及计算机数值模拟方法，明确各沉积构造及纹层的成因机理。

第二节 泥纹层和粉砂纹层储层特征

一、不同纹层储层特征

1. 纹层厚度和物质组成

龙一段含气页岩发育泥纹层和粉砂纹层。偏光显微镜与SEM图像综合分析表明，泥纹层单层厚度为64.80~92.80μm（平均值为76.54μm），粉砂纹层单层厚度23.20~87.30μm（平均值为54.14μm）。

泥纹层有机质相互连通，粉砂纹层有机质相互不连通。泥纹层有机质多呈弥散状、条带状或团块状分布（图3-1-2a），不同有机质相互连通，在空间构成网状。粉砂纹层中粉砂质颗粒之间多呈点接触或线接触（图3-1-2b），少数呈分散状，有机质呈条带状、弥散状或团块状分散于粉砂质颗粒之间（图3-1-2b），多数相互之间不连通。泥纹层与粉砂纹层接触面处，由于矿物组分和颗粒粒度突变，有机质颗粒纵向上的延伸受到阻碍。

泥纹层石英含量大于70%，有机质含量大于15%。粉砂纹层碳酸盐含量大于50%，石英含量大于20%，有机质含量为5%~15%。SEM研究表明，泥纹层中泥质主要为石英（70%~90%）、有机质（15%~25%）和少量其他矿物（5%~15%）；粉砂纹层中粉砂质主要为方解石（25%~35%）、白云石（25%~35%）和石英（10%~20%），局部黄铁矿富集，泥质主要为石英（20%~30%）和有机质（5%~10%）。泥纹层中石英颗粒粒径为1~3μm，孤立分布或组成集合体；粉砂纹层中方解石和白云石颗粒粒径多为20~40μm。偏光显微镜下泥纹层颜色较暗，常称作暗纹层，粉砂纹层颜色较亮，常称作亮纹层。

2. 孔隙类型及孔隙结构

黑色页岩发育有机孔、无机孔和微裂缝。有机孔分布于有机质中，形态有椭圆状、近球状、不规则蜂窝状、气孔状或狭缝状（图3-2-1a、b），单个有机质中有机孔面孔率为13.6%~33.8%。无机孔分布于矿物颗粒内或颗粒之间，形态有三角状、棱角状或长方形。无机孔可分为粒间孔（图3-2-1c、d）和溶蚀孔隙（图3-2-1e、f）。溶蚀孔隙主要为碳酸盐矿物和少量长石溶蚀而成。微裂缝主要分布于矿物颗粒之间或有机质内部或矿物颗粒与有机质之间（图3-2-1a），呈条带状，常能沟通各类孔隙。

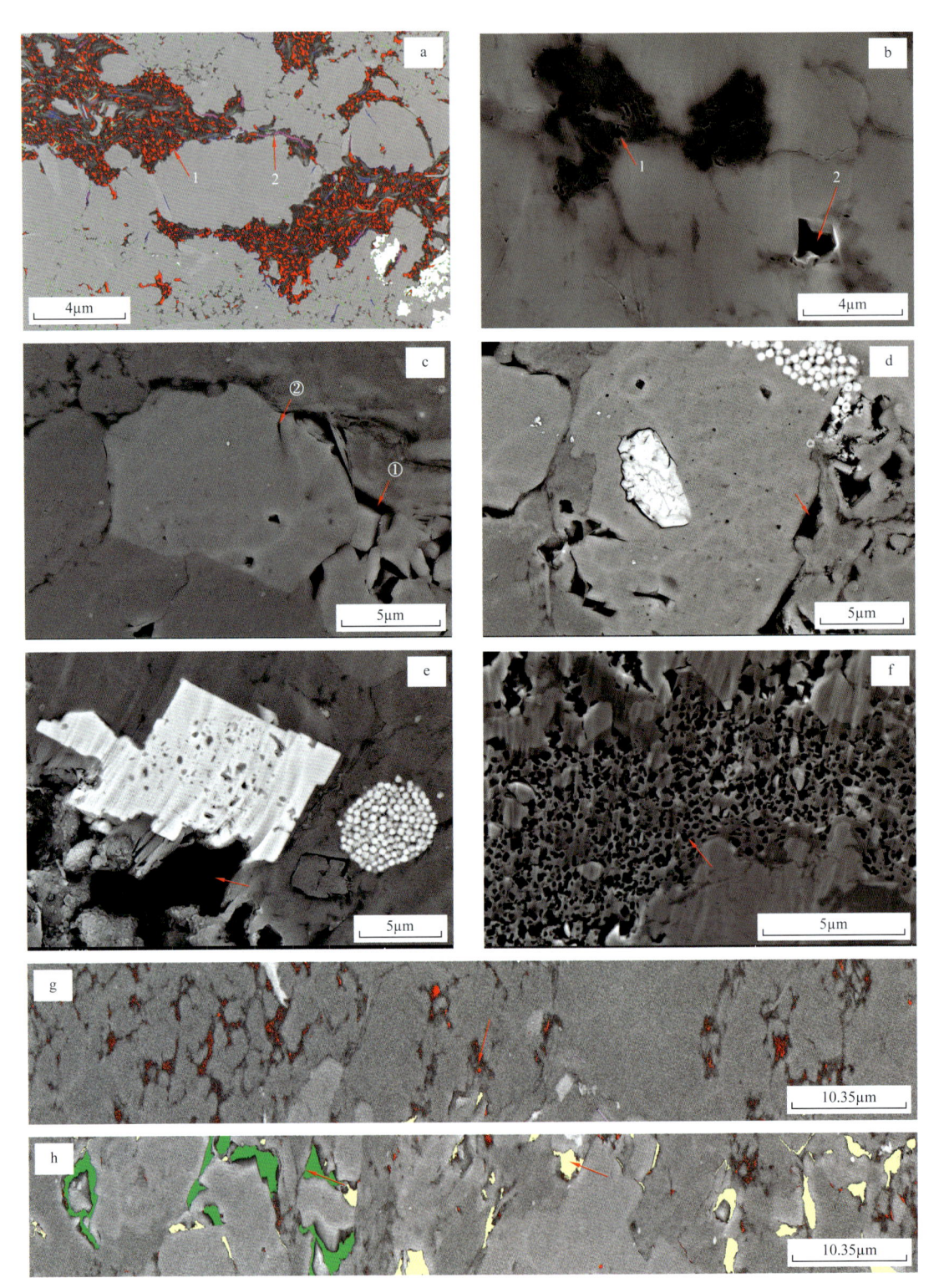

图 3-2-1 川南地区五峰组—龙马溪组砂泥反递变层特征

a. 宁209井，红色为有机孔，粉色为微裂缝；b. 威202井，2573.5m，有机孔和溶蚀孔隙；c. 威204井，3529.9m，粒间孔；d. 盐津1井，1534.6m，粒间孔和微裂缝；e. 长宁双河剖面，溶蚀孔隙；f. 长宁双河剖面，溶蚀孔隙；g. 长宁双河剖面，泥纹层中有机孔发育，红色代表有机孔；h. 长宁双河剖面，粉砂纹层中无机孔发育，绿色代表溶蚀孔隙，浅黄色代表粒间孔泥纹层有机孔含量高，粉砂纹层无机孔含量高。以 SEM 图像中单行长度 82.800μm、宽度 8.172μm 的区域分别统计泥纹层和粉砂纹层不同类型孔隙的含量（图 3-2-2）。5 个泥纹层有机孔数量分别是 3799 个、14775 个、9737 个、4540 个、6679 个，平均 7906 个；粒间孔数量分别为 0 个、0 个、0 个、1 个、0 个；溶蚀孔隙数量分别为 7 个、25 个、5 个、1 个、18 个，平均 11.2 个；微裂缝数量分别是 0 个、0 个、1 个、5 个、2 个，平均 1.6 个。5 个粉砂纹层中，有机孔数量分别是 2644 个、4915 个、3031 个、2642 个、1227 个，平均值 2891.8 个；粒间孔数量分别为 0 个、4 个、3 个、0 个、0 个；溶蚀孔隙数量分别是 36 个、21 个、24 个、26 个、17 个，平均 24.8 个；微裂缝数量分别是 1 个、0 个、0 个、5 个、1 个，平均 1.4 个。泥纹层有机孔含量是粉砂纹层的 2.73 倍，粉砂纹层的溶蚀孔隙丰度是泥纹层的 2.2 倍。

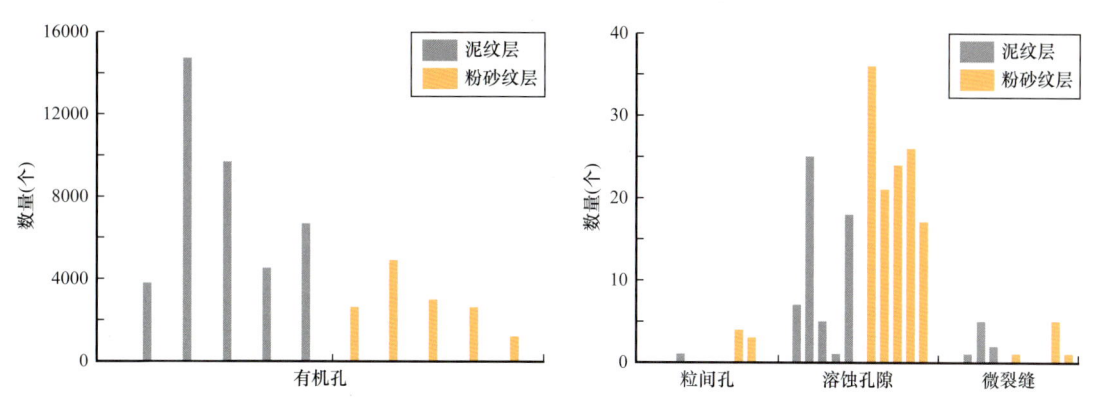

图 3-2-2　川南地区五峰组—龙马溪组泥纹层和粉砂纹层不同类型孔隙数量对比

泥纹层有机孔相互连通，构成网状；粉砂纹层有机孔和无机孔均为分散状，相互不连通。泥纹层有机孔沿着有机质广泛分布，有机质中有机孔相互连通，能在三维空间构成相互连通的网络。粉砂纹层中，无机孔多呈分散状（图 3-2-1h），有机孔也呈不连续状分布，从而造成粉砂纹层中各类孔隙相互之间不连通。泥纹层与粉砂纹层之间，由于矿物组成及有机质分布的不连续，不同纹层之间孔隙连通性差。

泥纹层无机孔孔径小，粉砂纹层无机孔孔径大。泥纹层中，无机孔多数为微小颗粒溶蚀而形成的溶蚀孔隙（图 3-2-1g）；粉砂纹层中，无机孔多为较大颗粒溶蚀形成粒间溶孔或粒内溶孔，有些方解石甚至溶蚀形成网状溶蚀孔隙（图 3-2-1e、f、h）。

3. 面孔率

纹层面孔率的大小可反映其孔隙度大小。研究表明，泥纹层面孔率与粉砂纹层基本一致。以 SEM 图像中单行长度 82.800μm、宽度 8.172μm 的区域分别统计泥纹层和粉砂纹层面孔率（图 3-2-3）。5 个泥纹层面孔率分别为 0.81%、2.80%、2.26%、1.08%、1.73%，平均为 2.09%（图 3-2-3a）。5 个粉砂纹层面孔率分别为 3.02%、4.35%、2.20%、1.80%、1.73%，平均为 2.62%，粉砂纹层面孔率平均值高出泥纹层 0.5%。前人研究认为，龙一段含气页岩中微孔含量占总有机孔的 25%～35%。鉴于 SEM 图像只能识别孔径大于 10nm 的介孔和宏孔，通过折算可得泥纹层总面孔率应为 2.65%，粉砂纹层总面孔率应为 2.93%，故泥纹层和粉砂纹层面孔率差别不大。

泥纹层有机孔面孔率高，粉砂纹层无机孔面孔率高（图3-2-3b）。5个泥纹层有机孔面孔率占比分别为52.9%、58.7%、60.6%、53.4%、26.6%，平均为50.4%，有机孔面孔率均高于无机孔；5个粉砂纹层无机孔面孔率占比分别为73.2%、78.3%、81.7%、83.5%、87.9%，平均值为80.9%，无机孔面孔率远高于有机孔。

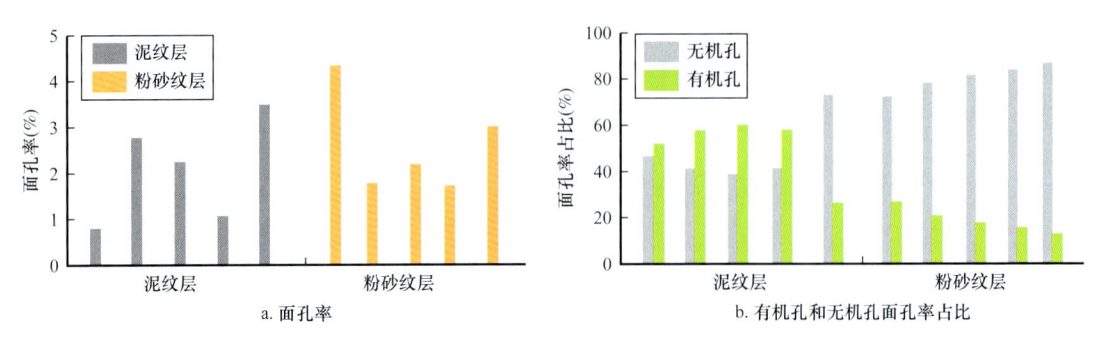

图3-2-3 川南地区五峰组—龙马溪组泥纹层和粉砂纹层面孔率及孔隙组成统计

4. 孔径分布

五峰组—龙马溪组含气页岩以纳米孔隙为主，孔径为0～1000nm（图3-2-4a），以0～100nm区间孔隙含量最高。

泥纹层10～40nm孔径区间孔隙含量最大，粉砂纹层100～1000nm孔径区间孔隙含量最大。有机孔孔径集中分布于0～100nm，其中10～40nm区间孔隙含量最大（图3-2-4b）。无机孔中，粒间孔孔径分布于200～1000nm，其中500～1000nm区间孔隙含量最大（图3-2-4c）；溶蚀孔隙孔径分布于40～1000nm，100～1000nm区间孔隙含量最大（图3-2-4d）。微裂缝长度10～200nm，其中40～200nm区间微裂缝含量较大（图3-2-4e）。

泥纹层不同孔径区间有机孔含量均高于粉砂纹层（图3-2-4b），粉砂纹层不同孔径区间的无机孔含量高于泥纹层（图3-2-4c、d）。以SEM图像中单行长度82.800μm、宽度8.172μm的区域分别统计粉砂纹层和泥纹层不同孔径区间的孔隙含量（图3-2-4）。0～100nm孔径区间泥纹层有机孔含量是粉砂纹层的2～3倍。200～1000nm孔径区间粉砂纹层粒间孔含量是泥纹层的2～3倍。100～1000nm孔径区间粉砂纹层溶蚀孔隙丰度是泥纹层的1～2倍。

泥纹层有机孔孔径较小，粉砂纹层有机孔孔径较大。统计结果显示，泥纹层中孔径小于100nm的有机孔面孔率占比高于粉砂纹层，而粉砂纹层孔径大于100nm的有机孔面孔率占比高于泥纹层（图3-2-5）。其中，20～40nm区间泥纹层有机孔面孔率平均值为25.9%，粉砂纹层为20.3%；40～100nm区间泥纹层有机孔面孔率平均值为31.8%，粉砂纹层有机孔面孔率平均值为24.1%；100～200nm区间泥纹层有机孔面孔率平均值为18.1%，粉砂纹层有机孔面孔率平均值为18.9%；200～500nm区间泥纹层有机孔面孔率平均值为17.9%，粉砂纹层有机孔面孔率平均值为23.6%；500～1000nm区间泥纹层有机孔面孔率平均值为6.3%，粉砂纹层有机孔面孔率平均值为13.1%。

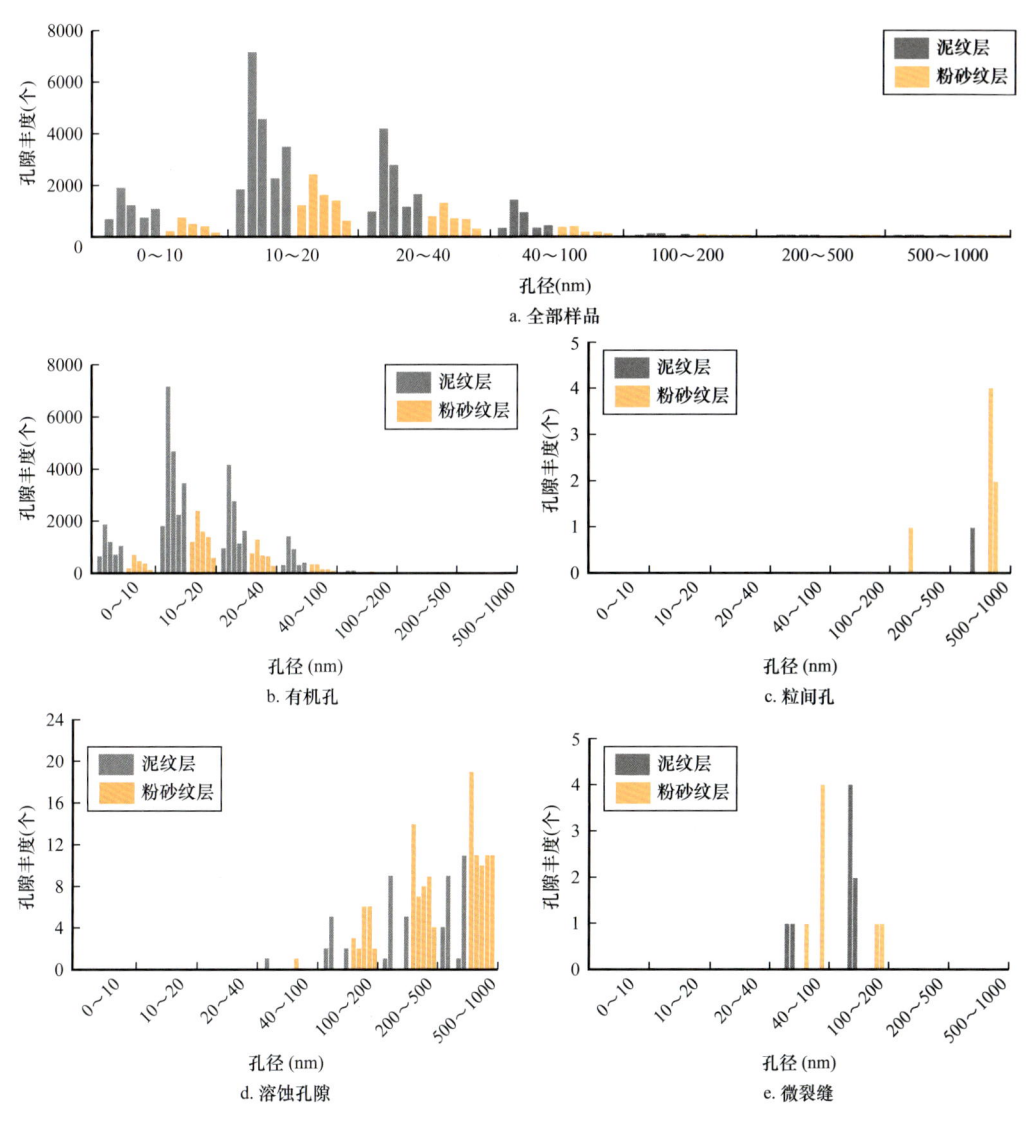

图 3-2-4 川南地区五峰组—龙马溪组粉砂纹层和泥纹层不同孔隙孔径分布特征

5. 微裂缝类型及密度

龙一段含气页岩发育大量微裂缝，按其与纹层面的关系可分为顺层缝和非顺层缝。偏光显微镜下，顺层缝平行于纹层面或与纹层面微角度倾斜，非顺层缝斜交和垂直纹层界面。顺层缝和非顺层缝常相互交切，构成网状。龙一段含气顺层缝和非顺层缝多数被方解石、有机质或硅质充填，少数被泥质、黄铁矿等充填物半充填或完全充填。

泥纹层顺层缝发育，粉砂纹层顺层缝不发育。龙一段含气页岩顺层缝密度是非顺层缝的 3 倍，单缝长度是非顺层缝的 5~6 倍。顺层缝长度受泥纹层连续性和厚度控制，纹层越连续，长度越大，单层厚度越大，顺层缝越发育。顺层缝主要分布于泥纹层中，沿着泥纹层中部或泥纹层与粉砂纹层接触面分布，粉砂纹层顺层缝不发育。SEM 图像下，顺层缝和非顺层缝起点位于有机质内部或有机质与碎屑颗粒接触面，其长度和丰度受顺层展布的有机质丰度控制。

川南地区五峰组—龙马溪组黑色页岩中，生物扰动型块状层理和均质型块状层理发育层位、形成环境及成因机制均明显差异。生物扰动型块状层理主要发育于五峰组最底部，其下发育宝塔组瘤状灰岩，而均质型块状层理主要发育于五峰组顶部的观音桥层，其顶界为龙马溪组黑色页岩。生物扰动型块状层理形成时期，盆地水体处于低能富氧的状态，沉积物沉积速率极低，大量生物因此在此长时期殖居，从而形成强烈的生物扰动。均质型块状层理形成时期，由于全球气候变凉，水体中含氧量增高，水动力增强，介壳等生物大量生长。动荡富氧的水体环境对底层沉积物强烈改造，从而形成均质型块状层理。

2. 水平层理

　　水平层理的特点是纹层呈直线状互相平行，并且平行于层面。一般认为这种层理是在比较稳定的水动力条件下，物质从悬浮物或溶液中沉淀而成。层理的显现是由于进入沉积物中的物质发生变化所致，如粒度变化、不透明矿物的分布、云母片和碳质碎片的顺层排列等。根据粒度变化，黑色细粒沉积水平层理可细分为四种类型：递变型水平层理、书页型水平层理、砂泥递变型水平层理和砂泥互层型水平层理。

　　递变型水平层理：由多个正递变层和（或）反递变层构成（图3-3-3），层界面上下颗粒粒径及颜色略有差异，层界面多呈连续、板状、平行或连续、波状、平行。露头剖面和岩心上，不同层的颜色常呈现出微弱深浅差异，层界面一般在光学显微镜下也能识别。递变型水平层理细粒沉积内部，正递变层单层厚0.8～12.0mm，平均值为5.0mm；反递

a. 长宁双河剖面1，五峰组

b. 长宁双河剖面2，五峰组

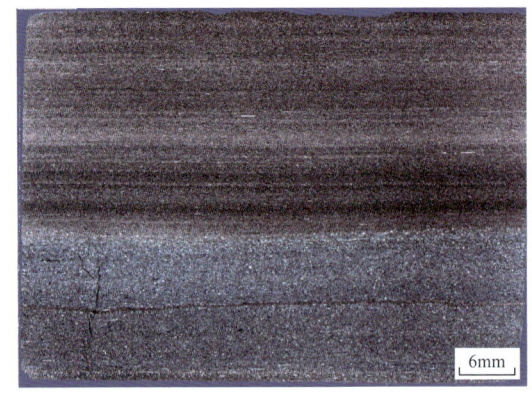

c. 大安2井，4104.91m

d. 大安2井，4108.32m

图3-3-3　川南地区五峰组—龙马溪组递变型水平层理特征

变层单层厚 2.0～9.7mm，平均值为 5.3mm。川南五峰组—龙马溪组递变型水平层理页岩单个层组厚度为 26～129cm，平均值为 52cm，层组与层组之间常发育 0.3～4.0cm 的斑脱岩，层组界面之下颗粒粒度较粗，界面之上颗粒粒度较细。

书页型水平层理：由粉砂纹层和泥纹层组合构成，多个泥纹层构成泥质层。书页型水平层理粉砂纹层多呈条带状、弥散状或断续状，局部可见透镜状（图 3-3-4），泥质层/粉砂纹层厚度比大于 3。泥质层与粉砂纹层顶底均呈突变接触，界面多为断续、板状、平行，偶见连续、板状、平行。川南龙马溪组黑色细粒岩中，粉砂纹层单层厚度为 0.05～0.75mm，平均值为 0.26mm，泥质层厚度为 0.1～6.6mm，平均值为 1.1mm。书页型水平层理单个层组厚度 33～83cm，层组界面之下颗粒粒径粗，界面之上粒径细。露头和岩心上，条带状粉砂型水平层理可见浅色层与深色层相间排列，浅色层呈条带状分布。

a. 大安2井，4099.78m

b. 大安2井，4102.13m

c. YS106井，1412.22m

d. YS106井，1414.25m

图 3-3-4 川南地区五峰组—龙马溪组书页型水平层理特征

砂泥递变型水平层理：由砂泥正递变层和砂泥反递变层构成，中间夹有少量泥纹层（图 3-3-5）。层界面多呈连续、板状、平行或连续、波状、平行，其底界面突变接触，顶界面渐变接触。川南龙马溪组黑色细粒沉积中，砂泥正递变层单层厚 1.00～2.85mm，平均值为 1.87mm；泥纹层厚 0.45～0.75mm，平均值为 0.56mm。砂泥反递变层厚 1.80～2.10mm，平均值为 1.95mm。砂泥递变型水平层理细粒岩单个层组厚 24～53cm，平均值为 42cm，层组界面之下颗粒粒径粗，界面之上粒径细。露头和岩心上，砂泥递变型水平层理肉眼可见浅色层与深色层相间排列，间夹条带状方解石浅色层。

a. 长宁双河剖面，龙马溪组

b. 大安2井，4079.53m

c. 大安2井，4032.32m

d. 大安2井，4034.58m

图 3-3-5 川南地区五峰组—龙马溪组砂泥递变型水平层理特征

砂泥互层型水平层理：砂泥互层型水平层理细分为两种类型（图 3-3-6），第一种为粉砂纹层与泥质层互层，第二种为粉砂层与泥质层互层。砂泥互层型水平层理中，粉砂纹层多呈长条带状，单层厚 0.05~2.40mm，平均值为 0.35mm；泥质层厚 0.10~1.70mm，平均值为 0.58mm。粉砂纹层与泥质层突变接触，多为连续、板状、平行，少数为断续、板状、平行。第二种砂泥互层型水平层理中，粉砂层厚 0.35~4.5mm，平均值为 1.57mm，泥质层厚 0.60~3.10mm，平均值为 1.35mm。层顶底界面均为突变接触，多呈连续、板状、平行，断续、板状、平行，断续、波状、平行三种。川南龙马溪组露头和岩心上，砂泥互层型水平层理细粒岩单个层组厚 22.0~97.0cm，平均值为 34.7cm，层组界面之下颗粒粒径粗，界面之上粒径细，肉眼可见浅色层与深色层相间排列，浅色层厚度明显增大。

川南五峰组—龙马溪组不同类型水平层理纵向分布明显差异（图 3-3-7）。递变型水平层理主要分布于五峰组中上部，层位相当于笔石带 *D.complexus* 和 *P.pacificus*。条带状粉砂型水平层理多数发育于龙马溪组底部，层位相当于笔石带 *P.persculptus*，页岩中常发育大量顺层缝和非顺层缝，相互交织构成网状。砂泥递变型水平层理发育于龙马溪组下部，层位相当于笔石带 *A.ascensus*，页岩中顺层缝密度相对较大，非顺层缝密度相对较低。砂泥互层型水平层理发育于龙马溪组中部及上部，层位相对于笔石带 *P.acuminatus-S.sedgwickii*，页岩裂缝密度进一步减少，只发育少量顺层缝。

川南五峰组—龙马溪组砂泥互层型水平层理特征纵向存在差异性。在龙马溪组中部及上部，由下至上，砂泥互层型水平层理中粉砂纹层单层厚度逐渐增大，粉砂纹层/泥纹层比值逐渐增大。笔石带 *P.acuminatus-S.sedgwickii* 下部，砂泥互层型水平层理主要表现为砂泥薄互层，粉砂纹层/泥纹层比值为 1/3~1/2。笔石带 *P.acuminatus-S.sedgwickii* 中部，

a. 大安2井，4077.35m

b. 大安2井，4083.24m

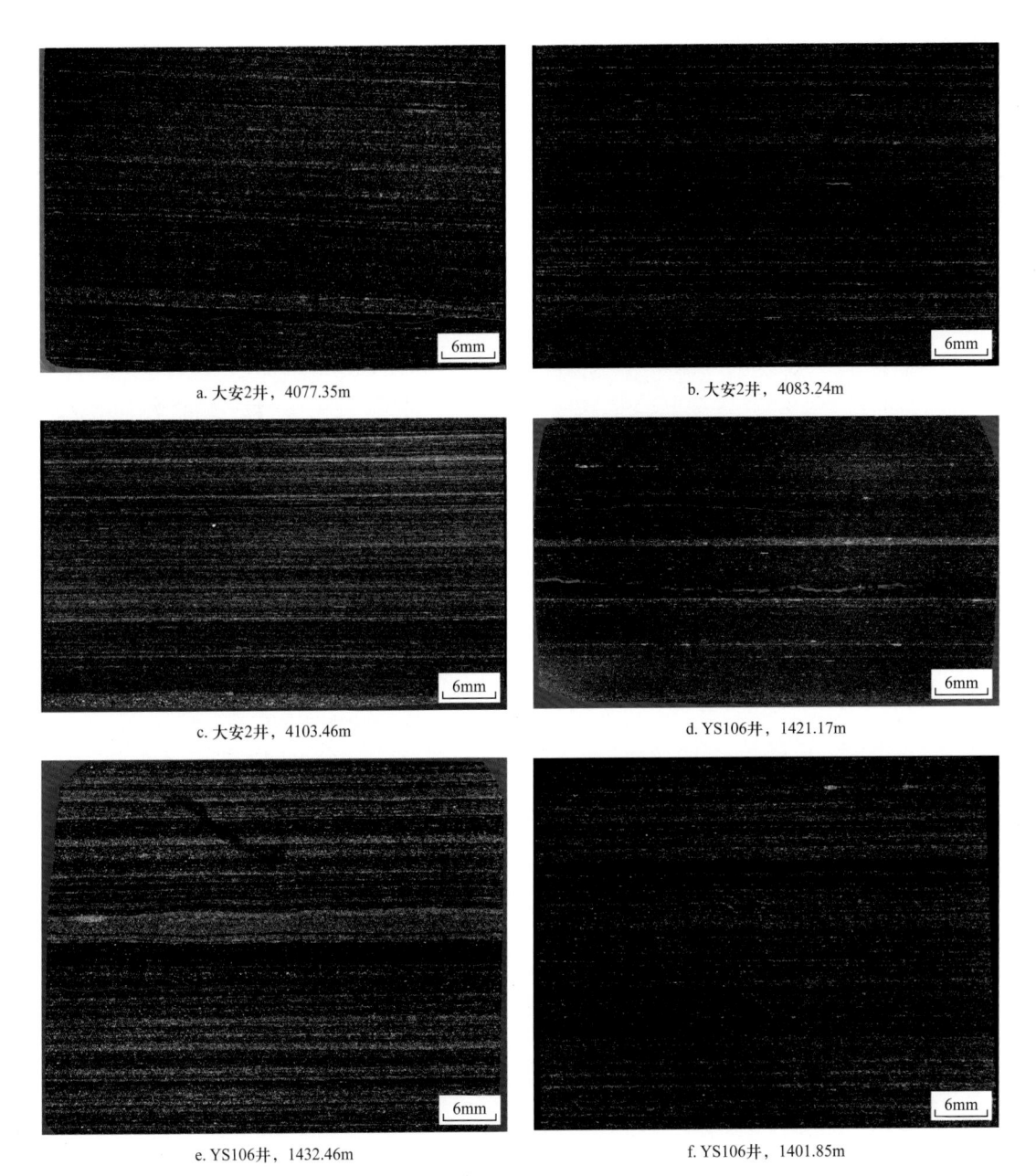

c. 大安2井，4103.46m

d. YS106井，1421.17m

e. YS106井，1432.46m

f. YS106井，1401.85m

图 3-3-6 川南地区五峰组—龙马溪组砂泥薄互层型水平层理特征

砂泥互层型水平层理主要表现为砂泥等厚互层，粉砂纹层/泥纹层比值为 1/2～1。笔石带 *P.acuminatus-S.sedgwickii* 上部，砂泥互层型水平层理主要表现为厚砂薄泥型，粉砂纹层/泥纹层比值大于 1。

水平层理主要形成于静水、缺氧的水体环境中，但不同类型水平层理形成的环境封闭性及物源条件存在差异。递变型水平层理主要形成于闭塞的潟湖环境，水体封闭性强，陆源碎屑供给严重不足，气候季节性变化形成正粒序层或反粒序层。条带状粉砂型水平层理、砂泥递变型水平层理和砂泥互层型水平层理均形成于相对开阔的海洋环境，水体以平流为主。陆源碎屑供给不足时期，多形成条带状粉砂型水平层理；陆源碎屑供给相对丰富时期，多形成砂泥递变型水平层理；陆源碎屑供给非常丰富时期，多形成砂泥互层型水平层理。随着陆源碎屑供给量的增加，砂/泥比值和砂质层单层厚度增加。

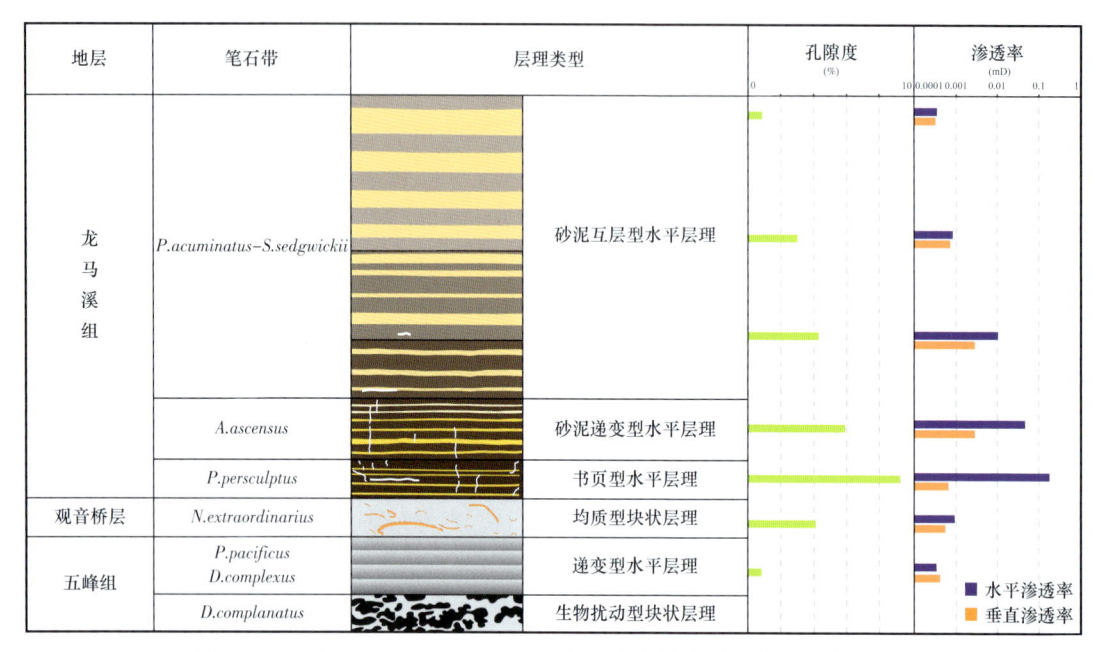

图 3-3-7　川南地区五峰组—龙马溪组黑色细粒岩层理类型及纵向分布

3. 递变层理

递变层理又称粒序层理，主要由粉砂层和泥质层互层组成（图 3-3-8），由下至上，泥质层含量及单层厚度逐渐减加，粉砂层含量及单层厚度逐渐减小，从而构成正递变。递变层理页岩底界面多为侵蚀面，界面之上存在明显的地层尖灭，并发育较厚层的粉砂质滞积层。递变层理页岩内部，泥质层与粉砂层界面多为连续、波状、平行。

a. 大安2井，4060.45m　　　　　　　　　　b. 大安2井，4110.44m

图 3-3-8　川南地区五峰组—龙马溪组递变层理及其特征

递变层理常形成于水深仅为几十米的潮下环境，风暴作用定期性发生，或存在低速底流的浅水海洋环境。底流活动强烈时期，较强的水体流动对下伏泥岩冲刷，并形成侵蚀面和滞积层。底流活动较弱时期，水流能量的脉动形成多期泥质层和粉砂层，随着水体能量的减弱，粉砂层单层厚度和含量逐渐降低。底流活动平静期，泥级颗粒逐渐堆积，从而形成厚层的泥质层。

4. 韵律层理

韵律层理由层与层间平行或近于平行的、等厚或不等厚的、两种或两种以上的岩性层的互层重复出现所组成。海相沉积中，韵律层理的成因很多，可以由潮汐环境中潮汐流的周期变化形成潮汐韵律层理；也可以由气候的季节性变化形成，即年纹层；还可由浊流沉积形成复理石韵律层理等（姜在兴等，2013）。

海相黑色页岩中，年纹层最为常见，其由粉砂纹层与泥纹层互层组成，外表呈现为浅色层与深色层的成对互层，纹层与纹层之间平行或近于平行。海相年纹层由气候季节性变化形成，形成于海洋或与全球海相相连的咸水环境（Schimmelmann et al.，2016）。

年纹层根据其形成过程和组分特征，可分为三大类，即碎屑年纹层、生物成因年纹层（如硅藻年纹层等）和化学成因年纹层（如方解石年纹层、菱铁矿年纹层、黄铁矿年纹层、蒸发盐年纹层等；Zolitschka et al.，2015）。海相年纹层的形成受控于特殊的环境和沉积条件，如足够高的沉积速率、底层水体严重缺氧、沉积物供给季节性变化等。

5. 交错层理

黑色页岩中，交错层理广泛发育。交错层理主要由粉砂纹层和泥纹层互层组成（图3-3-9），粉砂纹层与泥纹层相互交切，从而构成交错层理。与粗碎屑岩相比，页岩中纹层与层界面的交角较小。

黑色页岩交错层理的形成常与底流活动有关（O'Brien，1990）。Schieber et al.（2007）的研究表明，细粒物质在流动水体中常呈絮状集合体形式搬运，絮凝作用随着水体盐度和黏性有机质结壳能力的增加而增加。在一定的水流速度和水体地球化学条件下，絮状集合体逐渐堆积，从而形成交错层理。

二、层理分布特征

五峰组—龙马溪组不同层理纵向规律性分布（图3-3-7）。五峰组由下至上依次发育生物扰动型块状层理、递变型水平层理和均质型块状层理。生物扰动型块状层理发育于五峰组底部，层位相当于笔石带WF1，由下至上，生物扰动强度减弱。递变型水平层理发育于五峰组中部，层位相当于笔石带WF2—WF3，由下至上，单个递变层厚度逐渐增大。均质型块状层理发育于观音桥层，层位相当于笔石带WF4。均质型块状层理页岩内部，双壳类等生物碎屑富集，代表了典型的赫南特阶生物类型组合。

龙马溪组由下至上依次发育条带状粉砂型水平层理、砂泥递变型水平层理和砂泥互层型水平层理。条带状粉砂水平层理多数发育于龙马溪组底部，层位相当于笔石带LM1，页岩中常发育大量顺层缝和非顺层缝，相互交织构成网状。砂泥递变型水平层理发育于龙马溪组下部，层位相当于笔石带LM2，页岩中顺层缝密度相对较大，非顺层缝密度相对较低。砂泥互层型水平层理发育于龙马溪组中部及上部，层位相对于笔石带LM3及以上，页岩裂缝密度进一步减少，只发育少量顺层缝。

a. 大安2井，4027.72m

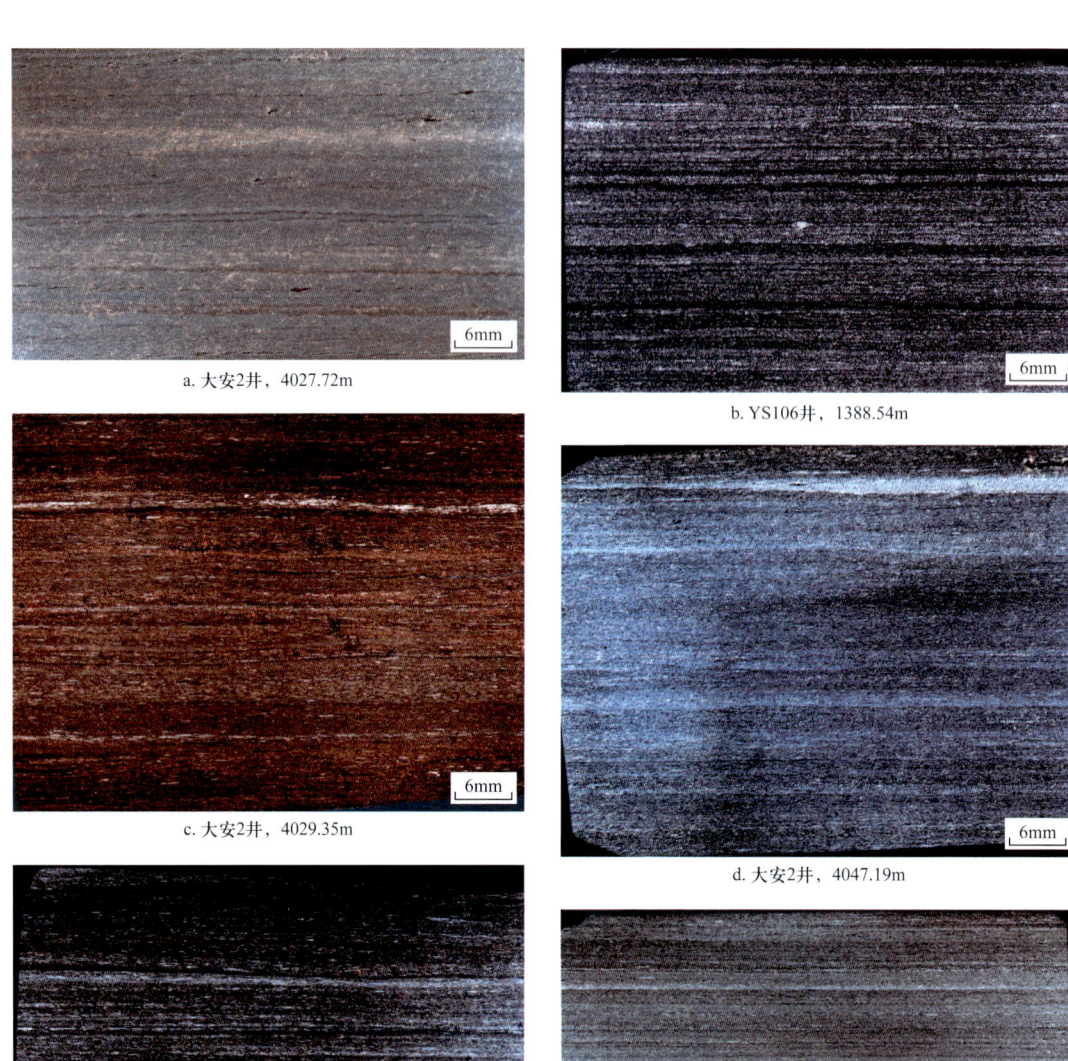

b. YS106井，1388.54m

c. 大安2井，4029.35m

d. 大安2井，4047.19m

e. 大安2井，4044.87m

f. 大安2井，4037.26m

图3-3-9 川南地区五峰组—龙马溪组交错层理及其特征

砂泥互层型水平层理特征纵向存在差异性。在龙马溪组中部及上部，由下至上，砂泥互层型水平层理中粉砂纹层单层厚度逐渐增大，粉砂纹层/泥纹层比值逐渐增大。LM3内部，砂泥互层型水平层理主要表现为砂泥薄互层，粉砂纹层/泥纹层比值为1/3～1/2。LM4内部，砂泥互层型水平层理主要表现为砂泥等厚互层，粉砂纹层/泥纹层比值为1/2～1。LM5及以上地层，砂泥互层型水平层理主要表现为厚砂薄泥型，粉砂纹层/泥纹层比值大于1。

川南地区龙马溪组层理类型与物源供给密切相关（图3-3-10），距离源区由近至远，依次发育砂泥互层型水平层理、砂泥递变型水平层理和条带状粉砂型水平层理。浅水区主要发育砂泥互层型水平层理,其近端主要表现为厚砂薄泥,而远端为薄砂厚泥。由浅水区进入半深水区,泥纹层与粉砂纹层比值逐渐增大,粉砂纹层单层厚度减薄、连续性变差,主要发育砂泥递变型水平层理。深水区发育条带状粉砂型水平层理,粉砂纹层呈断续的条带状,相对于半深水区,泥纹层与粉砂纹层比值进一步增大,泥纹层单层厚度和连续性进一步变差。

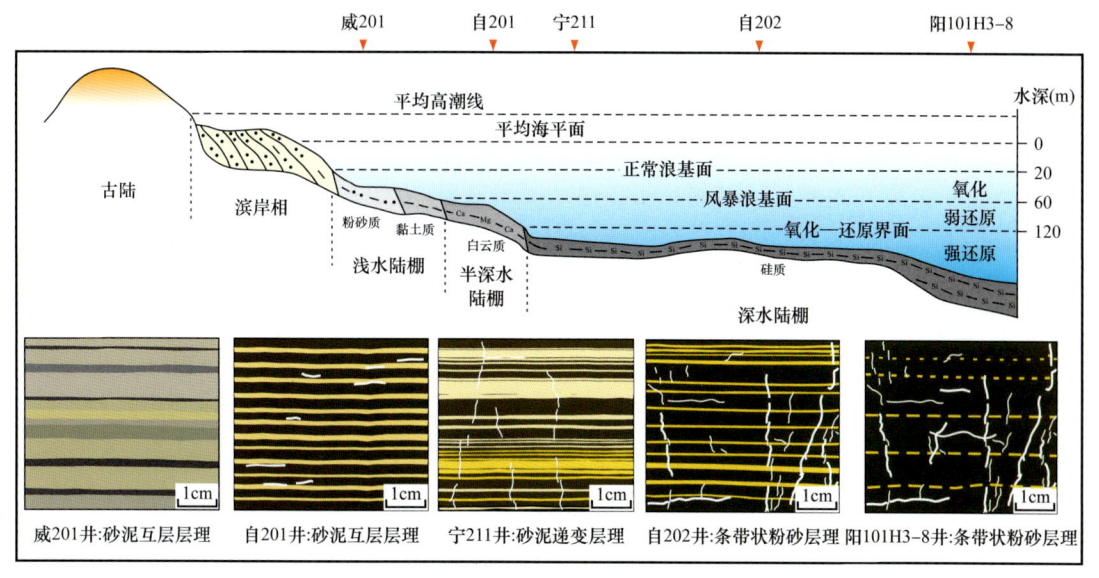

图3-3-10 川南地区龙马溪组不同层理类型平面分布

三、层理研究意义

1. 层理影响页岩储层品质

黑色页岩中,泥纹层和粉砂纹层的物质组成、孔隙类型及结构、面孔率、孔径分布、微裂缝类型及密度等均存在明显差异。泥纹层和粉砂纹层差异性组合,构成不同类型层理,从而造成其孔隙组成、孔隙度、渗透率等明显差异。

层理类型影响页岩TOC含量、孔隙组成和孔隙度。前期研究表明,泥纹层的粒度相对较小,细粒物质对有机质吸附能力相对较强,从而TOC含量相对较高。同时,页岩由于以有机孔为主,泥纹层中有机孔也自然相对发育。相对而言,粉砂纹层中TOC含量及有机孔含量均相对较低。因此,对于细粒沉积不同类型层理,泥纹层含量越高,其TOC含量、有机孔含量及孔隙度就越高。以川南五峰组—龙马溪组页岩为例,条带状粉砂型水平层理页岩由于泥纹层含量高,故其TOC含量和孔隙度最大(表3-3-1),分别为9.5%和8.1%,而生物扰动型块状层理页岩最小,分别为0.4%和1.3%。交错层理页岩和递变层理页岩的TOC含量和孔隙度也较低。涪陵地区五峰组—龙马溪组页岩测试结果也表明,砂泥互层型水平层理页岩中,随着粉砂纹层砂量增加,页岩有机质含量和有机孔含量降低,无机孔含量增加。

层理类型造成页岩渗透性各向异性。黑色页岩中,由于黏土矿物片层状结构的存在,矿物颗粒和孔隙常顺层排列。前人研究发现,微裂缝也多平行于层理方向,从而造成黑

- 91 -

色页岩水平渗透率常高于垂直渗透率。以川南长宁双河剖面五峰组—龙马溪组页岩为例，其条带状粉砂型水平层理页岩和砂泥递变型水平层理页岩水平渗透率远大于垂直渗透率，递变型水平层理页岩和均质型块状层理页岩基本相近（表3-3-1）。其中，条带状粉砂型水平层理页岩和砂泥递变型水平层理页岩水平与垂直渗透率比值分别为281.35和17.39，砂泥互层型和递变型水平层理页岩水平与垂直渗透率比值分别为3.81和1.62，而均质状纹理页岩水平与垂直渗透率接近。涪陵地区龙马溪组页岩水平层理广泛发育，其水平渗透率普遍高于0.01mD（平均值为1.33mD），远高于相同深度的垂直渗透率（普遍低于0.001mD，平均值为0.0032mD），二者相差超过3个数量级。含气页岩垂向上渗透率低，有利于页岩气的保存，而水平渗透率较高则有利于水平渗流能力的提高。

表3-3-1 不同类型层理页岩TOC含量、孔隙度和渗透率

层理类型		TOC	孔隙度（%）	水平渗透率（mD）	垂直渗透率（mD）	（水平/垂直）渗透率
递变层理		2.7	2.3	—	—	
交错层理		2.5	3.9	—	—	
块状层理	均质型	6.0	3.2	0.000342	0.000419	0.82
	生物扰动型	0.4	1.3	0.001420	0.000866	1.64
水平层理	递变型	4.6	1.5	0.000931	0.000575	1.62
	书页型	9.5	8.1	0.184285	0.000655	281.35
	砂泥递变型	6.3	5.5	0.047955	0.002771	17.39
	砂泥互层型	4.7	4.2	0.010954	0.002877	3.81

2. 层理影响页岩的可压裂性

页岩的可压裂性与其脆性矿物密切相关，但纹层发育程度、纹层厚度、厚度差异性、纹层连续性、形态和几何关系等因素也对岩石力学性质及裂缝扩展的内在因素产生重要影响。平直、连续和清晰的纹层界面，压裂过程中易造成应力集中，从而形成单一缝网。非平直、断续、不清晰的纹层界面，压裂过程应力不易集中，有利于形成复杂缝网体系。同时，纹层界面的角度也影响页岩的岩石力学性质，在岩样单轴受压直到破坏过程中，随着页岩层理倾角的增大，其单轴抗压强度线性增大。

熊周海等（2019）实验研究表明，细粒沉积岩的可压裂性与纹层厚度及连续性呈负相关关系，但与纹层厚度方差、颗粒垂向分布方差呈正相关关系。纹层发育且连续性强的页岩塑性较强，压裂缝以沿纹层界面或塑性纹层（黏土纹层或有机质纹层）扩展为主，裂缝易再次闭合，从而导致岩石的可压裂性降低。纹层厚度差异性较大、颗粒垂向分布均匀度较高的页岩脆性较高，在压裂过程中易形成复杂有效的网状缝，从而提高岩石的可压裂性。此外，页岩矿物组分、颗粒结构及成岩作用对可压裂性也具有重要影响。

许丹等（2015）和王永辉等（2017）研究表明，层状页岩储层水力裂缝垂向扩展是否穿透层理面与主应力分布有关。当水平主应力差较小时，试样的主破裂面为平行于层理走

向的面，一级裂缝穿过层理面，在层面处发生较大偏转，并沿着层面扩展，然后发生较大偏转并穿过层理面。当水平主应力差较大时，试样的主破裂面为垂直于层理走向的面，一级裂缝穿过纹层，发生较大偏转，然后再穿过纹层。衡帅等（2015）研究表明，层理面开裂和断裂路径偏移是引起断裂韧性各向异性的主要原因。页岩层理的弱胶结作用使其断裂韧性较小，阻止裂纹失稳扩展的能力较弱，而在垂直层理方向，断裂韧性较大，阻止裂纹扩展能力较强，当水力裂缝垂直层理扩展时，在弱层理面处会发生分叉、转向，且在继续延伸的过程中会进一步沟通天然裂缝或弱层理面而形成复杂裂缝网络，达到体积压裂。孙可明等（2020）研究表明，水力压裂过程中，垂直最小地应力稳定扩展的主裂缝遇层理面时，层理面与主裂缝初始扩展方向夹角越小，主裂缝越易沿着层理面方向扩展；层理面与主裂缝初始扩展方向夹角越大，主裂缝遇层理面时越易贯穿层理面沿原方向扩展；层理方位、地应力及基质抗拉强度不变，层理的抗拉强度远弱于基质抗拉强度时，主裂缝与层理面相遇后越易沿着层理面方向扩展，层理抗拉强度与基质抗拉强度越相近，主裂缝遇层理时越易贯穿层理沿原方向扩展；层理方位和强度不变，地应力及应力差越大，主裂缝遇层理后越易贯穿层理面沿原方向扩展。

故不予考虑。综合铁组分的数据，可以发现从临湘组顶部到五峰组，沉积水体的还原性逐渐增强，由氧化水体过渡为富铁水体最后变为硫化水体。观音桥层沉积环境短暂富铁，龙马溪组底部的沉积水体又回到了硫化条件，随后龙马溪组主要为富铁的沉积环境，偶见间歇硫化的状态。这与前寒武纪—寒武纪的硫化楔模型一致，即在靠近陆源的地区，受到陆源硫酸盐输入的影响，硫酸盐还原作用增强，生成大量黄铁矿，耗尽了水体中的铁离子，形成硫化水体。而在较远的地方，由于海水硫酸盐不足，无法产生较多的黄铁矿，水体仍然是富铁的。在观音桥层，全球处于冰期，海平面下降，陆源输入减少，硫酸盐供给降低，海水从硫化变为富铁状态。

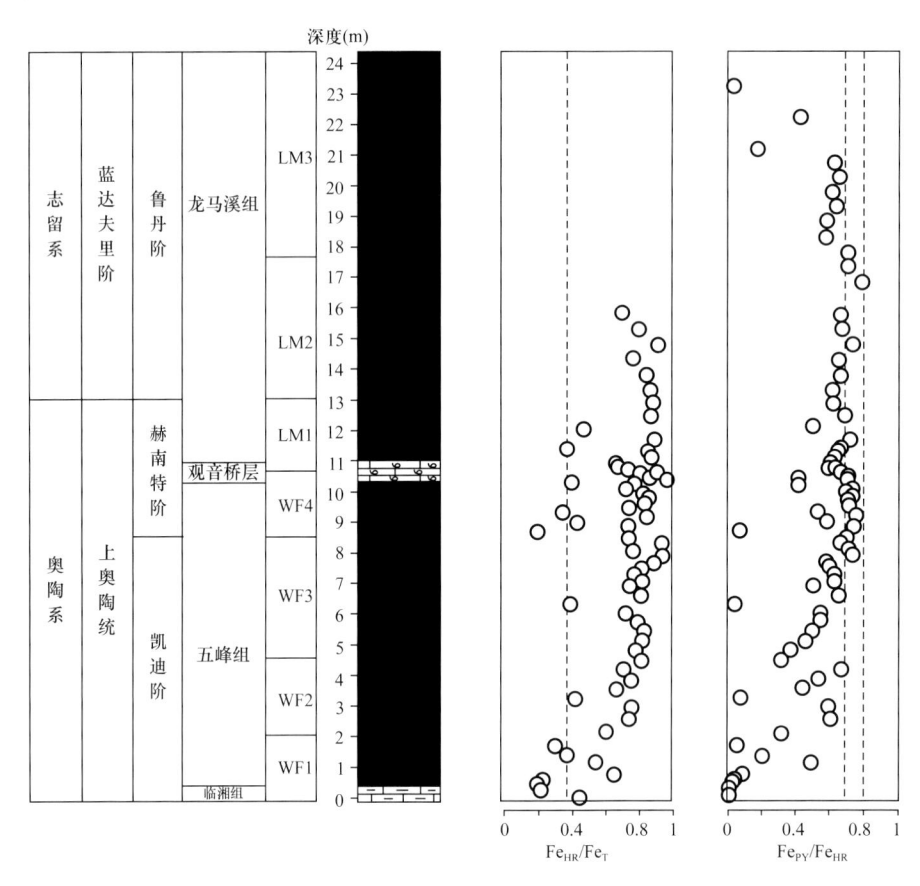

图 4-1-1　双河剖面铁组分与微量元素数据图

2. 微量元素分析

1）分析方法

微量元素分析主要通过 U/Th 比值、V/Cr 比值和 Ni/Co 比值反映古水体氧化—还氧条件。（1）U/Th 比值：U 的富集与有机质含量、黏土颗粒的吸附或者由于有机质分解引起的还原环境有关，而 Th 为稳定元素，不受水体氧化还原影响，且在低温地表环境中不易发生迁移，一般富集在抗风化矿物中。因此，U/Th 比值可以反映沉积水体氧化还原条件，U/Th 小于 0.75 为氧化环境，U/Th 为 0.75~1.25 为贫氧环境，U/Th 大于 1.25 为还原环境。（2）V/Cr 比值：V 在氧化水体中，以 V^{5+} 价稳定存在于钒酸氢根（$H_2VO_4^-$、HVO_4^{2-}）中，易被 Mn 或 Fe 的氢氧化物细颗粒吸附发生迁移；而在还原条件下，V^{5+} 被还原成氧钒

[V(IV)O^{2+}]，吸附在其他物质表面，形成有机络合物和水化物，在缺氧沉积物中富集。Cr不受氧化还原条件影响，一般出现在沉积物碎屑中，故可用V/Cr比值来作为含氧量指标。V/Cr小于2.00时为氧化环境，V/Cr为2.00~4.25时为贫氧环境，V/Cr大于4.25时为缺氧环境。（3）Ni/Co比值：Ni在氧化水体中通常以溶解的碳酸镍（NiCO$_3$）存在，在还原水体下形成硫化物沉淀。Co在氧化水体中以Co^{2+}溶于水，还原水体中以固溶体进入黄铁矿而沉积下来，因此Ni/Co也可以用来反映氧化还原条件。

具体实验方法是将采集新鲜样品用去离子水洗净并烘干后，并用玛瑙研磨至74μm，用于实验分析。微量元素实验在北京天和信公司测定，微量元素测试仪器为PEElan6000电感耦合等离子质谱仪（ICP—MS）。

2）结果及讨论

本次研究主要参考巫溪田坝剖面结果（图4-1-2），研究结果如下：WF1—WF2期中U/Th比值为0.2~1.9，平均值为0.8，表明为氧化—贫氧环境；WF3期中下部U/Th比值为1.2~2.5，平均值为1.7，指示为缺氧环境；WF3期中上部U/Th比值为0.8~2.0，平均值为1.6，表明为贫氧—缺氧环境；而LM2中其比值为1.0~4.4，平均值为2.1，指示为缺氧环境。

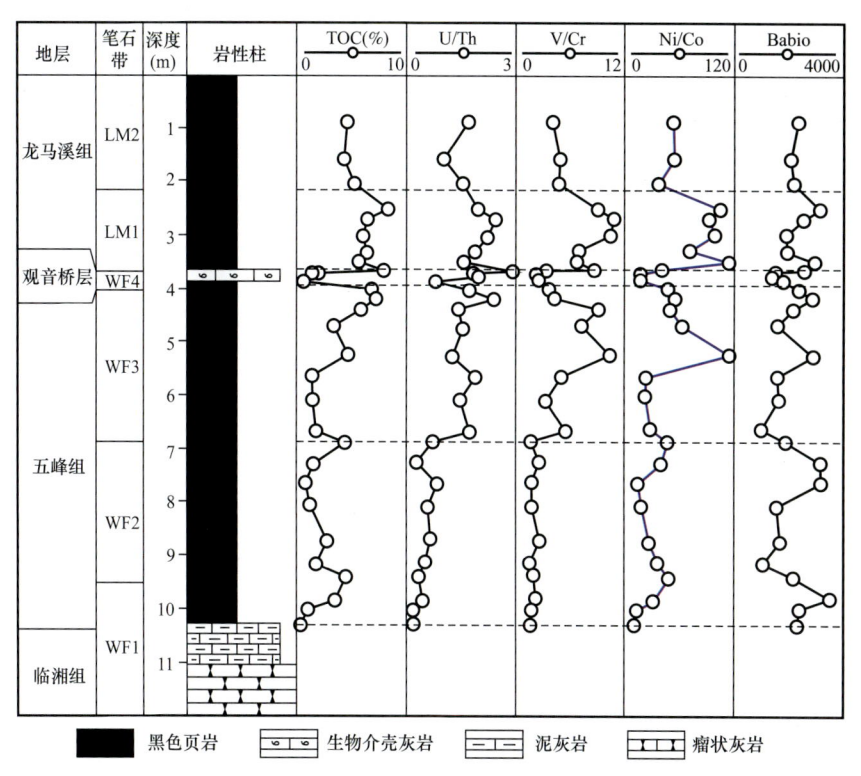

图4-1-2 巫溪田坝剖面五峰组—龙马溪组氧化—还原特征及分布

巫溪田坝剖面的V/Cr比值变化如下：五峰组沉积早中期（层段Ⅰ）的V/Cr比值为1.4~5.3，平均值为2.3，表明为氧化—贫氧环境；五峰组沉积晚期（层段Ⅱ）的V/Cr比值为3.18~10.20，平均值为6.7，为缺氧环境；而观音桥层沉积时期（层段Ⅲ）的V/Cr比值为2.1~3.0，平均值为2.5，表明为氧化—缺氧环境；龙马溪组沉积时期（层段Ⅳ）V/Cr比值为4.0~10.6，平均值为7.2，为缺氧环境。

巫溪田坝剖面底部页岩 Ni/Co 比值整体上较大（图 4-1-2），平均值达到 47.37。按照已提出的 Ni/Co 小于 5.00 为氧化，Ni/Co 介于 5.00～7.00 为贫氧，Ni/Co 大于 7.00 为缺氧判别标准，整体上为缺氧条件，这明显存在偏差，Ni/Co 比值明显的偏高，但其变化趋势与 U/Th 和 V/Cr 比值曲线变化相似。这说明该比值判别标准值会因为区域沉积环境的不同存在一定变化，但其比值大小的变化趋势依然可以作为本区域内判别氧化还原条件的参考指标。

综上所述，田坝剖面五峰组页岩沉积早期（层段Ⅰ）为氧化—贫氧环境，中后期（层段Ⅱ、Ⅲ）为缺氧环境，观音桥层沉积时期（层段Ⅳ）为氧化—贫氧环境，龙马溪组沉积早期（层段Ⅴ）为缺氧环境。

二、古生产力

古生产力是指地质历史时期生物在能量循环过程中固定能量的速率，即单位面积、单位时间内所产生的有机物的量，通常用单位 $g/(m^2·a)$ 来表示。由于海洋有机质生产是全球碳循环的重要环节，海相盆地古生产力研究受到极大关注，并已建立了一系列海相盆地古生产力替代性指标。

海洋初级生产力对深刻理解和研究海洋生态系统及其环境特征、海洋生物地球化学循环过程及认识海洋在气候变化中的作用方面都具有重要意义，它是实现碳循环定量化的一个基本环节，也是海洋环境质量评价的重要科学基础。包括以下四个概念。

（1）初级生产力：自养生物通过光合作用或化学合成制造有机物的速率。初级生产力包括总初级生产力和净初级生产力。总初级生产力是指自养生物生产的总有机碳量，净初级生产力是指总初级生产量扣除自养生物在测定阶段中呼吸消耗掉的量（呼吸作用通常估计为总初级生产力的 10% 左右）。

（2）次级生产力：除生产者之外的各级消费者直接或间接利用已经生产的有机物经同化吸收、转化为自身物质（表现为生长与繁殖）的速率，也即消费者能量储蓄率。次级生产力不分为"总"的和"净"的量。

（3）群落净生产力：往往指在生产季节或一年的研究期间，未被异养者消耗的有机物质的储藏率，计算公式为

$$群落净生产力 = 净初级生产力 - 异养呼吸消耗 \qquad (4-1-1)$$

其中净初级生产力代表生态系统中自养生物的净产量，这些能量又被自养生物以外的全部生物所消耗和利用，并形成生态系统中生物成员的净生产量。

（4）现存量及周转率：现存量指某一特定的时间、某一空间范围内存有的有机体的量，即个体数量乘以个体平均质量。它是在某一段时间内生物所形成的产量扣除该段时间内全部死亡量后的数值，与生物量同义。

$$B_2 = B_1 + P - E = B_1 + \Delta B \qquad (4-1-2)$$

以单位面积（或体积）中的有机碳量或能量为单位。自养者生物量出可以用叶绿素含量来表示。周转率是在特定时间阶段中，新增加的生物量与这段时间平均生物量的比率（P/B）。周转时间：周转率的倒数它表示现存量完全改变一次或周转一次的时间。

Ba 是一种惰性元素，在水体中留存时间长且有可以高达 30% 的保存率，在沉积物中主要以重晶石（$BaSO_4$）形式存在。其 Ba 的主要来源是生源硫酸钡晶体、陆源铝硅酸盐、

底栖异养生物合成 Ba 的化合物和热液成因的 Ba 沉淀。虽然沉积物 Ba 的来源多样,但是只有生物作用来源的钡(Ba_{bio})能够反映海洋表层初级生产力。生源硫酸钡晶体的成因主要是有机质降解过程中吸收 Ba 形成不稳定的聚合体,与沉积水体的氧化剂在微环境中形成过度饱和的硫酸钡,并生成硫酸钡晶体,进而沉积于大洋底部。这些还原微环境是有机质分解造成的,硫酸钡晶体数量沉积的越多,说明有机质输入越大。

生源钡(Ba_{bio})含量是估算古生产力的一个重要指标,其计算公式如下(Schroeder et al.,1997):

$$w(Ba_{bio}) = w(Ba_{样品}) - w(Ba/Al)_{PAAS} \quad (4\text{-}1\text{-}3)$$

式中,$w(Ba_{样品})$ 为页岩样品实验分析的 Ba 质量分数,10^{-6};$(Ba/Al)_{PAAS}$ 为澳大利亚后太古代平均页岩中的 Ba 含量与 Al_2O_3 含量比值(Taylor et al.,1985)。

五峰组—龙马溪组底部页岩的生物钡(Ba_{bio})含量相对较高,质量分数平均值为 $2183×10^{-6}$,指示五峰组—龙马溪组沉积时期有较高生产力。与 TOC 相似,其含量在不同层段也表现一定差异(图 4-1-2),具体为:WF1—WF2 的 Ba_{bio} 含量变化较大,质量分数为 $1020×10^{-6}$~$3576×10^{-6}$,平均值为 $2097×10^{-6}$;在层段 WF3 中其含量相对增高,质量分数为 $152×10^{-6}$~$2879×10^{-6}$,平均值为 $2367×10^{-6}$;而层段 WF4 中的 Ba_{bio} 含量变小,质量分数为 $1381×10^{-6}$~$1754×10^{-6}$,平均值为 $1547×10^{-6}$;最后,在层段 LM1 中期含量快速增高且保持相对稳定,质量分数为 $1918×10^{-6}$~$3120×10^{-6}$,平均值为 $2416×10^{-6}$。

三、古沉积速率

沉积速率是指沉积物对可容空间充填的速度。沉积速率与可容空间增长速率之间的相对关系控制着沉积水体深度和准层序组的叠置方式,可容空间增长速率小于沉积物沉积速率,沉积物向盆进积,沉积水体深度变浅;可容空间增长速率大于沉积物沉积速率时,沉积物向陆退积,沉积水体深度变大;可容空间增长速率与沉积物沉积速率相当时,沉积物向上加积,沉积水体深度也基本保持稳定。

五峰组—龙马溪组沉积时期,由下至上川南地区沉积物沉积速率逐渐增大(图 4-1-3)。五峰组沉积时期,地层厚度为 1.5~13.5m,持续时间为 3.19Ma,其沉积速率为 0.5~4.1m/Ma。龙一$_1^1$小层地层厚度为 0.5~2.8m,持续时间为 0.6Ma,其沉积速率为 0.8~4.6m/Ma。龙一$_1^2$小层地层厚度为 1.0~9.5m,持续时间为 1.36Ma,其沉积速率为 0.7~7.0m/Ma。龙一$_1^3$小层地层厚度为 1.5~10.8m,持续时间为 0.9Ma,其沉积速率为 1.7~12.0m/Ma。龙一$_1^4$小层地层厚度为 12~21m,持续时间为 0.8Ma,其沉积速率为 15~26m/Ma。龙一$_2$亚段地层厚度为 25~51m,持续时间为 2.28Ma,其沉积速率为 11~22.4m/Ma。龙二段地层厚度为 50~510m,持续时间为 0.36Ma,其沉积速率为 138.9~1416.7m/Ma。

川南地区五峰组—龙马溪组沉积速率的变化可能与该时期构造活动密切相关。中奥陶纪末期,华夏陆块和扬子陆块发生会聚作用,中上扬子地区形成前陆盆地。志留纪,中上扬子地区一直处于挤压收缩的构造背景。早志留世,伴随来自南东方向挤压作用的增强,四川盆地及周缘作为扬子前陆盆地之隆后盆地的一部分,一直不断抬升,川中古隆起逐渐扩大,海域缩小变浅,沉积分异作用加剧,造成沉积物沉积速率增大。

要存在于基性岩中，通常保留沉积物烃源岩的特征。因此，Zr/Sc 的比值可以指示 Zr 的富集。钍（Th）通常存在于硅质岩中，Th/Sc 的比率可以指定化学分化的程度。因此，Th/Sc 与 Zr/Sc 的二元图可用于评估沉积循环的影响。研究样品的 Th/Sc（0.77~4.36）和 Zr/Sc（6.17~43.51）比值显示出高度相关性，但 Zr/Sc 比值没有或轻微增加趋势（图 4-1-7a），表明沉积物烃源岩没有或轻微的沉积循环。

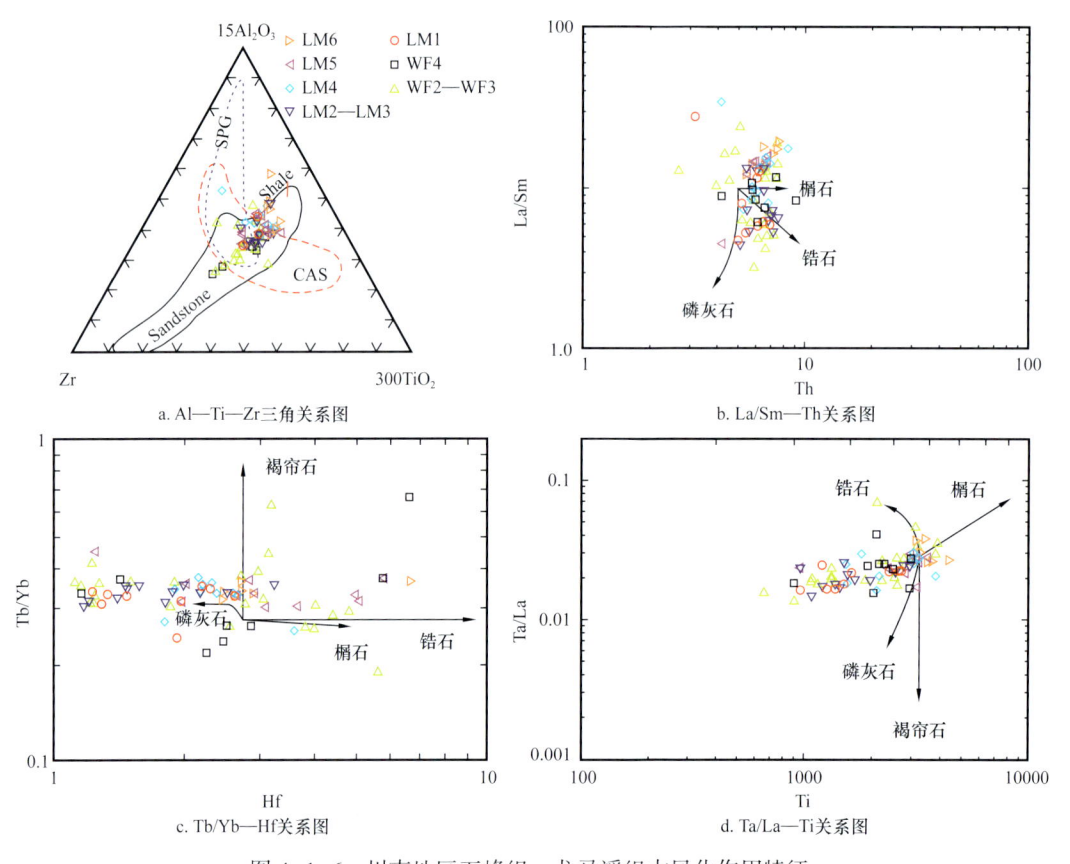

图 4-1-6 川南地区五峰组—龙马溪组古风化作用特征

2. 沉积烃源岩性质

就烃源岩而言，沉积物源成分与不动元素有着密切的关系。因此，A—CN—K 图被广泛用于识别烃源岩。在 A—CN—K 图（图 4-1-4b）上，所有样品均按花岗岩走向绘制，表明这些岩石的烃源岩可能是酸性火成岩。此外，Th/Sc—Zr/Sc 双变量图也被广泛用于识别烃源岩。在该图中，所有样品都绘制在花岗岩区域内和周围（图 4-1-7a），进一步表明这些岩石的烃源岩是酸性火成岩。

页岩中的元素含量更加均匀和稳定，可以保留烃源岩的大部分信息。因此，REE 模式可以成为识别烃源岩的有效方法。通常，基性岩的 REE 含量较低，没有 Eu 异常或 Eu 异常为正，而酸性岩的 REE 含量较高，Eu 异常明显为负。五峰组—龙马溪组几乎所有样品都显示出中等到高的 REE 含量和明显的负 Eu 异常，表明烃源岩可能来自酸性岩石。此外，这些样品具有富集轻稀土和贫化重稀土的稀土元素模式（图 4-1-8），排除了基性岩的贡献。

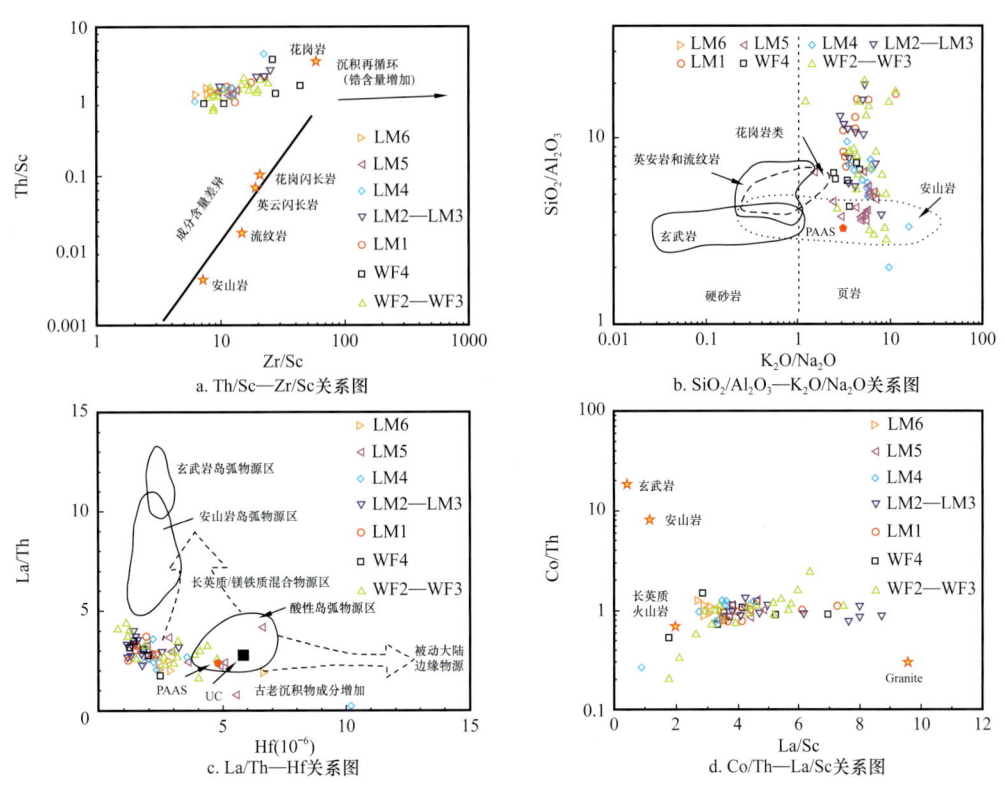

图 4-1-7 川南地区五峰组—龙马溪组沉积烃源岩性质

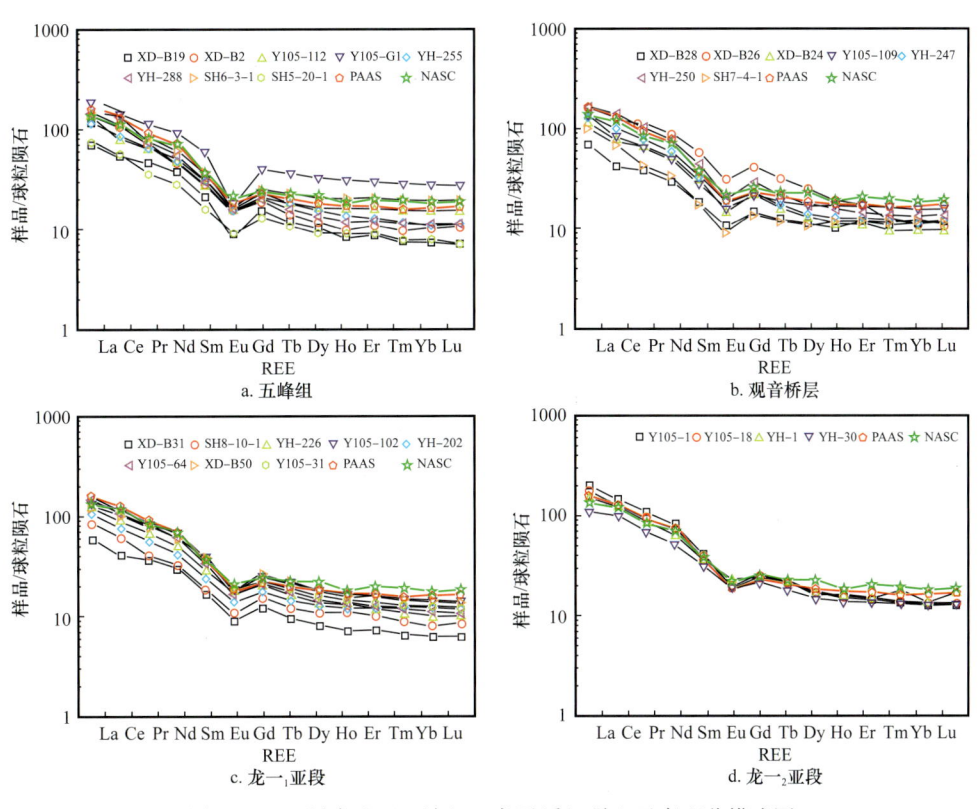

图 4-1-8 川南地区五峰组—龙马溪组稀土元素配分模式图

固定主要和微量元素的比例，如 Th/Sc、Zr/Sc、SiO$_2$/Al$_2$O$_3$、K$_2$O/Na$_2$O、La/Th、Co/Th 和 La/Sc，也可用于鉴定烃源岩。在 SiO$_2$/Al$_2$O$_3$—K$_2$O/Na$_2$O、Zr/Al$_2$O$_3$—TiO$_2$/Zr、La/Th—Hf 和 Co/Th—La/Sc 二元图上，所有样品均绘制在长英质火成岩和花岗岩区域之间（图 4-1-7）。这些进一步表明，烃源岩可能是长英质火成岩。

3. 源区构造背景

通常，沉积岩的地球化学成分与构造环境之间存在密切关系。从大洋岛弧到大陆岛弧，从活动大陆边缘到被动边缘，页岩的 TiO$_2$、Al$_2$O$_3$、Fe$_2$O$_{3T}$+MgO 浓度和 Al$_2$O$_3$/SiO$_2$ 比率将降低，而 SiO$_2$ 浓度、K$_2$O/Na$_2$O 和 Al$_2$O$_3$/（CaO+Na$_2$O）比率将普遍增加。在 TiO$_2$—（Fe$_2$O$_{3T}$+MgO）图中，大多数样品绘制在大陆岛弧和活动大陆边缘区域内及其周围（图 4-1-9a）。相比之下，在（K$_2$O+Na$_2$O）—SiO$_2$ 图中，大多数样品绘制在被动大陆边缘和活动大陆边缘场中，少量样品绘制在弧场中（图 4-1-9b）。

相对固定的微量元素，如 REE 和 HFSE，也可以有效地识别沉积岩的构造环境。据报道，从大洋岛弧到被动大陆边缘的杂砂岩中，La、Ce、HFSEs 及 Th/U、La/Sc 和 Th/Sc 比率的系统性增加，以及 Eu/Eu*、Zr/Hf、Zr/Th、La/Th 和 Ti/Zr 比率的降低。对于五峰组—龙马溪组页岩，在 Sc—La—Th（图 4-1-9c）和 Zr/10—Th—Sc 图（图 4-1-9d）中，大多数样品都绘制在活动大陆边缘和大陆岛弧场及其周围，表明沉积物烃源岩最可能形成于活动大陆边缘或大陆岛弧构造环境。

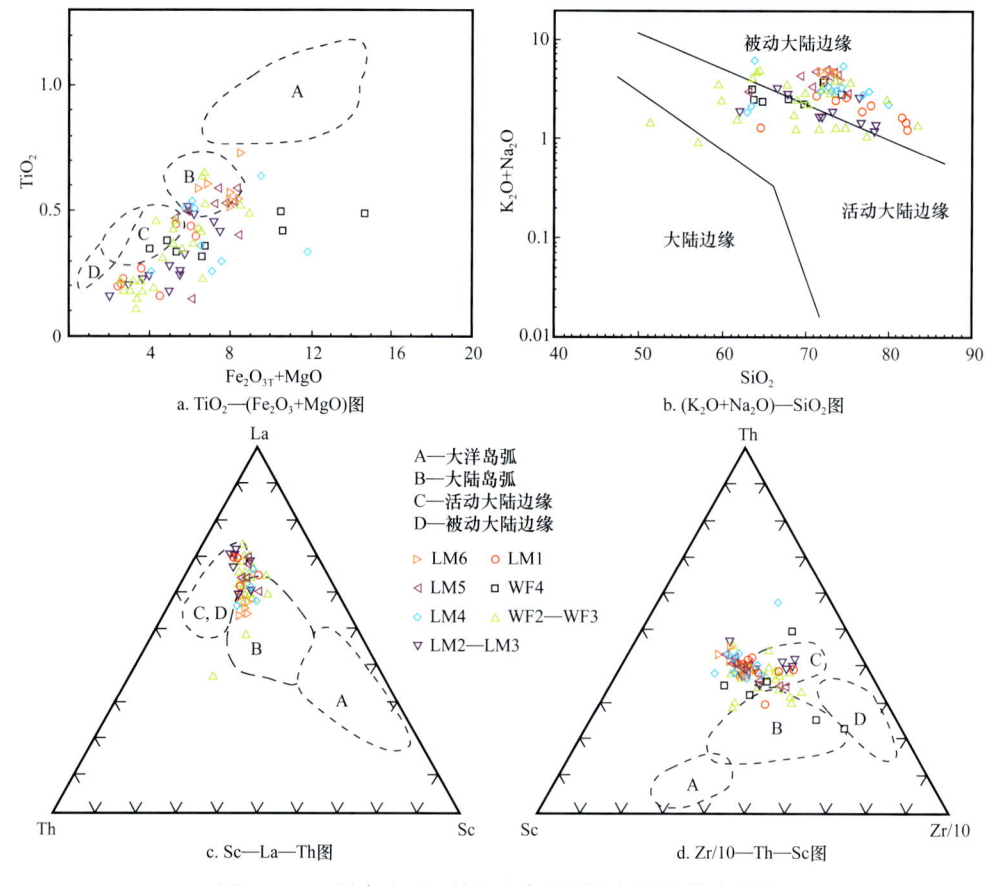

图 4-1-9 川南地区五峰组—龙马溪组烃源岩构造背景

Na、K、Ca 和 Mg 等主要元素在运输、成岩和变质过程中容易风化和迁移。因此，应谨慎使用主要元素分析结果。然而，从固定微量元素获得的结果通常是可靠的。鉴于此，根据不动微量元素推断，五峰组—龙马溪组页岩的构造背景是大陆岛弧和活动大陆边缘，这一结论与先前研究得出的扬子板块在五峰组—龙马溪组页岩形成期对华夏板块俯冲的观点一致。

第二节 细粒沉积物类型及形成过程

川南地区五峰组—龙马溪组由下至上发育细粒浊流沉积、蚀源混合沉积、原地混合沉积、静水沉积和等深流沉积五种沉积物类型。

一、细粒浊流沉积

1. 特征描述

细粒浊流沉积岩心呈浅灰色至灰黑色，局部发育薄层粉砂岩，可见低振幅、长波长爬升波纹层理（图4-2-1a）和透镜状层理（图4-2-1b）。光学显微镜下，页岩粒度由粗变细，构成正递变，可清晰见到Stow细粒浊流沉积序列的9个层段（图4-2-2）。

图4-2-1 岩心照片展示川南地区五峰组不同类型沉积特征
a.浊流沉积，阳101H3-8井，3791.20m；b.浊流沉积，阳101H3-8井，3793.40m；c.蚀源混合沉积，长宁双河剖面，五峰组，样品号：4～11；d.灰质原地混合沉积，长宁双河剖面，观音桥层

T0（底部透镜纹层段）：层厚2.8～3.5cm，底部发育微冲刷构造，与下伏层段呈突变接触（图4-2-3a），顶界面部为不规则波状，与上覆层段突变接触（图4-2-3b）。主要由粉砂纹层组成，生物碎屑化石丰富，小型沟槽中发育少量泥质沉积物（图4-2-3b）。该段通常发育小型波状交错纹理、较小型波状交错纹理和水平纹理，向上逐渐过渡为衰减的波纹交错层理。小型波状纹理段厚度2cm，较小型波状纹理段厚度1.5cm，水平纹理段厚度0.5cm。

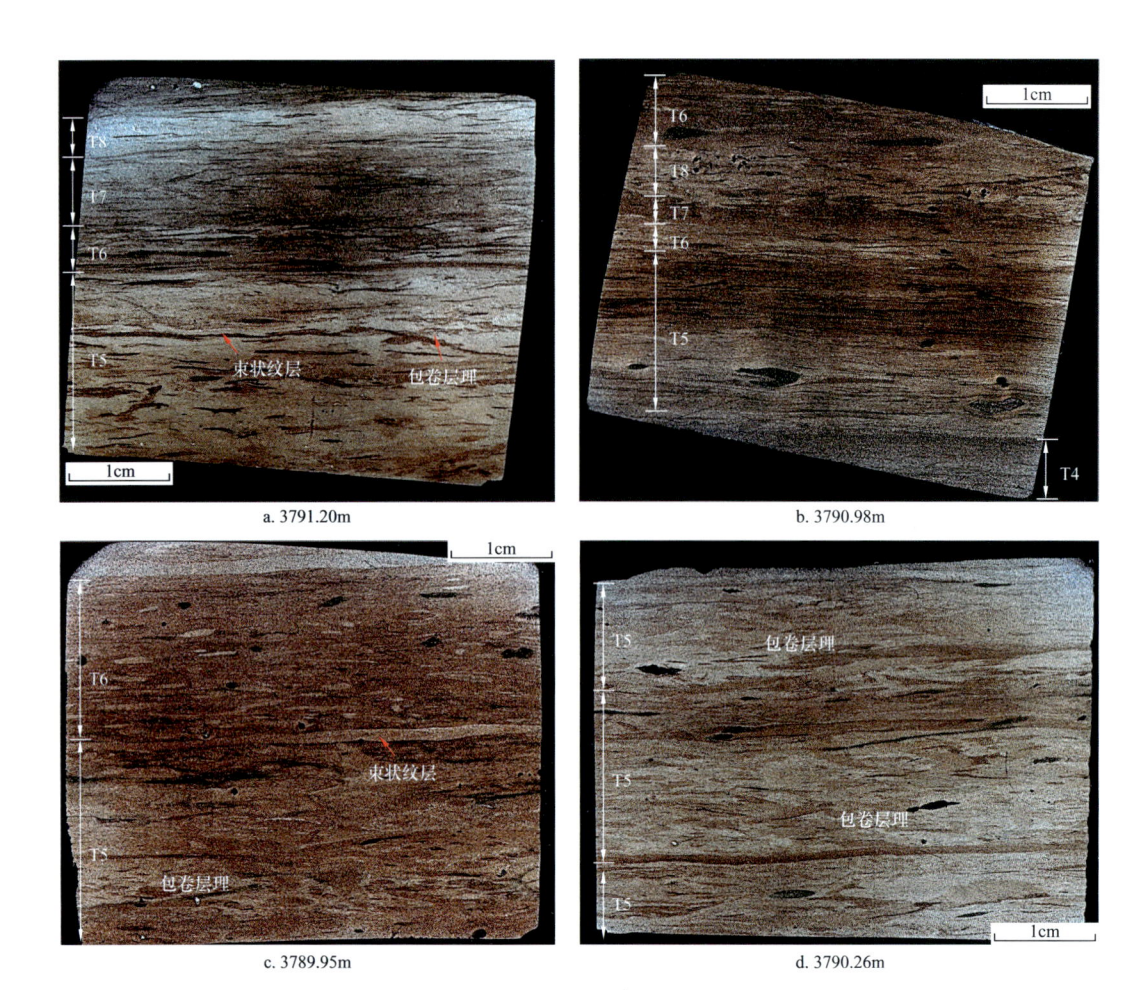

图 4-2-5 大薄片照片展示阳 101H3-8 井细粒浊流沉积沉积构造特征

T8（生物扰动泥岩段）：层厚 0.2～7.0cm，与下伏 T7 段渐变接触关系（图 4-2-5a、b、图 4-2-6）。该层段由泥质层构成，不含粉砂纹层，泥质层中发育少量波状或断续状暗色条带。页岩整体呈均质状，强烈的生物扰动造成整体呈斑点状，颜色相对较浅（图 4-2-5、图 4-2-6），局部可见清晰的个体遗迹化石（图 4-2-6b）。

扫描电子显微镜下，细粒浊流沉积常见矿物有石英（45.5%～54.5%）、黏土矿物（29.0%～38.9%）、方解石（8.6%～11.8%）、斜长石（4.3%～6.1%）、铁白云石（3.6%～6.0%）和黄铁矿等。石英颗粒粒径为 4.5～17.1μm（平均值为 8.8μm），黏土矿物颗粒粒径为 7.4～23.1μm（平均值为 15.3μm），方解石颗粒粒径为 9.5～17.6μm（平均值为 14.2μm），颗粒整体为细粉砂，混杂堆积，基底式胶结（图 4-2-7a）。细粒浊流沉积中，发育大量生物扰动构造（图 4-2-7a）和清晰的个体遗迹化石（图 4-2-7b），表明水体含氧量较高。

2. 成因解释

黑色页岩发育九个完整的浊积岩沉积构造序列，整体构成一个正递变，其代表了一次完整的大型细粒浊流沉积事件。T0 段和 T1 段主要由细砂—粉砂构成，沟槽中发育泥质纹层，表明其为低浓度、低沉积速率的细粒浊流悬浮沉降成因。该时期小型爬升波纹层理发育，表明流体流速相对较大（>25cm/s），沉积物沉积过程中受到牵引流作用。随着流体流速降低，依次出现波状交错层理、水平层理和爬升波纹层理。波纹的形成与沉积物粒度、沉积速率和流动状态持续时间密切相关。波痕交错层理一般只形成于粒度为50～180μm的沉积物中。沉积物沉积速率过高（>0.4mm/s）会抑制波纹的形成。在层状流或湍流活动被黏性泥抑制的流体中，波纹交错层理也不发育。同时，为了确保波纹的形成，该流动状态至少要持续几分钟，且沉积物粒度越细，所需时间越长。T1段包卷层理的形成与其低渗透率有关，来自下伏层段的流体注入造成沉积物液化及层间流动，从而引起原生层理的弯曲。

图4-2-6 大薄片照片展示阳101H3-8井生物扰动构造

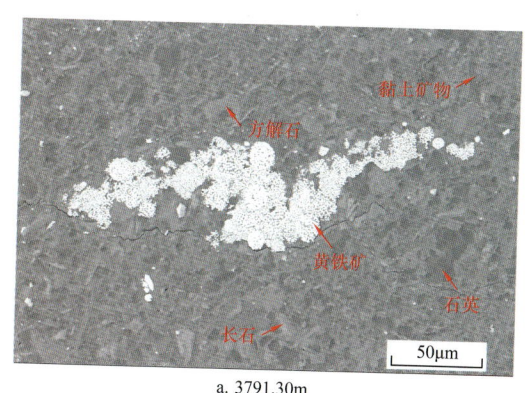

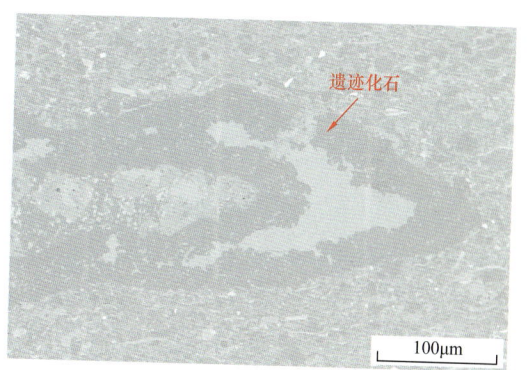

图4-2-7 扫描电子显微镜照片展示阳101H3-8井浊流沉积特征

T2段、T3段均为粉砂纹层和泥纹层互层，表示浊流流速降低。T2段低振幅长波长爬升波纹层理的发育，表明流体流速相对较低（15～25cm/s），浊流中粉砂质颗粒含量相对较高。T3段为粉砂纹层和泥纹层互层，发育砂泥正递变层，表明流体流速低于15cm/s。砂泥递变层的形成与浊流底部的边界层剪切分选有关。浊流活动过程中，粉砂颗粒和絮凝颗粒以相似的速率沉降。当它们进入边界层内时，絮凝颗粒发生边界层剪切破裂，而粉砂颗粒正常沉降形成粉砂纹层。随着边界层泥质浓度逐渐升高，泥质颗粒重新絮凝沉降而形成泥纹层。上述过程循环往复，从而形成多个砂泥递变层叠置。

T4段—T6段以泥纹层为主，含有少量粉砂纹层，表明流体流速进一步降（<15cm/s），

Oxoplecia sp.、*Dalmanella* sp.、*Tetrephalerella* sp.、*Plectothyrella* sp. 等，三叶虫 *Dalmanitina nanchengensis* Lu、*Leonaspis* sp. 等及营浮游生活的笔石 *Climacograptus* sp.、*Paraorthograptus* sp.、*Diplograptus*、*Orthograptus* sp.、*Akidograptus* sp. 等，以典型的冷水动物群赫南特贝（*Hirnantia* cf. *magna*）为代表的腕足类尤其繁盛。矿物组成主要为白云石，余为黏土矿物、有机质、石英、长石、云母等陆源矿物碎屑。白云石普遍呈自形—半自形晶，微—粉晶结构，晶体直径一般为 0.1~0.2mm，少数直径大于 0.1mm，晶体直径具微晶—粉晶双峰态结构。

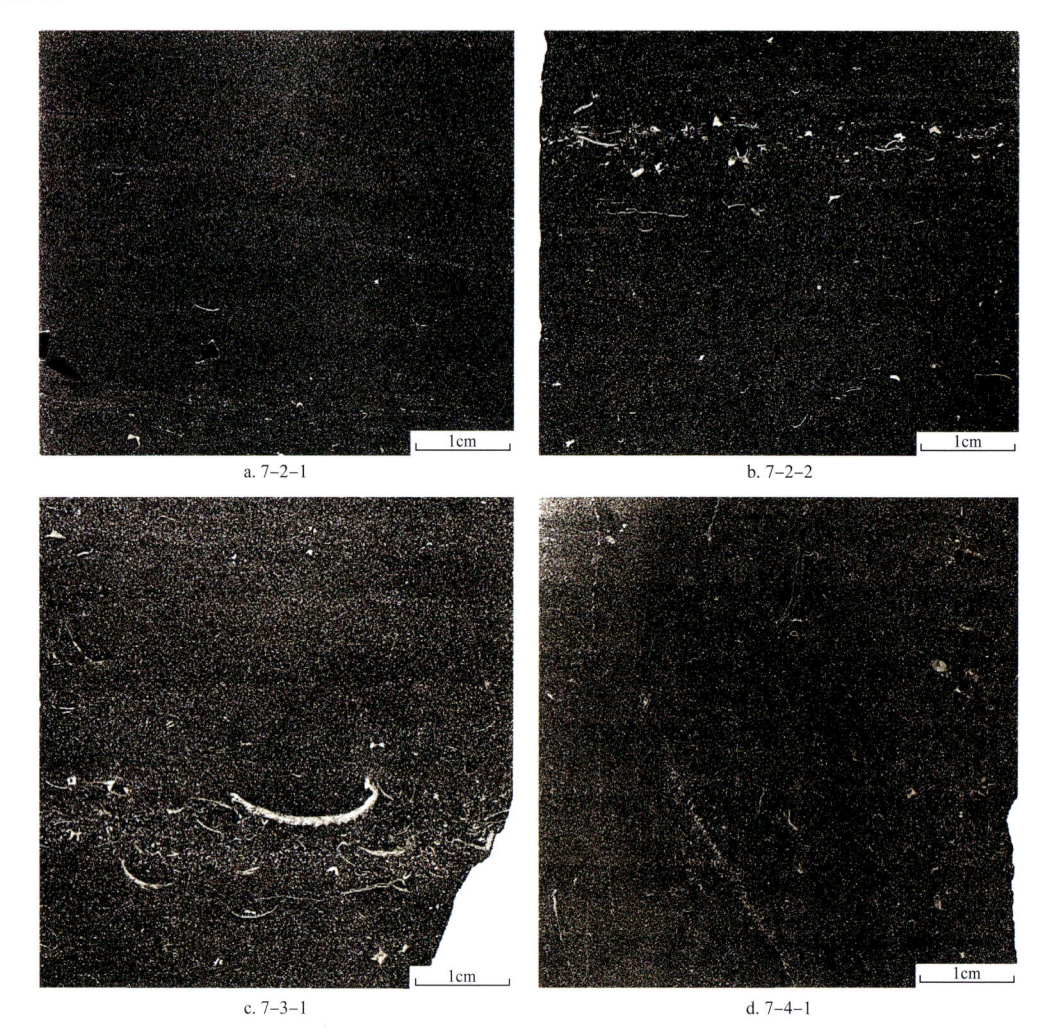

a. 7-2-1

b. 7-2-2

c. 7-3-1

d. 7-4-1

图 4-2-10　大薄片照片展示长宁双河剖面原地混合沉积特征（观音桥层）

扫描电子显微镜下，该页岩主要由细粒泥组成，常见矿物有黏土矿物（30.5%）、铁白云石（39.5%）、方解石（26.5%）和少量斜长石，基底式胶结，白云石多呈方解石化（图 4-2-11）。黏土矿物含量高，呈长条状或片状分布，粒径 1.2~4.6μm（平均 2.4μm）。白云石粒径 1.2~2.6μm（平均 1.8μm），呈深灰色，棱角状，边缘多发生方解石化。方解石粒径 1.8~7.3μm（平均 3.4μm），呈浅灰色，棱角状，发育少量溶蚀孔隙。黄铁矿粒径 4.1~6.1μm（平均 5.3μm），呈草莓状和团块状。

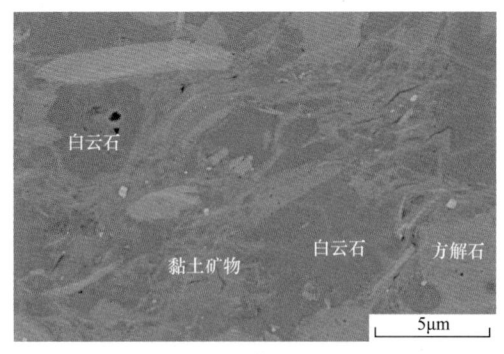

a. 阳101H3-8井，3789.70m 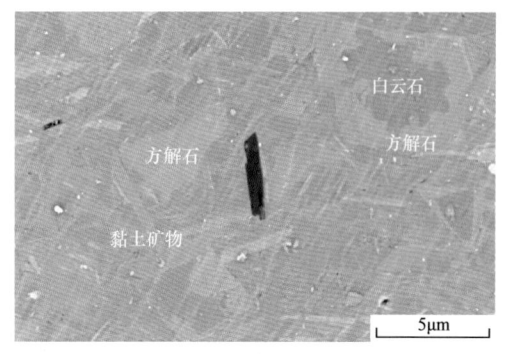　　　　　　　　b. 阳101H3-8井，3789.70m

图4-2-11　扫描电子显微镜照片展示原地混合沉积特征

2. 成因解释

该页岩以黏土矿物、方解石和白云石为主，二者混杂堆放积，表明其为混合沉积成因。页岩中白云石和方解石均呈棱角状、大量双壳类、腕足类等生物保存完整，表明其为原地沉积的产物。综合分析认为该页岩为原地混合沉积成因，形成环境为浅水陆棚位置。原地沉积作用包括垂向沉降作用和极缓慢的侧向平流作用，但以垂向沉降作用为主。其中，黏土矿物可能为陆源成因，由火山作用或底流等搬运至盆地内悬浮沉降堆积而成。方解石和白云石等碳酸盐矿物可能来源于原地、准原地死亡的钙质生物所组成。

四、静水沉积

1. 特征描述

页岩岩心为灰黑色，风化后常为书页状，页理和微裂缝发育。光学显微镜下，页岩由泥纹层构成，多个泥纹层构成泥质层，中间偶夹条带状或断续状粉砂纹层或厚1～5mm的放射虫层（图4-2-12）。泥质层呈现微弱的正递变、反递变或复合递变特征（图4-2-12），层界面之上发育单层浅色矿物组成的条带。层界面上下颗粒粒径及颜色略有差异，层界面多呈连续、板状、平行或断续、板状、平行。正递变层厚度为1.0～4.0mm，一般厚度为1.1mm，显微镜下由下至上颜色逐渐变深；反递变层厚度为2.0～4.0mm，一般为3.0mm，显微镜下由下至上颜色逐渐变浅；复合递变层厚度为4.0～14.5mm，一般为9.0mm，显微镜下由下至上颜色深浅逐渐变化。

该页岩分为正递变层构成型和复合递变层构成型。正递变层构成书页型水平层理主要由正递变层构成，显微镜下可见浅色的条带（图4-2-13a）；复合递变层构成型的书页型水平层理页岩主要由正递变层构成，中间夹有少量反递变层和复合递变层，显微镜下呈现明暗相间的特征（图4-2-13b）。

扫描电子显微镜下，页岩的泥质层主要由直径为2.0～3.0μm的微晶石英组成，含有少量的方解石和碎屑石英（图4-2-14）。方解石粒径为3.0～5.0μm，碎屑石英粒径为6.5～14.3μm。条带状或断续状粉砂纹层主要由单层方解石和白云石组成，方解石粒径为3.7～9.2μm（平均值为8.9μm），白云石平均粒径为4.3μm。

a. 大安2井，埋深4107.6m

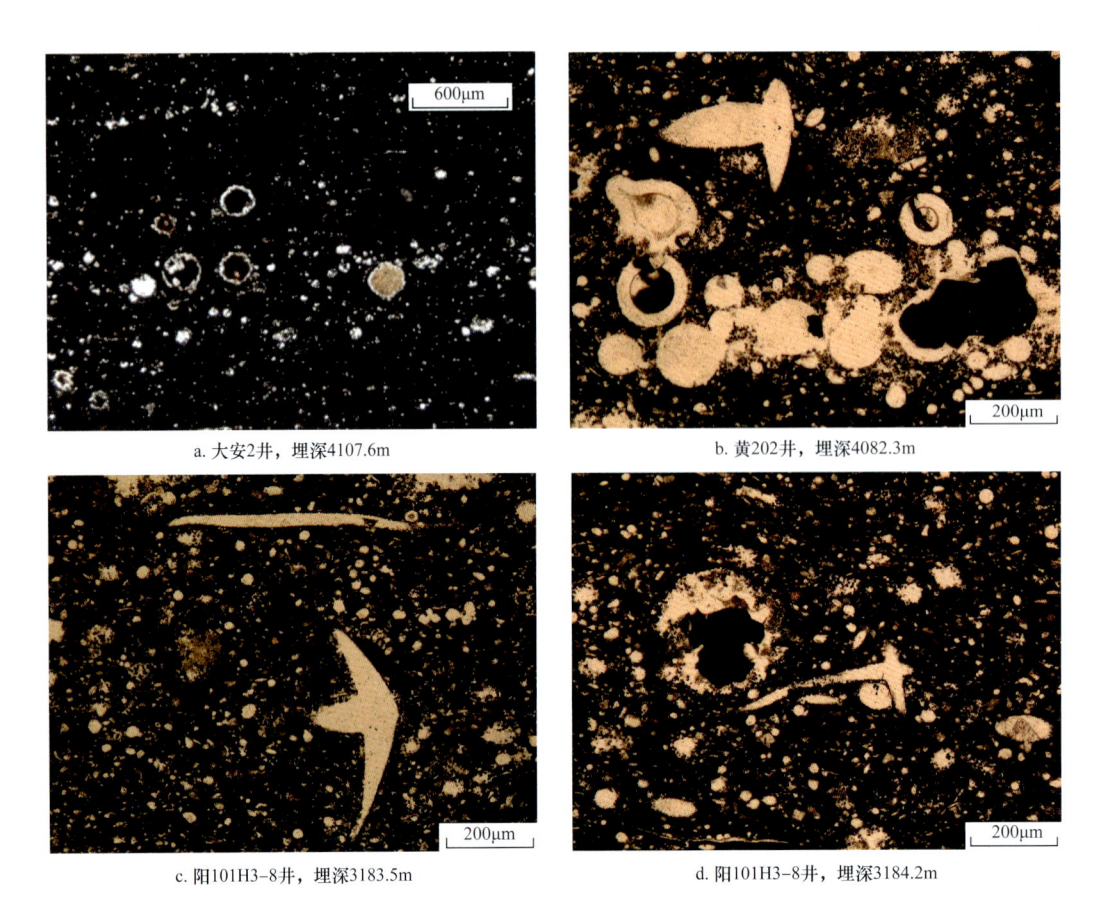

b. 黄202井，埋深4082.3m

c. 阳101H3-8井，埋深3183.5m

d. 阳101H3-8井，埋深3184.2m

图 4-2-12　书页型水平层理页岩放射虫粉砂纹层特征

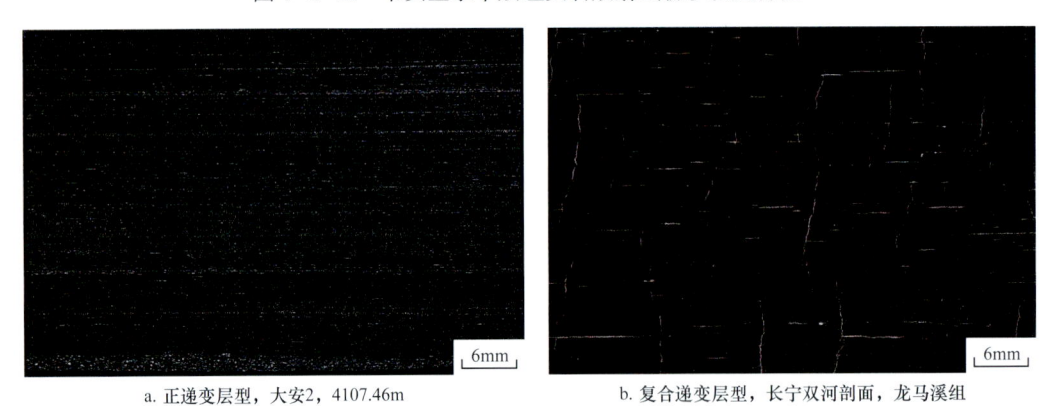

a. 正递变层型，大安2，4107.46m

b. 复合递变层型，长宁双河剖面，龙马溪组

图 4-2-13　大薄片照片展示书页型水平层理特征

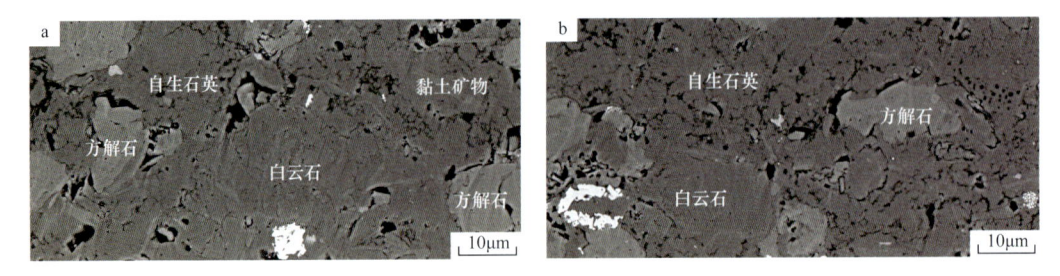

图 4-2-14　扫描电子显微镜照片展示书页型水平层理粉砂纹层（a）和泥纹层特征（b）

2. 成因解释

页岩整体由生物成因微晶石英组成，陆源碎屑物质含量较低，页岩中放射虫形态完整，局部可堆积成1~5mm的放射虫纹层，表明沉积物主要来源于表层水体初级生产力。页岩中夹杂有极少量方解石、白云石和黏土矿物颗粒，局部形成粉砂纹层，表明存在着少量的陆源碎屑供给。页岩发育极薄层的水平纹层，缺乏水流改造标志，表明沉积物为悬浮沉降成因，侧向平流活动微弱或不发育。综合以上分析，认为书页型水平层理为深水陆棚环境的远洋悬浮沉降成因，沉积物主要来源于生物成因物质的悬浮沉降作用，受陆源碎屑供给或火山碎屑供给等侧向平流作用的影响较小。静水沉积的沉降速率非常低（＜1cm/ka），主要受控于絮凝颗粒和粪球粒的形成速率。在初级生产力较高的边缘海地区，生物作用表现为明显的周期性或季节性勃发。

五峰组—龙马溪组黑色页岩中，静水沉积发育微弱的正递变，其形成可能与季节性气候变化有关。季节性气候变化造成表层水体中硅质生物周期性勃发，从而形成放射虫富集层。页岩中夹杂的极薄层细粒粉砂纹层，其形成可能与风力或异重流搬运有关。黑色页岩中发育的少量反递变层和复合递变层，其形成可能与局部的浊流沉积有关。

五、等深流沉积

1. 特征描述

等深流沉积页岩岩心为灰色、灰黑色，薄层状，发育多条白色粉砂条带。光学显微镜下，该页岩发育砂泥互层型水平层理，泥纹层和粉砂纹层相间接触。泥纹层颜色较深，构成暗纹层；粉砂纹层颜色较浅，构成亮纹层。粉砂纹层多呈条带状，局部为小型透镜体（图4-2-15）。泥纹层和粉砂纹层的顶界面和底界面多数为连续、平行，突变接触，局部可见粉砂纹层与层界面交切。根据粉砂纹层和泥纹层的叠合方式，砂泥互层型水平层理划分为稀疏式、紧密式和相间式三种类型（图4-2-15）。稀疏式由粉砂纹层和泥纹层互层构成，粉砂纹层占比小于25%；紧密式由多期砂泥交互层构成，中间夹有薄层泥纹层，粉砂纹层占比大于75%（图4-2-15b、c）；相间式由厚层浅色粉砂层和泥质层互层构成，粉砂纹层含量为25%~75%（图4-2-15d）。

扫描电子显微镜下，页岩粉砂层主要由方解石、黏土矿物、碎屑石英和微晶石英等组成，分选较好，颗粒支撑结构，递变结构不发育（图4-2-16a）。方解石呈浅灰色不规则状，次圆状，边缘呈港湾状；黏土矿物呈浅灰色长条带状；碎屑石英多呈深灰色不规则粒状；微晶石英多为泥级杂基，自形或半自形；黄铁矿呈团块状。其中，方解石粒径3.3~14.1μm（平均值为7.3μm）、黏土矿物粒径5.4~16.3μm（平均值为10.2μm）、碎屑石英平均粒径9.6μm。泥纹层主要由微晶石英组成，含有极少量方解石和草莓状黄铁矿（图4-2-16b）。其中，方解石粒径2.2~10.7μm（平均值为4.9μm），草莓状黄铁矿粒径平均值3.1μm。

2. 成因解释

页岩粉砂纹层和泥纹层顶、底界面均为突变界面，粉砂纹层不发育递变结构，表明其为非浊流成因。粉砂纹层为颗粒支撑结构，基质含量低，发育小型透镜体和交切接触关系，表明其经历了明显的分选作用。综合分析认为，砂泥互层型水平层理页岩可能为底流改造作用相对强烈的陆棚深水等深流沉积。陆棚深水环境中，风力搬运、火山喷发、河流注入、表层生物光合作用等来源的粉砂和泥质颗粒均呈絮凝状颗粒的形式沉降。絮凝颗粒沉降到底层之后，由于受到底流（如风化驱动底流、温盐底流等）作用的影响，包裹粉砂颗粒的絮凝颗粒发生破裂，粉砂颗粒脱离和聚集，并以砂纹的形式在底面上迁移。该时期，沉积底面上发育由粉砂颗粒组成沙波和由黏土颗粒组成的沙波，沙波在移动过程中均留下薄层细尾，细尾相互叠置形成砂泥互层型水平层理。五峰组—龙马溪组黑色页岩中，泥质颗粒和粉砂颗粒均呈底载荷形式搬运，表明沉积时期水流速度为15～25cm/s。

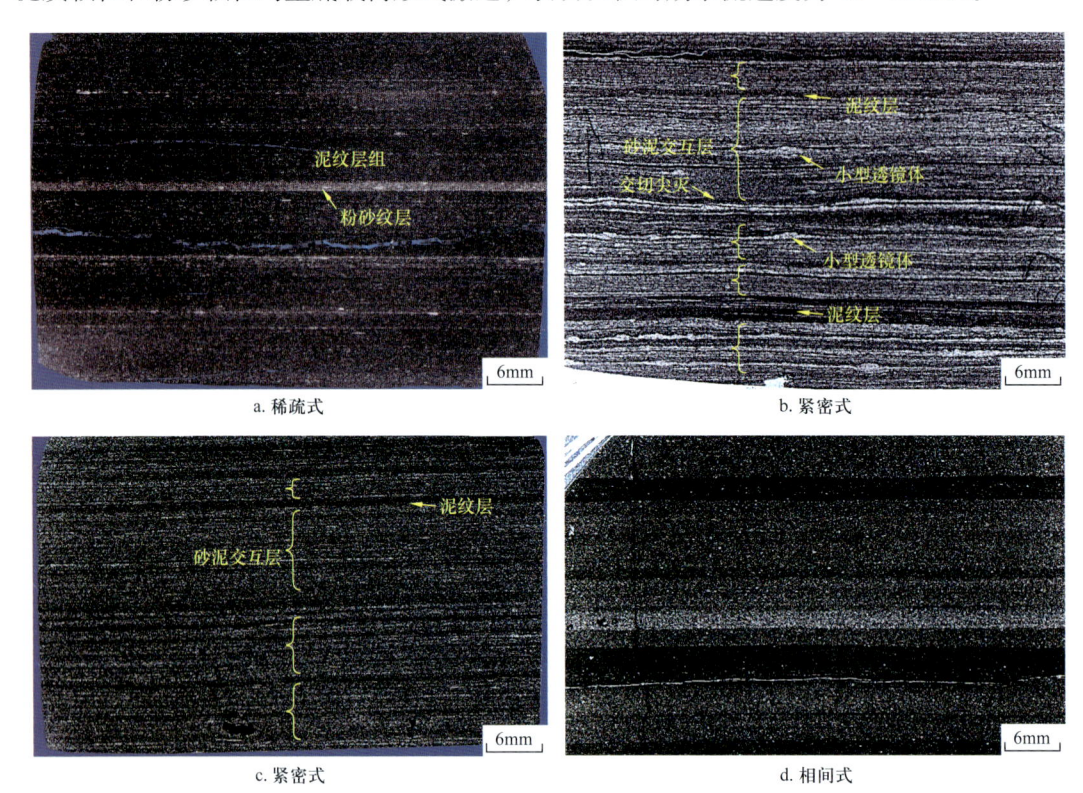

图 4-2-15 大薄片照片展示等深流沉积特征

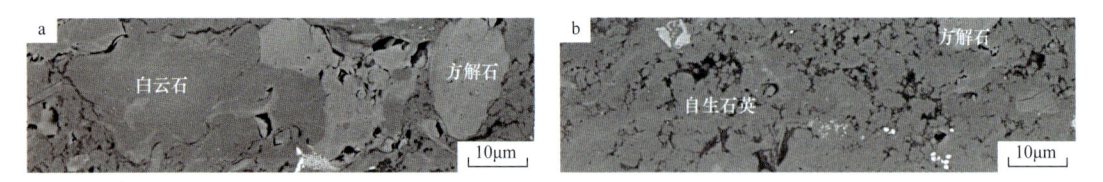

图 4-2-16 扫描电子显微镜照片展示砂泥互层型水平层理粉砂纹层（a）和泥纹层（b）特征

砂泥互层型水平层理发育稀疏式、紧密式、交互式和相间式，四种不同样式的形成与沉积时期水体流速和沉积物供给速率密切相关。随着水体流速和沉积物供给速率逐渐增大，依次出现稀疏式、紧密式、交互式和相间式的砂泥互层型水平层理。其中，水体流速为25cm/s为一临界点，当水流速度大于25cm/s时，只会沉积粉砂纹层；当水流速度低于25cm/s时，才会出现粉砂纹层与泥纹层互层。

六、不同沉积类型纵向分布及成因

川南地区五峰组—龙马溪组由下至上依次发育细粒浊流沉积、蚀源混合沉积、原地混合沉积、静水沉积和等深流沉积五种沉积（图4-2-17）。五峰组笔石带WF1—WF2细粒浊流沉积广泛发育，沉积物主要为陆源成因，以牵引搬运和侧向平流方式沉降于盆地内。笔石带WF3蚀源混合沉积发育，沉积物以陆源石英、黏土矿物及碳酸盐矿物为主，碳酸盐矿物主要呈次圆状，以和侧向平流的方式沉降于盆地内。笔石带WF4原地混合沉积发育，沉积物以碳酸盐矿物和黏土矿物为主，方解石和白云石颗粒多呈棱角状，生物碎屑发育、形态相对完整，沉积物以悬浮沉降为主。龙马溪组笔石带LM1发育静水沉积，沉积为以自生石英为主，沉积作用以悬浮沉降为主。龙马溪组笔石带LM2及以上发育等深流沉积，底流活动相对较强，沉积物以侧向平流和牵引流为主。

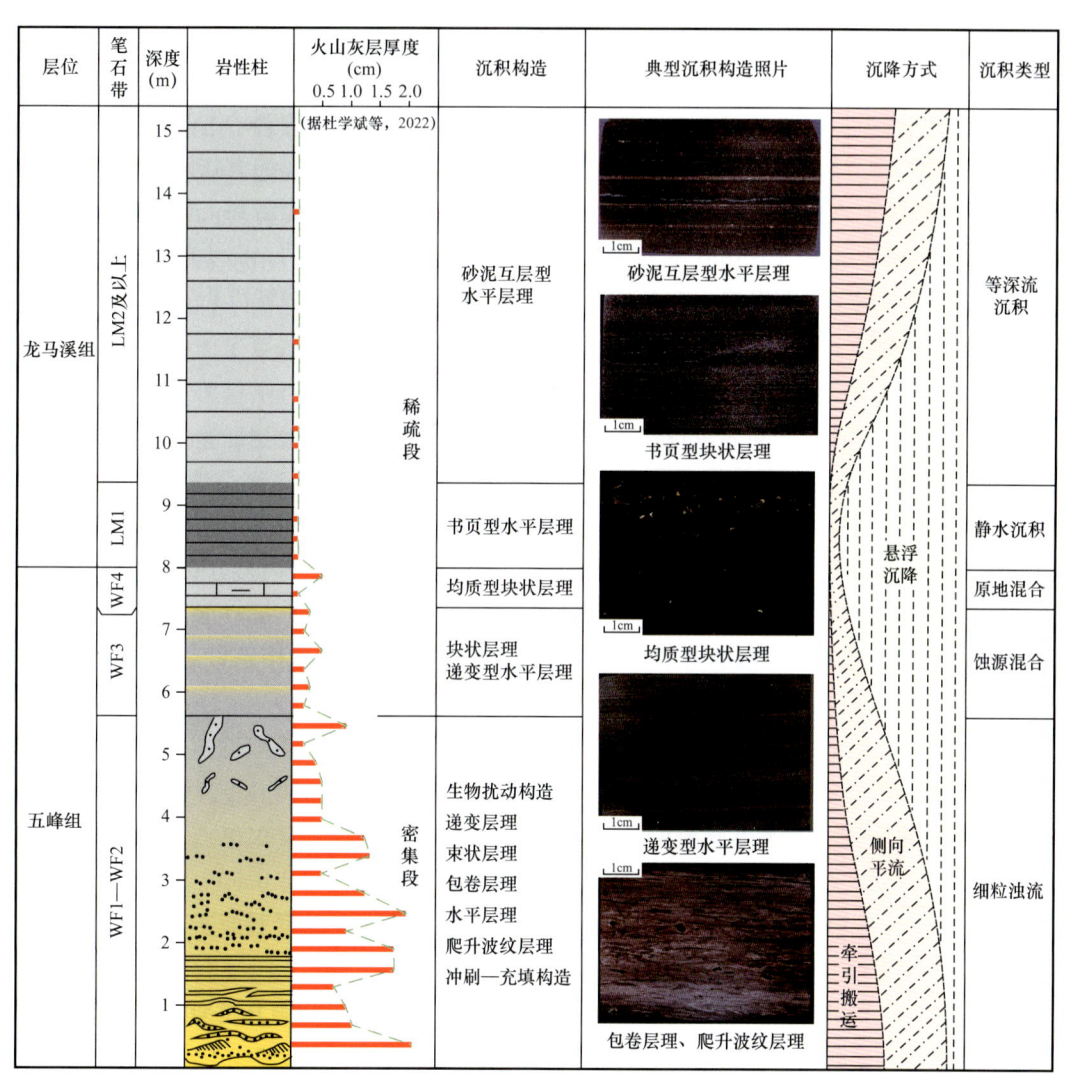

图4-2-17 川南地区五峰组—龙马溪组沉积特征及演化

川南地区五峰组—龙马溪组不同沉积类型的发育与火山灰层厚度有一定的对应关系（图4-2-17）。细粒浊流沉积发育时期，火山灰层厚度相对较大，一般为0.5～2.0cm，平

— 117 —

质中发育孤立孔隙，往往呈不定形状（图 5-1-11）。孔径变化范围很大，孔径分布范围从 2nm～6μm。然而，值得注意的是，迁移有机质通常具有许多圆形或椭圆形的纳米级大小的孔隙，这些孔隙可能与生烃过程有关。

3）微裂缝

有机质内部出现的裂缝常常呈狭缝状，可能是在生烃过程中由于有机物收缩而形成的。在成岩热演化过程中生成的固体沥青及焦沥青中发育的微裂缝并未被自生矿物充填，这表明自生矿物首先形成，之后有机质在生烃过程中发育微裂缝。此外，黏土矿物转化过程中，蒙皂石层间水分子排出，孔隙度增加，且在层间易形成微孔隙和微裂隙（汪洋，2022）。

3. 物性条件特征

川南地区五峰组—龙马溪组四类成岩相物性条件具有明显差异，其中富生物石英弱压实相孔渗条件最好，其次为富碎屑石英中等压实相，然后为碳酸盐胶结相，而富黏土—强压实相页岩储层物性条件最差。由于生物石英含量较高，抗压实能力较强，富生物石英弱压实相孔渗条件最好，平均孔隙度为 4.9%，平均含气饱和度为 67.7%，平均总含气量为 4.4m³/t；碎屑石英含量高同样增加了页岩储层的抗压实强度，平均孔隙度为 4.6%，平均含气饱和度为 58.4%，平均总含气量为 3.3m³/t；碳酸盐胶结相中早成岩期碳酸盐胶结在增加抗压强度的同时，方解石胶结发育的溶蚀孔同样增加了孔隙体积，平均孔隙度为 3.2%，平均含气饱和度为 54.2%，平均总含气量为 3.2m³/t；富黏土—强压实相中高含量黏土矿物使得页岩储层受压实作用破坏的程度更大，导致粒间孔在埋藏过程中快速减少，同时黏土矿物大幅度堵塞了页岩储层的粒间孔，因此页岩储层渗流条件及储集空间不如上述三类成岩相，富黏土—强压实相平均孔隙度为 4.1%，平均含气饱和度为 54.1%，平均总含气量为 2.5m³/t。四种成岩相的具体矿物含量、物性条件及有机地球化学特征差异请参考图 5-1-5。

二、无机成岩作用类型

通过岩心观察、薄片分析、场发射扫描电子显微镜、QEMSCAN 多尺度—多方法实验观察手段，明确了五峰组—龙马溪组一系列无机—有机成岩类型，无机成岩作用包括压实作用（机械压实作用及压溶作用）、胶结作用、溶蚀作用，有机成岩作用主要包括有机质热演化生烃作用，有机与无机成岩过程相互关联，形成复杂的页岩成岩过程体系。

1. 压实作用

机械压实和化学压实大幅减少了原始孔隙度及自生矿物的胶结。由于埋藏深度较大，压实作用是页岩储层孔隙度损失的主导机制（Freiburg et al.，2016），而原始孔隙度经常在埋深小于 2km 及温度低于 80℃的埋藏条件下迅速减小（Dutton et al.，2010；Marcussen et al.，2010）。页岩刚刚开始沉积之时，受海水的影响，有机质、云母具有良好的成层性，碎屑黏土矿物的晶间孔及其他刚性颗粒组成的原生孔隙的原始孔隙度达到 70% 左右，在早成岩期快速机械压实的影响下，黏土矿物快速脱水造成矿物骨架迅速坍塌，页岩孔隙度迅速降低，最终造成孔隙度下降至 3%～6%（舒逸，2021）。川南地区五峰组—龙马溪组样品中固体沥青的平均 R_o 值为 2.45%，表明页岩在至少 6000m 的埋藏深度下经历了热成熟—过成熟阶段。在早成岩期，机械压实作用是导致川南五峰组—龙马溪组页岩孔隙度迅速减小的主要成岩作用（Ehrenberg et al., 2009），含有高含量碎屑黏土的页岩更容易受到机械压实的影响（Ozkan et al., 2011）。

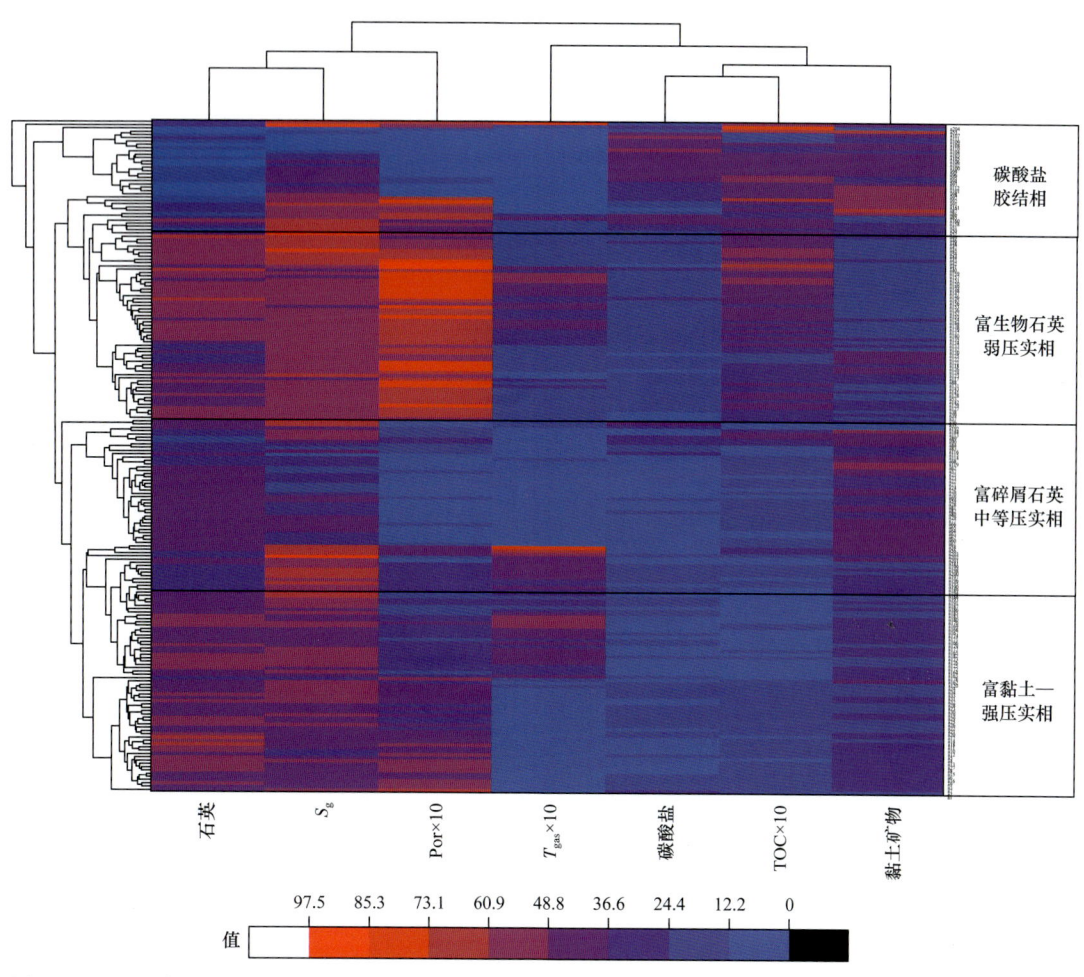

图 5-1-5 五峰组—龙马溪组 4 种典型成岩相典型矿物含量、含气饱和度（S_g）、孔隙度（Por）、总含气量（T_{gas}）、碳酸盐总含量、TOC 含量及黏土矿物含量（为数据具有直观显示，孔隙度、总含气量及 TOC 数值均乘以 10）

龙马溪组页岩储层受机械压实改造强烈，主要特征为黏土矿物的强定向排列、颗粒凹凸接触、云母弯曲及刚性颗粒出现裂缝（图 5-1-6）。大量碎屑黏土矿物的存在使得龙马溪组富黏土—强压实页岩相更容易受到机械压实的影响（Dutton et al., 2010）；反之，缺乏碎屑黏土矿物的页岩储层经常容易发育微晶石英（图 5-1-6；Ozkan et al., 2011），而刚性颗粒含量高的储层可以抵御地层压力及机械压实作用（Lai et al., 2017）。

随着深度（>2km）及有效应力的增加，化学压实逐渐变为减少孔隙度的主要成岩作用，主要表现为碎屑石英受到压溶改造后出现一系列的缝合线（Freiburg et al., 2016）。然而，对于富黏土—强压实相和碳酸盐溶蚀相而言，机械压实作用对于储层的破坏作用明显高于胶结作用。化学胶结主要发生在深度 2~3km 的位置（Bjørlykke et al., 1997）。在沉积物埋藏过程中蒙皂石转化为伊利石，伊利石晶体倾向于垂直于最大压应力方向排列。Day-Stirrat 等研究表明这是一种次生演化变形，而不是因为物理压力作用下发生的矿物重新排列。在封闭成岩环境下蒙皂石向伊利石的转变释放二氧化硅，从而导致页岩中石英胶结物沉淀（Bjørlykke et al., 1997）。根据能谱可以发现龙马溪组板状石英胶结物平行于伊利石颗粒间的平行层理（Ozkan et al., 2011），此外微晶石英与伊利石的接触关系可以说明这些微晶石英来自黏土矿物转化过程。

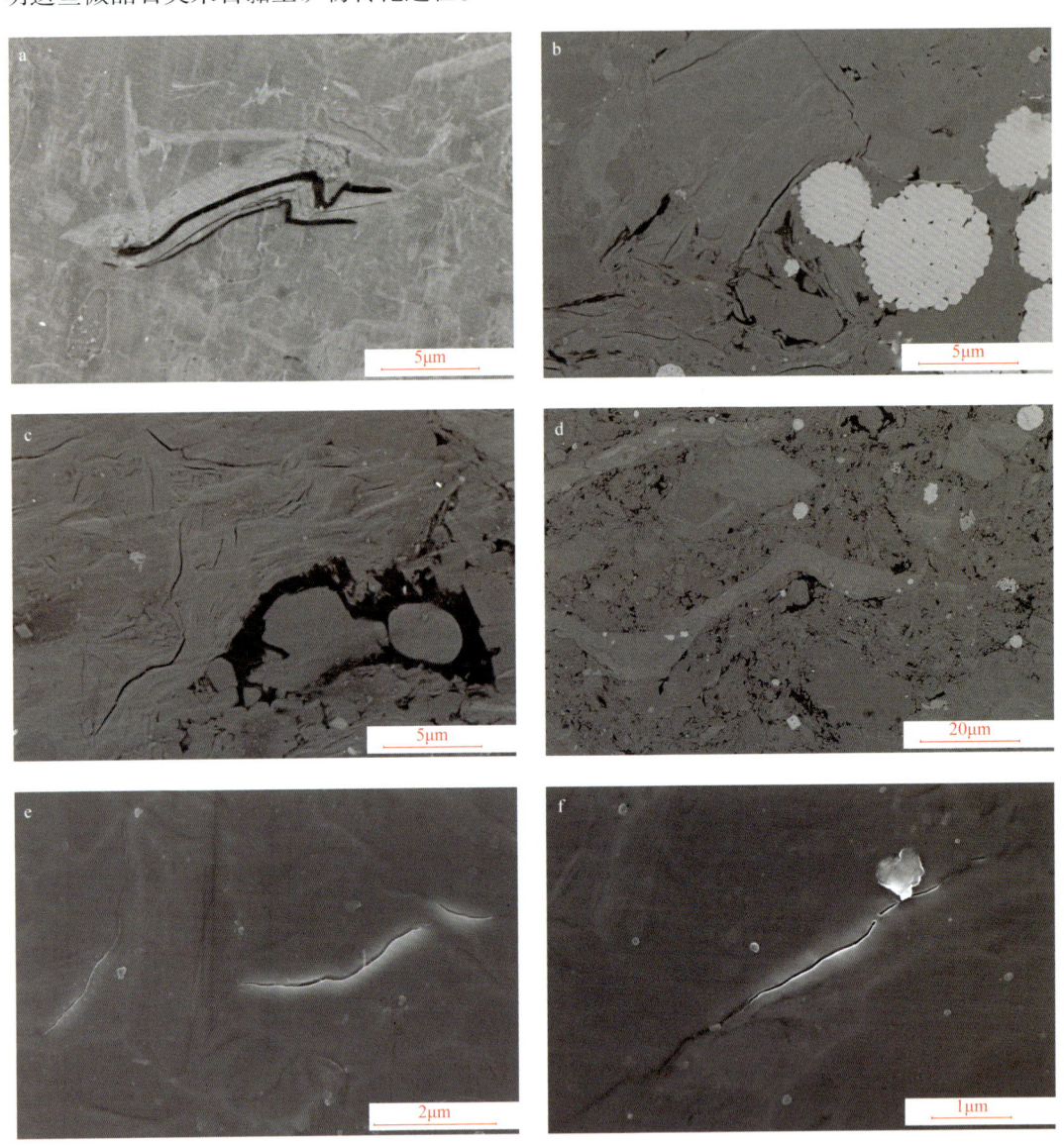

图 5-1-6 典型压实作用场发射扫描电子显微镜图像

a. 有机质及黏土矿物压实，3781.4m，阳 101H3-8 井；b. 碎屑黏土发生弯曲，机械压实作用严重，3784.49m，阳 101H3-8 井；c. 碎屑黏土发生严重弯曲，3810.75m，泸 204 井；d. 碎屑黏土含量高，伊利石发生弯曲，3814.58m，泸 204 井；e. 白云石内部压溶微裂缝，2294.9m，宁 211 井；f. 石英中压溶作用产生的微裂缝，2313.32m，宁 211 井

从阳 101H3-8 井、阳 101H2-7 井、宁 216 井、宁 222 井、宁 233 井及宁西 202 井埋藏深度与页岩物性明显的负相关性可以看出，压实作用同样作为破坏龙马溪组页岩储

层最主要的成岩因素，其中以机械压实作用为主，而高含量碎屑黏土矿物是导致机械压实严重的重要原因。碎屑黏土在受到压实作用后挤进小孔隙及喉道，大幅度堵塞了原生孔喉，尤其对渗透率的破坏性更大（Freiburg et al., 2016）。与此同时，在烃类流体淋滤的过程中，塑性颗粒在压实过程中形成大量细粒自生黏土矿物，从而进一步加剧压实作用对于储层的破坏（Qiao et al., 2020）。富黏土—强压实相平均粒度为 4.24μm，而富碎屑石英弱压实相平均粒度为 7.24μm，可以看出粒度越细的成岩相则更容易受到压实作用影响。

2. 胶结作用

胶结作用使页岩储层储集物性变差，各种自生矿物的胶结和充填作用一方面使页岩储层的储集空间减少，另一方面堵塞喉道而使页岩储层的孔隙连通性变差，导致渗透率降低。川南地区五峰组—龙马溪组页岩储层受到胶结作用改造的程度差异较为明显，其中主要的胶结作用包括石英胶结、碳酸盐矿物胶结、黏土矿物胶结及沸石胶结等。胶结作用是导致龙马溪组页岩储层具有强非均质性的主要原因之一，其中碳酸盐溶蚀相及富黏土—强压实相早成岩期普遍发育方解石胶结、高岭石胶结、伊/蒙混层胶结，随着埋藏温度不断增加，石英加大开始发育；而到中成岩期 A 期，自形较好的伊利石及绿泥石出现，同时随着油气充注，铁方解石及铁白云石开始交代硅酸盐岩矿物。富碎屑石英弱压实相储层胶结程度较弱，早期成岩期以方解石基底式胶结、方沸石胶结及自生黏土矿物包膜为主，中成岩期 A 期蒙皂石多转化为绿泥石及伊利石，同时出现少量铁方解石、浊沸石及铁白云石，此外，自形程度较好的石盐及石膏晶体开始胶结。

1) 黏土矿物胶结作用

龙马溪组页岩自生黏土矿物具有多种形态，比如块状、书页状、蠕虫状的高岭石；蜂窝状、桥状、纤维状伊利石与伊/蒙混层；以及含量较少的孔隙衬里、包膜、玫瑰花状的绿泥石。从黏土矿物总量与孔渗之间的反比关系可以看出自生黏土矿物经常堵塞孔隙从而破坏储层物性（图 5-1-7；Nabawy et al., 2009）。另外，孔隙衬里或桥状黏土矿物可以通过影响孔喉半径和表面积，减小微米级粒间孔隙的大小，并将其变为纳米级自生黏土矿物粒间孔或晶间孔（图 5-1-7；Salem et al., 2005）。

高岭石在五峰组—龙马溪组页岩中较为不发育，而高岭石往往形成于 K^+/H^+ 及 SiO_2 含量相对较低及温暖潮湿的环境中（Bjørlykke et al., 2014）。高岭石的形成常与硅铝酸盐矿物受到大气淡水淋滤后发生溶蚀相关，比如长石、云母及火山岩岩屑溶蚀。温度大于 120℃时，高岭石与钾长石反应生成中成岩期的伊利石（Morad et al., 2010），这种变化主要体现在高岭石与伊利石的含量随深度的增减趋势截然相反，同时伴随着微晶石英的出现。

五峰组—龙马溪组页岩的伊/蒙混层与伊利石含量和物性具有负相关关系，说明伊利石及伊/蒙混层对于储层物性影响较大，而层状、衬里状及桥状伊利石可能会导致渗透率降低几个数量级（Schmitt et al., 2015）。由于蒙皂石在五峰组—龙马溪组页岩中含量非常低，而剩余的蒙皂石仅以伊/蒙混层的形式存在，由此可知在 60~80℃时，蒙皂石一旦接触到钾离子，则开始转化为伊利石（Bjørlykke et al., 2014）。

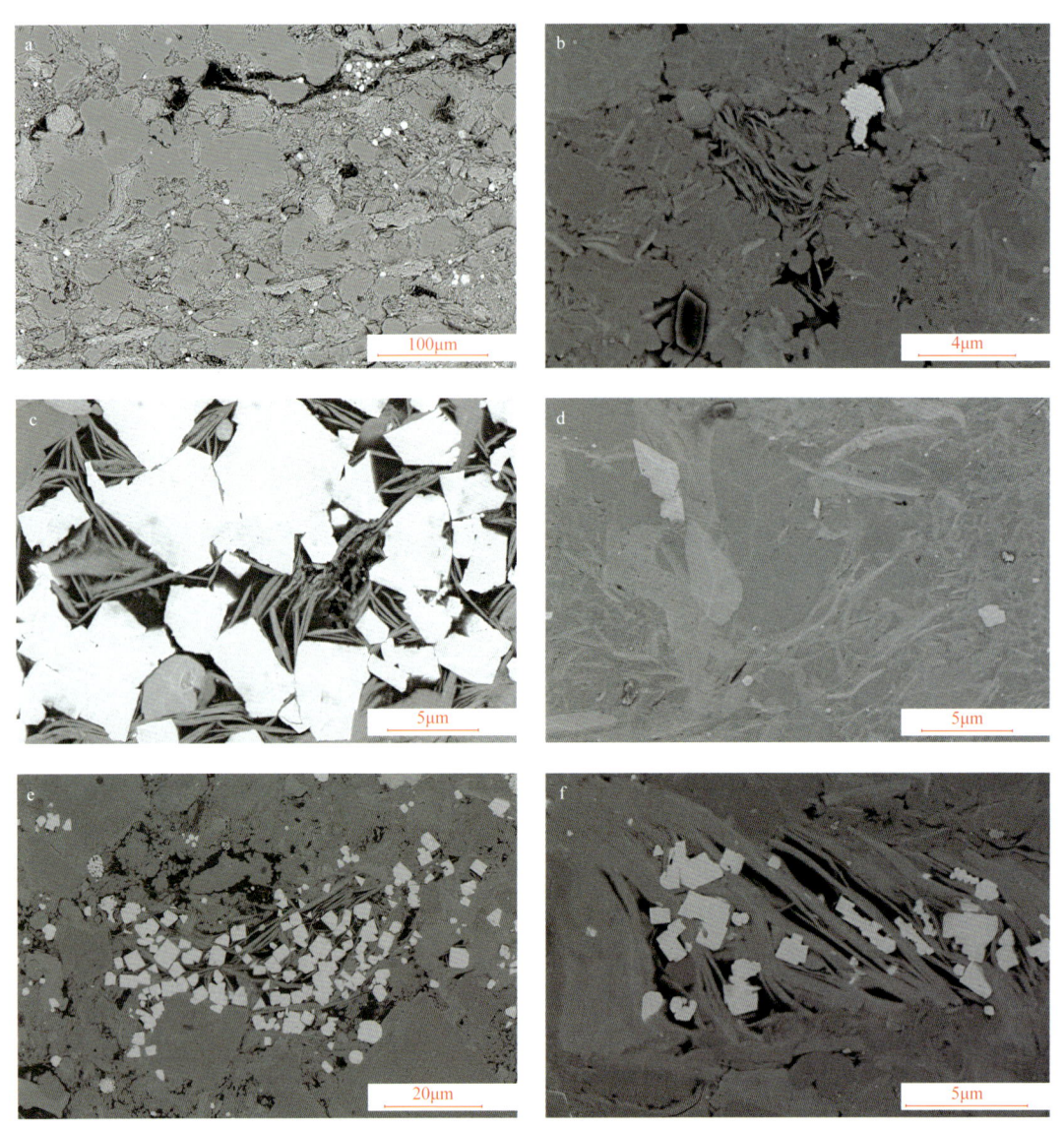

图 5-1-7 场发射扫描电子显微镜下典型自生黏土矿物及碎屑黏土矿物特征

a. 粒间孔被碎屑黏土充填，增加压实强度，2321.4m，宁 211 井；b. 粒间孔中填充伊/蒙混层，2330.35m，宁 211 井；c. 黄铁矿晶间孔填充绿泥石，2339.26m，宁 211 井；d. 碎屑黏土填充粒间孔，受到压实作用影响碎屑黏土发生弯曲，3779.65m，阳 101H3-8 井；e. 伊利石及伊/蒙混层与黄铁矿，4292.51m，宁 222 井；f. 伊利石间分布着黄铁矿，3781.95m，阳 101H3-8 井

伊利石具有桥状、纤维状及片状三种晶型，主要填充在残余粒间孔中。通过伊利石与其他黏土矿物的关系可知（图 5-1-7），伊利石与绿泥石含量呈正比关系，说明伊利石可能来源于蒙皂石转化，此时形成温度较低，普遍发生在 60~80℃，往往低于 90℃，蒙皂石所转化成的伊利石常常呈片状（蒽克来，2016）。如图 5-1-7 所示，大部分伊利石可能来源于高岭石转化，该过程所需的反应温度往往集中于 120~130℃，高岭石所转化成的伊利石往往具有桥状及纤维状形态（蒽克来，2016）。此外，根据高岭石含量与伊利石及伊/蒙混层含量随深度变化趋势完全相反，说明过高岭石转化也是伊利石的重要来源，随着深度和温度不断增加，70℃时高岭石开始转化为伊利石，而 130℃时高岭石伊利石化普

遍发育（Bjørlykke et al.，2014）。因此，龙马溪组页岩储层中伊利石的主要来源为高岭石及蒙皂石转化。

五峰组—龙马溪组页岩中绿泥石主要为包膜状及衬里状两种形态，其中刀片状的绿泥石包膜在页岩储层中发育较为广泛，其成因往往受到沉积环境控制，大多由含铁的先导矿物（如磁绿泥石、钛云母及蒙皂石）转化而来（Morad et al.，2010）。伊利石与绿泥石的含量呈明显的正比关系可以看出，蒙皂石转化也是绿泥石形成的重要来源之一，该反应常伴随着自生伊利石出现（图5-1-7），往往在70~90℃开始转化（Xiao et al.，2018）。岩浆岩岩屑往往具有不稳定的化学性质，从而容易在溶蚀淋滤过程中发生蒙皂石化及绿泥石化（Morad et al.，2010）。通过绿泥石与岩浆岩岩屑的反比关系，可以推测出五峰组—龙马溪组页岩的自生绿泥石可能与岩浆岩岩屑溶蚀有关。在富黏土—强压实相中，高含量碎屑黏土矿物往往挤占了包膜状刀片绿泥石的生长位置，从而致使绿泥石无法生长（图5-1-7）。此外，通过绿泥石含量与孔渗性呈正比关系，从而可以判断出早成岩期刀片状绿泥石包膜是绿泥石中主要的晶体形态，包膜状绿泥石边大大减少了石英的成核位置从而保护原生孔隙（Nabawy et al.，2009；Ozkan et al.，2011），一定程度上增加了岩石抗压强度。

2）碳酸盐胶结物

碳酸盐胶结物可见方解石、白云石和铁白云石，颗粒形态明显，反映其形成期较早，有足够的沉淀空间。方解石以团块状或分散自形晶体充填于粒间孔隙中，同时常常以单颗粒形式赋存于矿物颗粒间和充填放射虫硅质壳腔体。而白云石明显具有两期形成的特征，早期以典型白云石为主，部分可见明显的溶蚀边缘，且内部溶蚀孔较发育，晚期以铁白云石为主，含铁白云石环白云石结构以单颗粒和集合体形式发育于矿物颗粒间，以次生加大边的形式发育在早期白云石颗粒边缘，未见溶蚀现象（汪洋，2022）。

大多数白云石发育两期，第一期方解石具有贫铁的特征，该期白云石往往具有清晰的腐蚀轮廓和大量溶蚀孔，阴极发光实验显示该阶段白云石发光较为微弱。白云石加大环边往往具有富铁的特点，形态主要呈菱形，无溶蚀迹象，偶见生长环带，在阴极发光观察下基本不发光（Morad et al.，1990；Mozley，1996；Selles-Martinez，1996；Raiswell et al.，2000）。自生白云岩通常形成于早成岩A期，胶结位置往往靠近沉积物—海水基础界面，在富有机质页岩中十分常见。白云石在五峰组—龙马溪组页岩中主要以菱面体晶体为特征，表现环带结构，这表明它们直接从孔隙流体中沉淀。白云石为水—沉积物界面硫酸菌生理活动的产物，含铁白云石为泥质沉积物埋藏初期甲烷菌新陈代谢的衍生物（周晓峰等，2022）。自生白云岩多赋存于细菌改造的富有机质深水沉积物中，包括硫酸盐还原带和下伏产甲烷带。有学者发现，较高的硫酸盐浓度会抑制白云石的形成，而低硫酸盐浓度的孔隙水可能促进微生物还原作用，为白云石沉淀创造适宜的环境。尽管孔隙水中硫酸盐含量对白云石胶结过程的影响存在争议，但五峰组—龙马溪组页岩中大部分铁白云石形成过程可能与甲烷带相关。富铁碳酸盐胶结是典型的无硫化物区代表矿物，铁元素可以从碎屑物质中释放到孔隙水中，特别是由于黏土矿物的转化及铁（氢）氧化物的溶解。此外，硫酸盐还原带中的铁元素容易进入硫化物而不是白云石。铁白云石更有可能在产甲烷或更深的成岩带中形成（周晓峰等，2022）。因此，贫铁白云石可能在硫酸盐还原带中沉射虫、海绵骨针腔体内多被微晶石英取代，放射虫、海绵骨针腔体充填的微石英占整个腔体面孔率的30%～40%，也表明其形成时间在大规模机械压实之前；（3）与有机质伴生的微晶石英（包括密西西比亚纪巴尼特页岩、四川盆地焦石坝地区的龙马溪组沉积期页岩、宾夕法尼亚亚纪晚期的渐变群页岩、伊利诺伊盆地的晚泥盆世新奥尔巴尼页岩和晚白垩世Eagle Ford页岩）均为生物成因（Milliken et al., 2016）；（4）本次样品中，没有发现典型的碎屑石英压溶现象及溶蚀现象，说明碎屑石英的压溶作用并不是自生石英沉淀的来源，此外宁233井中部分样品Rb/K$_2$O比值与PASS相近，没有显示出火山物质的贡献。综合以上证据，说明自生微晶石英的主要来源是硅质生物。

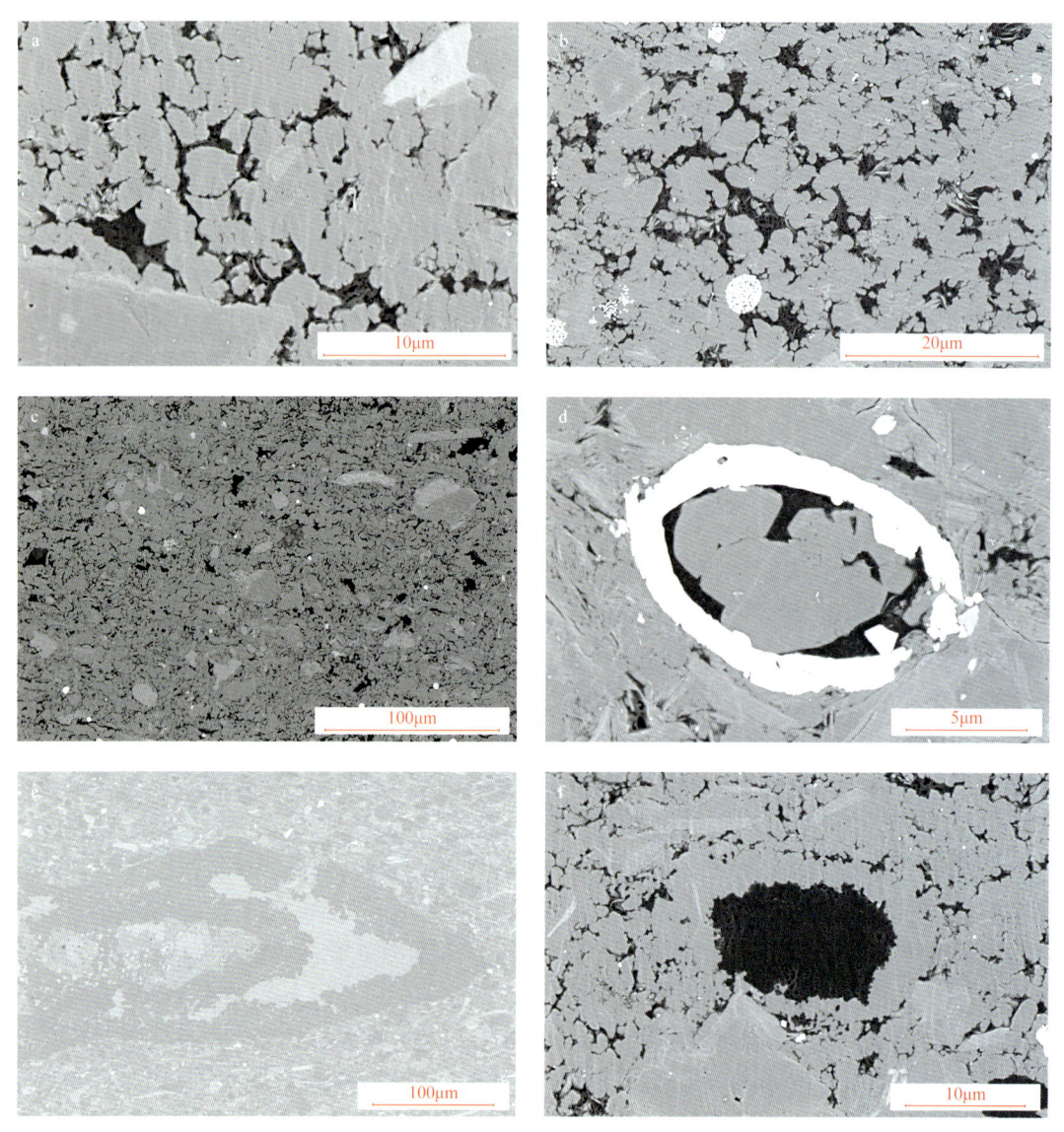

图5-1-9 场发射扫描电子显微镜下典型石英胶结矿物特征

a. 生物成因的微晶石英填充粒间孔，3833.28m，泸204井；b. 生物成因的微晶石英填充粒间孔，其中溶蚀孔较为发育，方解石至少发育两期，3849.55m，泸204井；c. 生物成因的微晶石英填充粒间孔，3835.91m，泸204井；d. 放射虫腔体内充满生物成因石英，3778.46m，阳101H3-8井；e. 放射虫壳体被方解石还有硅质交代，3779.65m，阳101H3-8井；f. 放射虫壳体被生物石英充填，内部充填沥青，3786.03m，阳101H3-8井除了生物成因的微晶石英以外，黏土转化及溶蚀相关的自生石英胶结多出现在2.5km以下并且温度大于70℃的埋藏环境中（Salem et al.，2005），大部分学者认为石英胶结出现在特定的温度，并且随着温度的增加，石英加大的速率变快（Taylor et al.，2010；Bjørlykke，2014）。除了温度及压力外，成核位置也决定着石英胶结的含量，沉积过程中碎屑黏土含量过多及早成岩期方解石严重胶结都可能挤占微晶石英的成核位置（图5-1-9），从而导致石英胶结含量降低。此外，硅离子可能来自黏土矿物伊利石化，因此石英胶结多与伊/蒙混层伴生（图5-1-9）。蒙皂石转化为伊利石的过程同样会释放自生石英（图5-1-9），电子探针数据显示石英次生加大中铝离子及铁离子含量较高，同样证明了蒙皂石转化为伊利石的过程中形成提供了一定量的石英胶结（图5-1-9）。此外，石英压溶作用也为自生石英核提供了大量的硅离子（图5-1-9；Salem et al.，2005）。同时，斜长石溶蚀过程中会形成伊利石及微晶石英，通过电子探针同样发现了钠离子含量较高的微晶石英。

目前石英胶结对于储层物性条件的影响存在争议，大部分学者认为石英胶结是导致储层原始孔隙损失的主要原因（Dutton et al.，2010），而在五峰组—龙马溪组页岩中，微晶石英含量与孔隙度呈正相关关系，说明微晶石英一定程度上增加了岩石抗压强度，保护了原生孔隙。

4）沸石胶结作用

五峰组—龙马溪组沉积物埋藏后首先经历的是碱性成岩环境，而沸石类胶结物在碱性成岩环境中易于生成（Zhu et al.，2020）。五峰组—龙马溪组页岩中沸石类型主要为方沸石和浊沸石，其中方沸石含量更高，此外发育少量丝光沸石及斜发沸石。其中方沸石主要为基底式无定形胶结及填隙式胶结，属于沉积型方沸石（Zhu et al.，2020）；其中具有较好的四角三八面体形态的方沸石常富集于岩浆岩岩屑及长石附近。同时，火山岩屑与方沸石呈反比可推测出早成岩期形成的方沸石可能与五峰组—龙马溪组沉积时期同沉积火山活动相关。大量火山碎屑物及凝灰岩（尤其是火山玻璃）溶蚀或分解后，成岩环境往往呈碱性，而碱性成岩环境最有利于方沸石的形成（Zhu et al.，2020）。早成岩期火山碎屑物的溶蚀产物可以作为沸石先导矿物来源，如丝光沸石、斜发沸石及高岭石（Bjørlykke et al.，1997），这些先导矿物往往会在20～120℃以上的埋藏温度中转化为方沸石（Schmitt et al.，2015）。五峰组—龙马溪组中方沸石Si/Al比值为2.32～2.48，Na含量相对较高，基本上不含K。这证实了基底式胶结的方沸石可能生成于早成岩期，其成因主要与长英质火山玻璃相关，这种方沸石往往具有一定的热稳定性（Zhu et al.，2020）。

进入中成岩期后，成岩环境又变为碱性，此时二氧化硅溶解度降低，钠长石及高岭石化学稳定性降低，从而为方沸石提供钠离子、硅离子及铝离子（Zhu et al.，2020）：

$$Na^+ + Al(OH)_4^- + 2HSiO_3^- \longrightarrow NaAlSi_2O_6 + 2OH^- + H_2O \qquad (5\text{-}1\text{-}1)$$

与此同时，方沸石常常与微晶石英共生，且方沸石含量与石英加大呈较好的正比关系。当无定形的二氧化硅饱和度降低至石英饱和度的过程中，方沸石的稳定区域在不断增加，因此硅离子的活动性对方沸石的稳定存在一定控制作用（Zhu et al.，2020）。此外，通过沸石含量与伊利石含量呈正比可推断出蒙皂石在中成岩期发生伊利石化的过程中同样会释放钠离子及硅离子，从而有利于方沸石的进一步形成。随着埋藏深度的增加，方沸石开始向浊沸石转化，此时成岩环境主要为富钙、富钠的碱性环境，温度在90～120℃之间（Boles，1971；Moncure et al.，1981）。

5）黄铁矿胶结作用

五峰组—龙马溪组页岩发育多种类型的黄铁矿，包括草莓状黄铁矿（微米级黄铁矿晶体的球形聚集体）、自形单晶和它形单晶。不同的草莓状形貌和尺寸分布反映了不同的形成条件（Rickard，1997）。草莓状黄铁矿集合体直径变化范围较大（1～25μm），平均为4～6μm。此外，黄铁矿交代放射虫和海绵骨针，使部分微体古生物转变成黄铁矿化的矿物假象，阳101H3-8井部分样品含有被方解石和黄铁矿充填的水平裂缝。

3. 溶蚀作用

物理性质稳定而化学性质不稳定的骨架矿物颗粒（长石及岩屑）经常受到大气水、无机酸和有机酸的影响（Morad et al.，2010）。其中大气水主要作用于浅层地表或者不整合界面，而埋藏较深的页岩经常受到来自干酪根热演化及裂解过程中的富二氧化碳流体或有机酸流体影响（Islam，2005）。Islam（2005）猜测页岩溶蚀过程与热液流体和干酪根脱羧反应产生羧酸和酚酸有关，这些反应基本发生在80～120℃温度范围内。溶蚀作用是导致孔隙增加的主要成岩作用，溶蚀孔主要发育于方解石、白云石及长石中，很少发育在石英中，溶蚀孔孔隙半径在2～50μm之间。五峰组—龙马溪组溶蚀孔主要发育在基底式方解石胶结中，同时块状方解石中也有少部分溶蚀孔发育（图5-1-10）。长石溶蚀主要发生在钠长石中，在钾长石中没有观察到明显的溶蚀作用。钠长石的选择性溶蚀作用主要沿解理面或颗粒边缘出现，同时沿方解石颗粒边缘发生一定程度的溶蚀改造作用（图5-1-10）。根据矿物能量原理，相同条件下，分解钾长石所需要的能量高于钠长石，因此钠长石较钾长石优先分解，镜下观察钠长石的溶蚀程度也要强于钾长石（汪洋，2022）。白云石和石英的溶蚀孔主要为椭圆形至圆形，然而在块状铁白云石中没有观察到溶蚀孔出现（图5-1-10）。通常与长石和方解石相关的溶蚀孔常常被迁移有机质填充，而白云石和石英中的溶蚀孔中常常不被有机质充填（图5-1-10）。这表明不同矿物溶蚀时间并不相同，长石和方解石发生溶蚀的时间往往早于大规模沥青生成，其次石英和白云石发生溶蚀。而关于石英溶蚀的机理存在争议，多认为其更易形成于碱性环境，认为其更易形成于中成岩阶段A期—中成岩阶段B期。另外，镜下观察发现长石和方解石溶蚀孔多被次生有机质充填，而石英溶蚀孔大多未被充填，表明石英溶蚀形成较晚（汪洋，2022）。

三、有机质热演化过程

川南地区五峰组—龙马溪组页岩成熟度普遍为成熟—过成熟程度，导致伊利石的生成。伊/蒙混合层中蒙皂石含量低于10%，表明五峰组—龙马溪组页岩普遍达到了中—晚成岩阶段（蒉克来，2016）。固体沥青是大多数热成熟页岩储层主要的有机组分（Hackley et al.，2016）。通过确定有机质与自生矿物的共生顺序，可以区分原始沉积有机质（固体干酪根）与迁移有机质（固体沥青或焦沥青；Loucks et al.，2014）。迁移有机质存在于矿物颗粒或化石间的孔隙中，黄铁矿草莓状的晶间孔隙和微裂隙胶结作用在迁移有机质充填后开始。在埋藏过程中原始沉积有机质与碎屑矿物颗粒直接接触，没有可供后期矿物胶结的空间。在沉积结束后，干酪根间的孔隙很少被生物活动改变，因此后期迁移的有机质可能以沥青或者石油的形式进入颗粒内孔隙，根据场发射扫描电子显微镜观察发现，五峰组和龙马溪组的有机质类型主要为迁移来的有机质。成熟—过成熟页岩同时生成了大量迁移有机质，主要包括固体沥青或焦沥青，主要填充于粒间孔，而粒内孔却很少有有机质充填，这种有机物基本上都是无形状的，与其填充的孔隙的形状一样（图5-1-11）。固体沥青及焦沥青通常与自生矿物有关，其中包括石英、黄铁矿和伊利石（图5-1-11）。值得注意的是，固体沥青或焦沥青中含有大量孔隙（图5-1-11）。

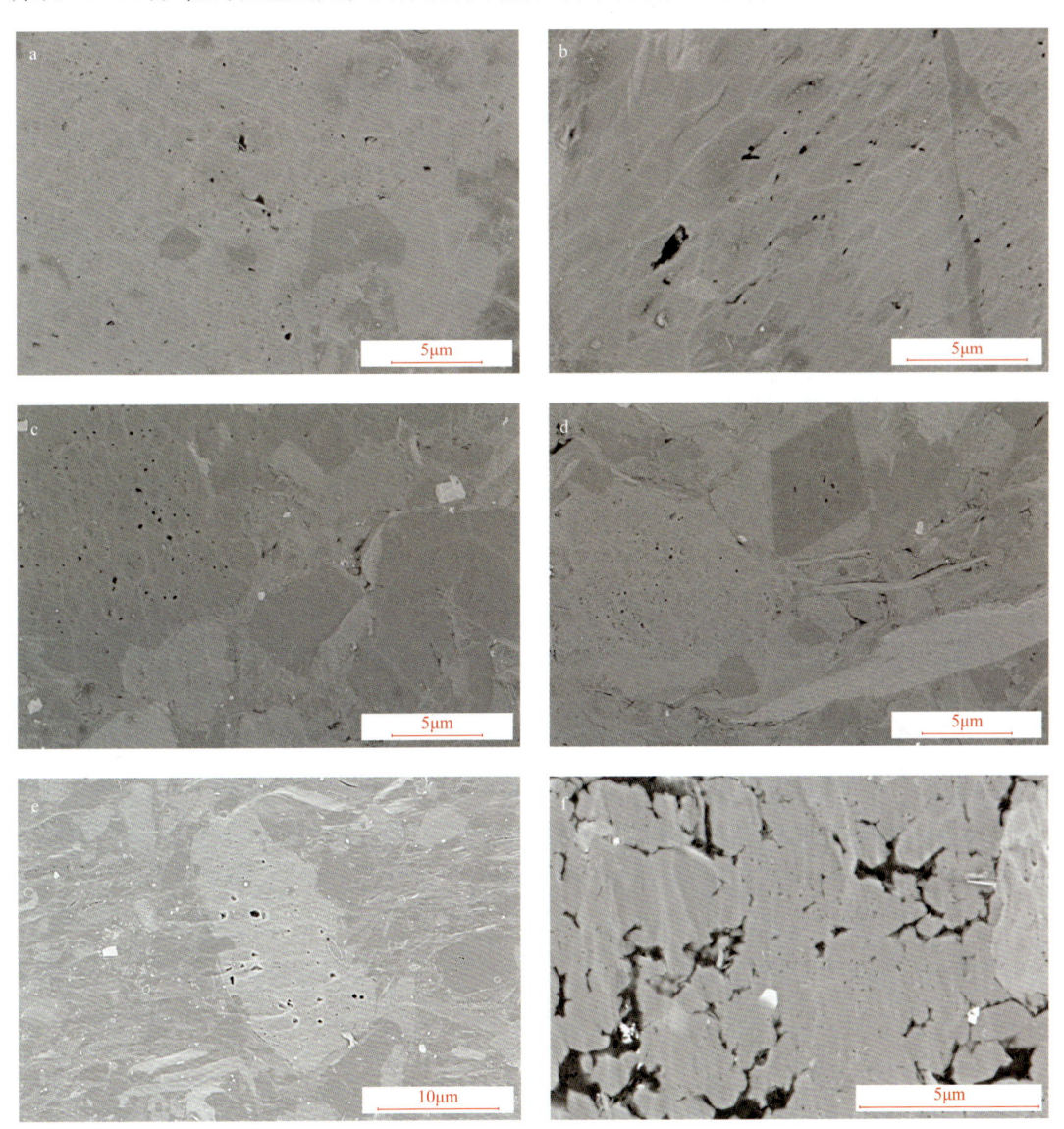

图5-1-10　场发射扫描电子显微镜下溶蚀作用发育特征

a、b.溶蚀孔发育于基底式胶结方解石中，3763.22m，阳101H3-8井；c、d.溶蚀孔发育于圆盘状方解石中，第一期白云石同样发育少量粒内孔，3784.22m，阳101H3-8井；e.块状方解石中发育溶蚀粒内孔，3784.25m，阳101H3-8井；f.生物成因微晶石英上偶尔发育纳米级粒内孔，3783.71m，阳101H3-8井

有机质热演化过程是五峰组—龙马溪组页岩储层成岩过程的内在驱动力之一。首先，随着固体干酪根及沥青生烃，同时释放有机酸，脱羧作用同样可以释放CO_2形成碳酸，二者均可使孔隙水成为弱酸性介质并导致其他骨架矿物溶解。K^+、Al^{3+}和Mg^{2+}在消

耗 H⁺ 后释放，将流体环境转化为碱性环境，进一步促进了石英的溶解（Nabawy et al., 2016；Schmitt et al., 2015）。Xu 通过热模拟实验回收每个阶段的热解产物，并进行持续孔隙结构及矿物成分分析，发现了介孔和宏孔对孔体积的贡献最大，而微孔和介孔提供了孔隙比表面积的大部分。在热模拟温度增加的过程中，纳米级微孔的孔隙体积在 300℃时达到最大，随后纳米级微孔孔隙体积逐渐降低，纳米级微孔的孔隙表面积在 300℃时达到最低然后持续增加，而宏孔比表面积在 500℃时达到最大值后下降（Bjørlykke et al., 2014）。

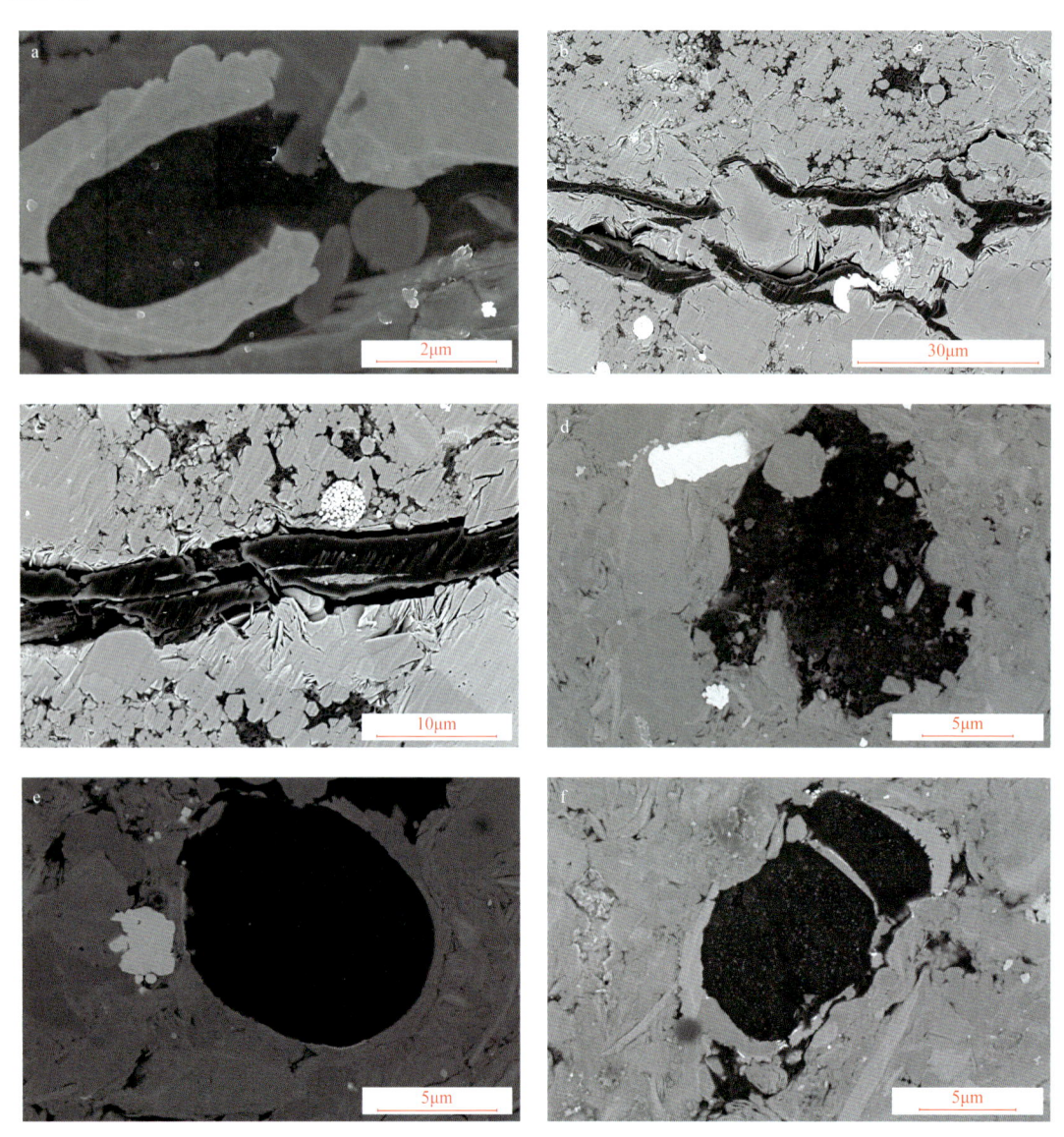

图 5-1-11　场发射扫描电子显微镜下不同类型有机质特征
a. 放射虫中包裹固体沥青，4277.11m，宁 222 井；b、c. 笔石碎片组成的固体干酪根，4278.01m，宁 222 井；d. 充填于残余粒间孔的不定形焦沥青，4303.16m，宁 222 井；e. 球状焦沥青，3160.99m，宁 233 井；f. 球状焦沥青，3162.09m，宁 233 井

第二节　成岩演化序列恢复及孔隙演化过程

页岩作为烃源岩和储层，经历了无机成岩作用和有机成岩作用的共同改造，成岩作用主要包括压实、胶结、黏土矿物转化、溶蚀和有机质生烃演化等作用。五峰组—龙马溪组页岩经历了漫长而复杂的成岩演化，已处于晚成岩阶段。结合热成熟度演化、FE—SEM 和 XRD 分析结果，恢复了五峰组—龙马溪组页岩有机质热演化过程、溶蚀过程、黏土矿物转化、生烃过程、压实过程及胶结过程，明确了四种成岩相的孔隙演化规律。

一、有机—无机协同成岩演化序列恢复

五峰组—龙马溪组页岩 R_o 分布在 2.2%～4.0% 之间，典型井埋藏史可见五峰组—龙马溪组埋藏地层温度最高可大于 200℃。综上，五峰组—龙马溪组页岩储层目前多处于中成岩 B 期—晚成岩阶段。以宁西 202 井为例，本次研究恢复了川南地区五峰组—龙马溪组页岩储层的成岩过程及孔隙演化。

准同生成岩阶段，五峰组—龙马溪组页岩形成于相对深水的陆棚环境，沉积物沉积后尚未完全脱离上覆水体，此时沉积物疏松，原生孔隙发育，沉积物孔隙度可达 20%～40%；黄铁矿在缺氧的沉积水体内或沉积水体界面等富硫环境中即可形成，草莓状黄铁矿可以在缺氧和硫化水体中形成，也可以在富含硫酸盐的海洋孔隙水沉积物的氧化还原界面中形成。因此，草莓状黄铁矿很可能是五峰组和龙马溪组页岩中的最早期形成的自生矿物。

当孔隙水中黄铁矿和铁元素过饱和时，草莓状黄铁矿集合体及自形黄铁矿相继析出。总体而言，草莓状黄铁矿及微米级自形黄铁矿都是在准同生成岩期—早期成岩过程中形成的。此时交代现象普遍，微生物白云石开始形成，少量蛋白石-A 溶解再沉淀形成蛋白石-CT，再溶解沉淀结晶形成生物石英。同时方解石胶结物多见自形晶体，多以孔隙式—基底式的产出形式分布在粒间孔隙中，表明其是在强烈压实作用之前直接在孔隙空间内沉淀形成的。

早成岩阶段 A 期，古地温小于 65℃，有机质未成熟，R_o 小于 0.35%，有机孔很少，黏土矿物的溶蚀及转化较为微弱，成岩改造程度很低（Taylor et al., 2010）。富有机质沉积物经过厌氧微生物分解后，孔隙水中含有较高浓度的碳酸氢根离子、铁及硫化物，草莓状黄铁矿和方解石胶结物通常认为与细菌硫酸盐还原有关。五峰组和龙马溪组页岩中的方解石胶结物通常呈无定形状、基底式胶结状，这表明早成岩期方解石胶结直接受碎屑矿物控制，在粒间孔中发生沉淀，同时贫铁块状白云石开始出现。贫铁白云石胶结物也多见自形晶体，以孔隙式或基底式占据孔隙空间，表明白云石形成时间也较早，推测是直接从孔隙水中沉淀形成，而并非是由方解石转化形成。另外，在硫酸盐还原环境中，铁离子多与硫离子结合形成黄铁矿，认为富铁白云石形成于无硫的环境，因此，认为白云石形成期可能与黄铁矿同期，而富铁白云石形成期晚于黄铁矿和白云石形成。高岭石可能与大气降水及碎屑富铝硅酸盐相互作用有关，提供了孔隙水中可利用的 Al 和 Si。此外，有机质通过硫酸盐还原作用、产甲烷作用及埋藏后的热化学作用降解，在孔隙水中形成有机

酸，因此五峰组—龙马溪组页岩放射虫腔体中发生高岭石充填表明硅酸盐的溶蚀发生在显著压实之前的早成岩阶段 A 期，碎屑富铝硅酸盐的溶蚀作用可能是自生高岭石形成的原因。与此同时，泥质沉积物在机械压实作用下快速脱出大量孔隙水，生物成因石英开始形成。五峰组—龙马溪组页岩中自生石英的来源与密西西比 Barnett 页岩相似。这种溶解—重结晶机制解释了原位的硅质颗粒或再析出的 SiO_2 以微晶石英和不规则微晶聚集体的形式充填于孔隙中。温度、时间和矿物组分是影响 SiO_2 成岩速率的重要因素。黏土矿物和有机质会延缓蛋白石-A 向蛋白石-CT 的转化，而碳酸盐矿物会提高蛋白石-CT 和石英形成的速率。根据中新统蒙特雷组的同位素证据指出，生物微晶石英的再次沉淀温度为 17~21℃ 的低温环境之中，而大量生物微晶石英发育对应温度为 30~70℃，属于低温成岩过程，反映其形成时间较早。关于有机质的转化，在早成岩阶段，即有机质未成熟阶段（R_o<0.5%），有机质在生物化学作用下形成干酪根、CH_4 和少量未熟油，沥青会运移到相邻的粒间和粒内孔隙中。

早成岩阶段 B 期，古地温范围为 65~85℃，R_o 介于 0.35%~0.5%，蒙皂石开始向伊/蒙混层转化，并形成镶嵌在黏土基质中的石英。晚期有机酸开始形成，流体碱性降低，长石、碳酸盐等矿物少量溶蚀，形成部分溶蚀孔隙。此时原生孔隙大部分被破坏，黏土矿物坍塌并发生压实，留下一些原生孔隙（矿物的刚性粒间孔隙）和黏土矿物粒间孔（图 5-2-1）。在这种中性—碱性流体环境中，大部分蒙皂石已转化为伊利石或绿泥石。蒙皂石向混合层伊/蒙混层和伊利石的转化的环境为温度为 60~100℃ 的递进埋藏过程中。蒙皂石的伊利石化需要钾的来源，可能来自长石的蚀变，该蚀变过程可能是黏土基质中自生微石英晶体胶结的来源，部分学者提出蒙皂石转化为伊利石的温度区间对应于生油峰，此时属于生油的高峰期（王濡岳等，2021）。同时，伊利石化往往发生于富钾环境，一方面早成岩期五峰组—龙马溪组页岩多处于开放或半开放的海相环境，其孔隙流体中具有一定浓度的钾离子，另一方面部分来自钾长石的溶蚀。有机质演化的第一阶段是通过化学反应和微生物作用分解为干酪根、气体和少量沥青，该过程发生在埋深几百米范围内。当埋深达到油窗（R_o~0.5%）时，随着温度和压力的升高，干酪根会裂解生油。

中成岩阶段 A 期，古地温范围为 85~140℃，R_o 介于 0.6%~1.0%，成岩作用主要包括溶蚀作用、黏土矿物转化及有机质进入"生油窗"，干酪根热降解形成原油，原油同样会发生短距离的运移而占据相邻的粒间和粒内孔隙，随着温度升高，大量伊/蒙混层转化为伊利石。生油过程导致局部介质环境发生变化，不稳定矿物的受溶蚀作用改造过程显著增强。有机酸从干酪根中大量释放，导致长石等不稳定矿物大量溶蚀/蚀变，次生孔隙发育，改善了页岩储层的物性，利于生油期液态烃的滞留。

中成岩阶段 B 期，古地温范围为 140~175℃，R_o 介于 1.0%~2.0%，有机质进入高成熟阶段，由于温度升高，残余干酪根和液态烃裂解为湿气。受压实、胶结作用影响，页岩储层已基本具有低孔隙度、低渗透率特征，有机质进入凝析油和湿气阶段，有机孔开始生成。大量生成 I/S 并转化为伊利石，黏土矿物主要为层状，利于有机—黏土复合体及有机质复合孔隙体系的形成。残余粒间孔被压实和胶结作用破坏，有机质热演化过程产生大量纳米级有机孔，同时排出的酸性流体促进溶解孔隙的形成。此时，中孔及微孔孔体积增加，孔

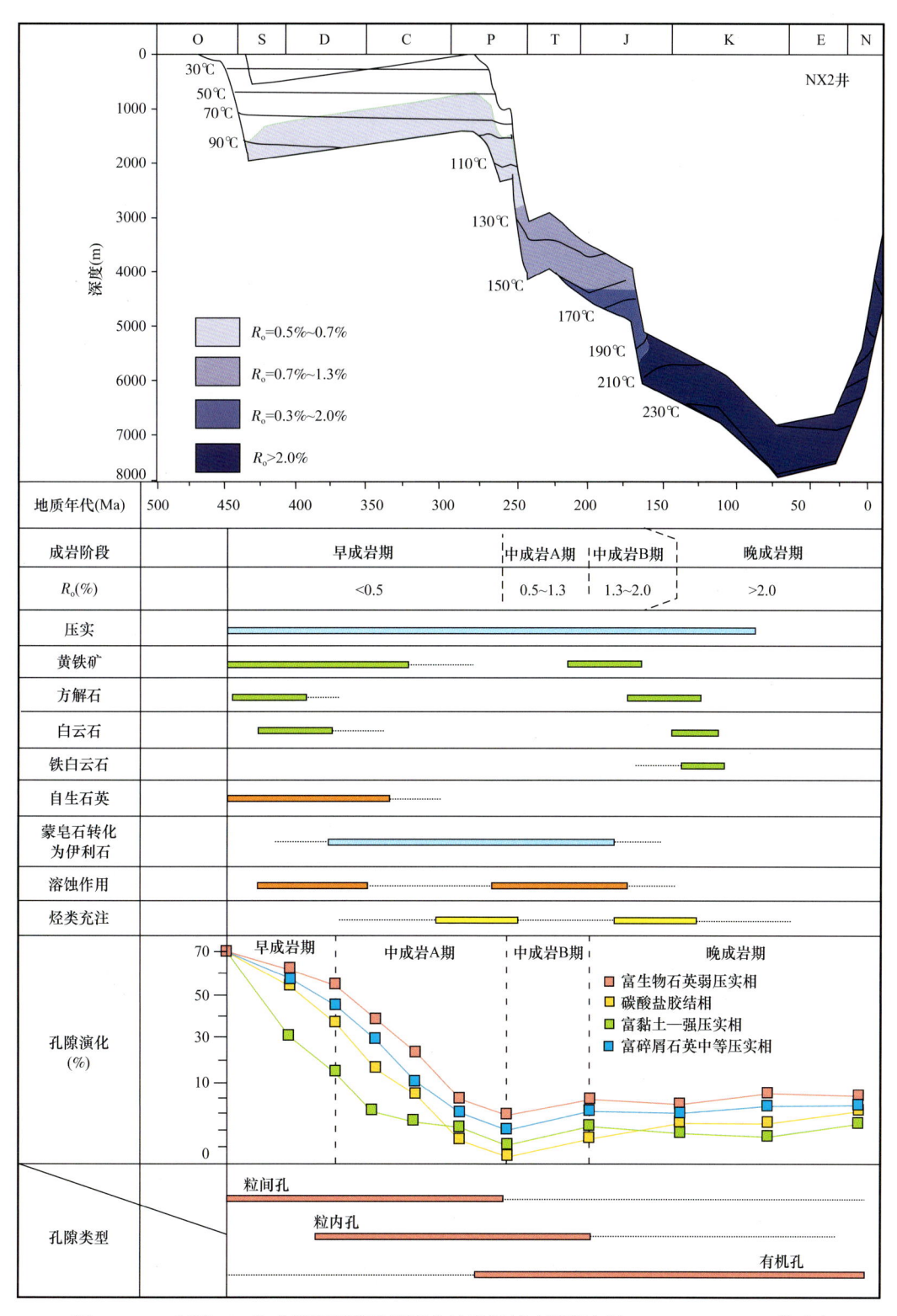

图 5-2-1 宁西 202 井成岩序列及孔隙演化过程恢复（埋藏史据 Wu et al., 2022，修改）

隙连接程度得到调整，形成了具有更大孔径的次生孔隙（Morad et al.，2010）。此时，成岩作用强度在该阶段达到峰值，重结晶现象频繁出现（图5-2-1）。生成的油从干酪根运移到相邻的粒内孔及粒间孔中。随着埋深的进一步增加，温度和压力达到生气窗（R_o约1.3%），干酪根降解和原油裂解形成湿气，而残留沥青则会转化为固体沥青和焦沥青。

晚成岩阶段，古地温大于175℃，R_o大于2.0%，有机质处于过成熟干气阶段，此时成岩作用主要涉及有机质的热成熟度演化和压实作用。对于R_o处于2.0%左右的埋深或更大的埋深，过成熟干酪根的降解导致晚期干气及焦沥青的形成，已形成的液态烃和气态烃会裂解形成干气。此时有机质普遍以孔隙固体沥青的形式赋存，大部分有机质是石油二次裂解的产物（Taylor et al.，2010；Ehrenberg et al.，2009）。有机质形成内部孔隙和边缘收缩孔隙（汪洋，2022）。此时伊/蒙混层中，伊利石以丝状和絮状形式的伊利石为主，并产生大量圆形方解石（图5-2-1、图5-1-8）。随着酸性流体减少，溶解作用大幅减弱，胶结作用减少了溶蚀孔。在生烃结束时，在高温和高压条件下，化学压实作用进一步导致颗粒中的孔隙闭合，有机孔开始发生收缩。

五峰组—龙马溪组页岩的主要成岩事件和埋藏史如图5-2-1所示。早成岩阶段以黄铁矿、碳酸盐矿物和高岭石的压实和胶结为标志。自生石英胶结、有机质热降解、黏土矿物转化和碳酸盐矿物溶蚀在中成岩期广泛发育，而干酪根的二次裂解是晚成岩阶段的标志性事件。

二、不同岩相的孔隙演化过程分析

成岩作用对于泥页岩同样重要，但由于颗粒及颗粒间的胶结物粒径较小，多属于黏土级，较难观察和定量。目前关于页岩储层成岩作用对孔隙影响的定量化表征尚属空白。本次研究尝试通过改进常规砂岩储层成岩作用对孔隙影响的定量表征方法，明确页岩储层中不同成岩作用类型的增孔、减孔效应，探讨不同岩相页岩孔隙度演化的差异性。

对于五峰组—龙马溪组页岩储层孔隙演化过程来说，四种成岩相在沉积时期页岩原始孔隙度相似（68%～82%），压实作用是造成四类成岩相孔隙度降低的主要原因，尤其是机械压实，直接将页岩原始孔隙度降低至35%～43%。进入埋藏阶段，准同生至早成岩期，页岩孔隙主要类型为原生粒间孔，主要发育于脆性矿物颗粒之间，随着胶结作用及溶蚀作用开始，孔隙类型逐渐转变为以黏土矿物粒间孔及粒内孔为主。在进入中成岩期后，有机质达到生油窗，有机孔孔体积占比逐渐增加，相对应的液态烃在运移过程中逐渐堵塞了粒间孔及粒内孔。

本次研究依据QEMSACN图像及汪洋所提出的方法，恢复了成岩过程中孔隙演化过程。根据汪洋的孔隙演化恢复方法，需要明确以下两点：（1）胶结物类型及相对应的面孔率；（2）不同类型孔隙所对应的面孔率。根据扫描电子显微镜及QEMSCAN分析，已明确胶结作用主要分为石英胶结、方解石胶结、白云石胶结、黄铁矿胶结及有机质胶结，其中有机质主要为沥青，占总有机质面孔率的87%，有机孔主要发育于沥青中，其余胶结矿物含量在四类成岩相具有明显差异。

基于以上分析，研究计算了四种成岩相的孔隙演化，并明确了四种成岩相孔隙演化过程差异（图5-2-2）。富黏土—强压实相受到压实作用减孔率最大（84%），富生物石英弱压实相（25%）最小，其次为富碎屑石英中等压实相（38%）及碳酸盐胶结相（42%）。自生石英及斑块状方解石、白云石堵塞孔隙后，四类成岩相孔隙度均大幅度降低，均小于1%，孔隙度缩减幅度顺序为富生物石英弱压实相（71%）＞碳酸盐胶结相（41%）＞富碎屑石英中等压实相（22%）＞富黏土—强压实相（8%）。早成岩期溶蚀增加孔隙及中成岩期有机质增压排烃过程中，页岩孔隙体积小幅度增加，其中富生物石英弱压实相、富碎屑石英中等压实相、碳酸盐胶结相溶蚀增孔和生烃增加较富黏土—强压实相明显。因此，富生物石英弱压实相以胶结作用减孔为主，碳酸盐胶结相及富碎屑石英中等压实相的胶结减孔和压实减孔程度基本相等，而富黏土—强压实相整体以压实作用减孔为主。此外，五峰组—龙马溪组页岩中有机孔孔隙体积占比最大，早成岩期机械压实作用造成原始孔隙度迅速降低，中成岩期早期无机矿物及无机孔隙分布基本定型，同时无机矿物孔隙决定了沥青的分布规律，中成岩晚期和晚成岩期成岩作用基本停止，生烃作用下海绵状有机孔进一步发育和调整（汪洋，2022）。

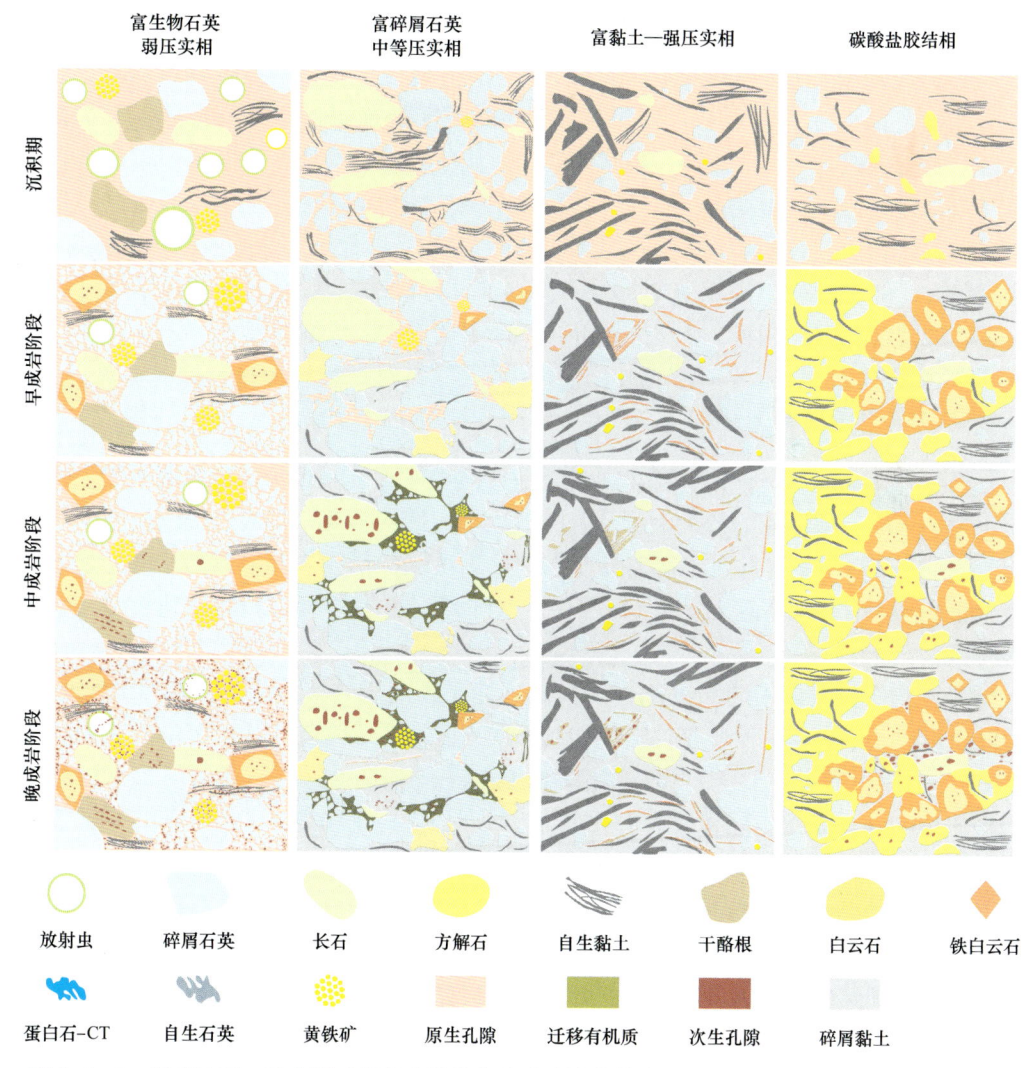

图 5-2-2 川南地区 4 种典型成岩相成岩演化及孔隙演化模式图（成岩过程据 Wang et al.，2022）

— 141 —

第三节　成岩过程对于页岩储层条件的控制作用

一、破坏型成岩作用

五峰组—龙马溪组页岩破坏型成岩作用主要分为压实作用及胶结作用，其中成岩作用早期的机械压实作用和化学压实作用是导致页岩原生孔隙减少的主导因素。以富黏土—强压实相为例，该成岩相中伊利石、伊/蒙混层和绿泥石等黏土矿物含量较高，少量为自生黏土矿物。目前认为大多数陆源碎屑黏土存在于页岩沉积过程中，它们在控制成岩演化中起主要作用。黏土矿物力学性质不稳定，易发生压实变形，导致早成岩阶段富黏土—强压实相受压实作用强烈改造。蒙皂石化学性质不稳定，随温度升高向伊/蒙混层及伊利石转化，与埋藏有关，是中成岩期的主要成岩事件。

胶结作用的发生充填于微孔隙和微裂缝中，使得原生孔隙进一步减少；成岩后期发生于碳酸盐矿物的交代作用和重结晶作用，不但使得黏土矿物中的孔隙减少，而且会造成喉道的堵塞，偶见于有机孔中，对页岩储层的孔隙度具有抑制作用，同时会压缩储层空间。自生矿物（如自生黏土矿物、块状方解石、块状白云石等矿物）多数充填在粒间孔或溶解孔中，导致孔隙空间收缩。此外，在孔喉中生长的自生矿物堵塞了渗透通道。自生矿物以多种方式形成，包括矿物转化过程释放的化学沉淀进行重结晶和胶结（Morad et al., 2010; Xiao et al., 2018; Lai et al., 2018; Qiao et al., 2020）。胶结过程及重结晶过程形成的自生矿物常常发生于中期、晚期成岩阶段，以中期成岩阶段最为发育。

二、保护型成岩作用

五峰组—龙马溪组保护型成岩作用主要是准同生期及早成岩期胶结作用所产生的刚性矿物，包括早成岩期形成的自生石英及碳酸盐胶结。准同生期—早成岩阶段机械压实作用较弱，早期自生黄铁矿、生物石英和微生物白云石等刚性矿物主要呈微晶及微晶聚集体方式，分布在陆源颗粒周缘或充填原始粒间孔，对页岩原始孔隙的保持方面建设性与破坏性作用并存。

页岩矿物组成会影响岩石的脆性。富含脆性矿物页岩的特点是杨氏模量升高，泊松比降低。可以增强页岩储层脆性的矿物包括石英、长石和碳酸盐矿物。五峰组页岩样品的脆性矿物平均含量为 74.53%，泊松比相对较低（平均值为 0.205）。龙马溪组下层系样品的泊松比值与龙马溪组上层系相似，平均值分别为 0.217 和 0.223。龙马溪组下层系脆性矿物含量（平均值为 64.25%）显著高于龙马溪组上层系的脆性矿物（平均值为 48.08%）。此外，泊松比值与石英、长石、碳酸盐矿物的含量及总脆性矿物含量（石英 + 长石 + 碳酸盐矿物）之间没有明显的相关性。因此，页岩的脆性似乎是脆性矿物含量的相关函数，但也可能会受到其他因素的影响。

五峰组的主要脆性矿物是石英（平均值为 58.93%），石英主要类型为形成于早成岩期的自生石英。部分学者发现自生石英的晶间孔似乎与有机孔系统相互连接，从而允许在很高的应力下形成网状裂缝系统。单轴压缩试验结果表明，加载到峰值应力水平时，五峰组页岩样品突然发生剪切破坏，导致偏应力出现"悬崖式"的降低，这是脆性很高的岩石破裂典型现象（Xi et al., 2022）。龙马溪组页岩样品的单轴压缩试验表明，随着峰值应力后轴向应变增加，偏应力逐渐减小，这是高韧性岩石的力学特征，这种应力—应变过程表明矿物颗粒的机械重排效应。例如：石英和黏土颗粒的接触本质上是很弱的机械不连续性，在变形过程中会沿着这种机械不连续性发生位移。从能量守恒的角度来看，应力部分能量在颗粒接触处转化为摩擦能。因此，龙马溪组的矿物组合不利于裂缝的形成。Dong 等指出，脆性矿物的赋存模式对页岩脆性具有强大的控制作用。在对上扬子地区五峰组—龙马溪组储层物性及力学特征的研究中，Ye et al.（2020）认识到，石英对页岩脆性的贡献程度与不同来源的石英类型有关。

目前大部分学者认为大部分硅质生物碎屑存在于页岩沉积时期，反映了较高的古生产力条件，对成岩演化起主要控制作用。具有蛋白石-A 矿物学特征的硅质生物碎屑向蛋白石-CT 转变，进而在原生粒间孔中向微晶石英转变主导了早成岩阶段。在此过程中黄铁矿、方解石、白云石和高岭石等自生矿物同样发生胶结，与自生微晶石英集合体加固了刚性骨架，从而显著抑制了压实作用。自生石英颗粒的充填和胶结作用，虽然使原始孔隙有所降低，但此类刚性格架能够有效抑制后期较强的压实作用，对页岩原始孔隙的保存具有重要建设性作用。原始粒间孔的保存，为生油期液态烃的充注与滞留提供了有利空间。有机孔网络由原地有机质（成烃生物）和迁移有机质（固体沥青）内部孔隙复合而成，如果缺乏早期微晶石英颗粒进行支撑，强压实作用下残留粒间孔的减少与闭合，将导致有机质的分布更为孤立及有机孔连通性的降低。自下而上，随生物硅含量的降低，五峰组—龙马溪组页岩压实程度逐渐增强，有机质网络及其内部有机孔连通性逐渐降低，页岩储层品质逐渐变差。此外，硅质页岩中常常观察到以碎屑颗粒点接触为特征的弱压实作用（Xu et al., 2022）。此外，黏土矿物的转化作用也可划分为建设性成岩作用，黏土矿物的转化过程会形成次生晶间孔隙，同时蒙皂石或伊/蒙混层矿物在转化过程中会生成大量的 Si^{4+}，这一过程为形成自生石英和次生石英加大边提供了硅质来源，提高了页岩的脆性指数（舒逸，2021）。

早成岩期形成的碳酸盐胶结物同样可以增加页岩储层的抗压实强度。粒间孔中充填的方解石及白云石也是刚性颗粒，可以抑制后续的压实作用。因此，在碳酸盐胶结相中表现出弱压实作用，保留了非常早期的压实状态，黏土矿物排列不定向。然而，碳酸盐矿物化学状态不稳定，可能被不同成岩阶段的酸性流体溶蚀。

三、增孔型成岩作用

五峰组—龙马溪组页岩增孔型成岩作用主要包括有机质热演化过程及溶蚀作用。其中有机孔主要包括生物成因孔隙和有机质热演化过程中形成的孔隙，有机质生烃过程中成孔阶段主要发生于有机质从成熟—高成熟—过成熟的阶段，即中成岩阶段到晚成岩阶段（图 5-2-2）。

大部分学者已经发现，龙马溪组页岩储层中有机质含量与孔隙度具有明显的正相关关系，均表明 TOC 含量是控制页岩储层质量的关键因素。基于 SEM 观察和前人对孔隙类型的研究，发现在五峰组—龙马溪组页岩中有机孔占主导地位（Wang et al., 2022）。TOC

含量和有机质分布是控制有机孔体积的关键因素。大部分有机质被解释为迁移有机质，这是因为干酪根裂解生油并随后迁移到原生孔隙中。因此，生油阶段的孔隙网络状态控制了运移有机质的分布和形态，而大部分原生孔隙在早期压实过程中被破坏。由于五峰组—龙马溪组页岩成熟度较高，几乎所有迁移有机质内部均发育海绵状有机孔。有机质在热演化过程中，一方面干酪根和迁移有机质产生了一定量的有机孔（Wang et al., 2022）。另一方面，有机质演化的中间产物对储层矿物进行改造，如有机酸对矿物的溶蚀；同时，迁移有机质占据残余粒间孔，可以增加孔隙内部压力，在一定程度上减缓了压实作用减孔效应。中—晚成岩阶段，干酪根和滞留烃裂解生气、成孔和增压，促进了有机孔与微裂缝的发育，利于晚期页岩气的富集与高产（Wang et al., 2022）。因此，大部分学者认为有机质热演化过程是页岩储层中特殊的增孔型成岩作用（Xi et al., 2022；Wang et al., 2022）。

除了在有机质热演化过程中生成孔隙外，该过程生成的 CO_2 气体和羧酸使得系统内的成岩流体酸化，提高了流体的溶蚀能力，从而在碳酸盐及石英内部生成溶蚀孔（即使程度十分有限），但仍然提高了页岩的孔隙发育程度。尽管碎屑石英及部分自生刚性矿物骨架在机械压实过程中保留了部分大孔径的原生粒间孔隙，但大部分孔隙已被自生石英、自生黏土矿物及迁移有机质填充（图 5-1-7），然而大部分保留的孔隙度可能因胶结作用而减少。因此，五峰组—龙马溪组中观察到小颗粒矿物间孔隙数量不多，这似乎对页岩整体孔隙度贡献不大。同时，碳酸盐矿物发生溶蚀程度极为有限，碳酸盐方解石溶蚀孔面孔率往往不到 0.6%。五峰组—龙马溪组样品的孔隙度与自生石英、自生长石、自生黏土矿物和自生碳酸盐矿物含量之间不存在明显的相关性，说明溶蚀作用对页岩储层改造程度十分有限。虽然成岩过程形成的自生矿物发生的溶蚀过程对页岩储层改造程度十分有限，但原始沉积有机质在热演化过程中形成的迁移有机质通常发育更多有机孔。在研究的样品中，孔隙度和总有机碳含量具有明显的正相关性。因此，由迁移有机质中发育的有机孔是五峰组—龙马溪组页岩储层中孔隙度的主要贡献者。

第六章　细粒碎屑岩的沉积相

陆表海是指位于大陆内部或陆棚内部的、低坡度的（底形坡度一般小于0.1°）、范围广阔的（延伸可达几百千米至几千千米）、水深很浅的（水深一般只有几十米）浅海。陆表海存在以碳酸盐沉积为主的清水沉积作用和以细粒碎屑岩为主的浑水沉积作用两种模式。奥陶纪—志留纪，上扬子陆表海广泛发育。晚奥陶世之前，上扬子地区以清水碳酸盐岩台地为主；晚奥陶世—早志留世，由于构造和火山喷发等作用影响，陆源碎屑供给增加，上扬子地区转变为以浑水细粒碎屑岩沉积作用为主，从而形成了厚达500m的五峰组—龙马溪组黑色页岩。该套页岩由于具有高总有机碳（TOC）含量、高含气量、高生物成因硅含量、有机孔发育、层理及微裂缝发育等特征而成为页岩气勘探开发的重点层系。该套页岩储层的矿物组成、层理类型及TOC含量特征受沉积相和微相控制。针对五峰组—龙马溪组的沉积相和微相，前人开展了大量工作。目前，学术界普遍认为，该套页岩可划分出陆棚相和潮坪相等（陆棚相可细分出浅水陆棚和深水陆棚两个亚相）。页岩沉积时期，全球气候温暖潮湿，全球海平面快速上升，盆地水体以平流为主，整体处于缺氧硫化环境，沉积物供给速率低。然而，与粗碎屑岩和碳酸盐岩相比，页岩因为粒度细、纹层和层理识别难度大、古生物遗迹不发育等原因，造成五峰组—龙马溪组沉积微相细分及编图工作难以开展，严重制约了页岩气资源评价和有利区带分布预测。针对该难题，本章通过大薄片偏光显微镜纹层和层理识别、氩离子抛光片扫描电子显微镜粒度分析、干酪根镜检有机质类型分析和X射线衍射全岩矿物组成分析等，细分沉积微相类型，从而建立各沉积微相典型图版。以此为基础，创新采用单因素分析多因素综合编图方法，明确各沉积微相平面分布及沉积微相分布模式。

第一节　沉积相类型及特征

综合页岩矿物组成、粒度、纹层和层理特征、有机质类型等特征，识别出三角洲相、潮坪相和陆棚相三种沉积相类型（表6-1-1）。

一、三角洲相

三角洲相位于地形坡折1之上（图6-1-1），研究区发育三角洲前缘亚相，可细分为三角洲前缘水下分流河道和分流间湾两个微相，宝1井、YS201井和YS207井均有钻遇。三角洲前缘处于富氧环境中（U/Th比值0.66），受陆源影响大、页岩粒度粗、陆源碎屑含量高、TOC含量低（表6-1-2）。

水下分流河道微相：以方解石与白云石（>40%）、石英（>30%）和黏土矿物（>20%）为主，含有少量斜长石和钾长石。岩心呈灰色—灰黑色，发育透镜状层理和粒序层理。以粗粉砂和细粉砂为主，粗粉砂含量大于30%，粗粉砂和细粉砂呈悬浮状混杂堆积于细粒泥中（图6-1-2）。粗粉砂和细粉砂主要为方解石、白云石、碎屑石英、斜长石和黏土矿物。扫描电子显微镜下，页岩整体呈颗粒支撑结构（图6-1-3），其中，方解石呈灰白色，白云石呈浅灰白色，二者均呈棱角状—次棱角状，粒径21～93μm（平均值为57μm），多呈分散状分布，局部呈层状分布；碎屑石英呈灰色，棱角状—次棱角状，粒径24～78μm（平均值为59μm），分散状分布；黏土矿物主要呈片状、条带状，粒径35～95μm（平均值为55μm）。

表6-1-1　川南地区五峰组—龙一₁亚段含气页岩沉积相类型及细分

相组	相	亚相	微相	分布位置	典型井/剖面
海陆过渡相组	三角洲相	三角洲前缘	水下分流河道、分流间湾	地形坡折1之上	宝1井、YS201井、YS207井
	潮坪相	潮间坪	钙质坪、黏土坪	平均高潮线—正常浪基面	秀山大田坝、宝1井
海相组	陆棚相	浅水陆棚	钙质陆棚、黏土质陆棚	正常浪基面—地形坡折1	威231井、YQ1井、YQ3井、YS128井
		深水陆棚	深水斜坡	地形坡折1—地形坡折2	威232井、自207井、足201井、丁山1井
			深水平原	地形坡折2—地形坡折3	荣202井、泸211井、宁210井、黄202井
			深水洼地	地形坡折3之下	泸208井、宁211井、长宁双河井、太和1井
		重力流沉积	漫溢沉积	地形坡折1之下	宁219井、宁240井、威205井、黄205井

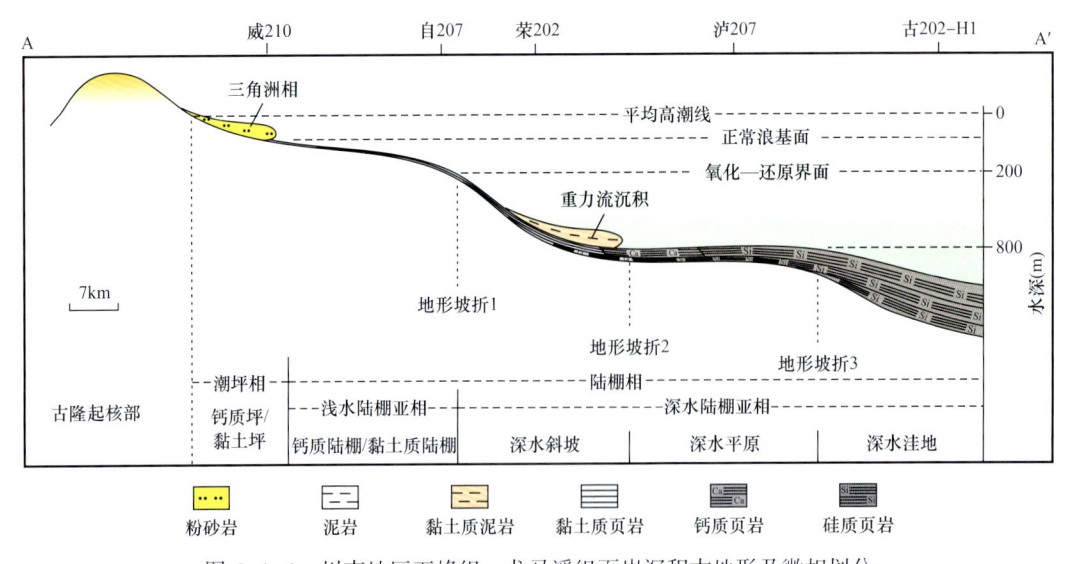

图6-1-1　川南地区五峰组—龙马溪组页岩沉积古地形及微相划分

表6-1-2 川南地区五峰组—龙一₁亚段含气页岩不同沉积微相特征

沉积相带			颗粒组成（含量）	矿物含量	沉积构造	干酪根类型	U/Th值	地形坡降（m/km）
相	亚相	微相						
三角洲	三角洲前缘	水下分流河道	粗粉砂>30%	方解石+白云石>40%	透镜状层理 粒序层理	II₁型	0.66	0.25
		分流间湾	粗粉砂<30% 细粉砂>50%	黏土矿物>40%	块状层理	II₂型		
潮坪相	潮间坪	钙质坪	细粉砂（>95%）	方解石+白云石>40%	波状层理、小型交错层理、粒序层理	II₁型	0.35	0.25
		黏土坪		黏土矿物>50%				
陆棚	浅水陆棚	钙质陆棚	细粉砂（90%~95%）	方解石+白云石30%~40%	砂泥互层型水平层理	I型	0.44	0.25
		黏土质陆棚		黏土矿物>50%				
	深水陆棚	深水斜坡	细粉砂（70%~90%）	方解石+白云石20%~30%	砂泥互层型水平层理、砂泥渐变型水平层理	I型	0.77	0.5~1
		深水平原	细粉砂（50%~70%）	方解石+白云石10%~20%	砂泥渐变型水平层理	I型	1.32	<0.1
		深水洼地	细粒泥（>50%）	硅质>55%	书页型水平层理	I型	1.44	0.3~0.7
	重力流沉积	漫溢沉积	细粒泥（>50%）	黏土矿物>35%	正粒序构造、变形构造、冲刷—充填构造、递变层理、波状层理和水平层理	I型	1.32	—

— 147 —

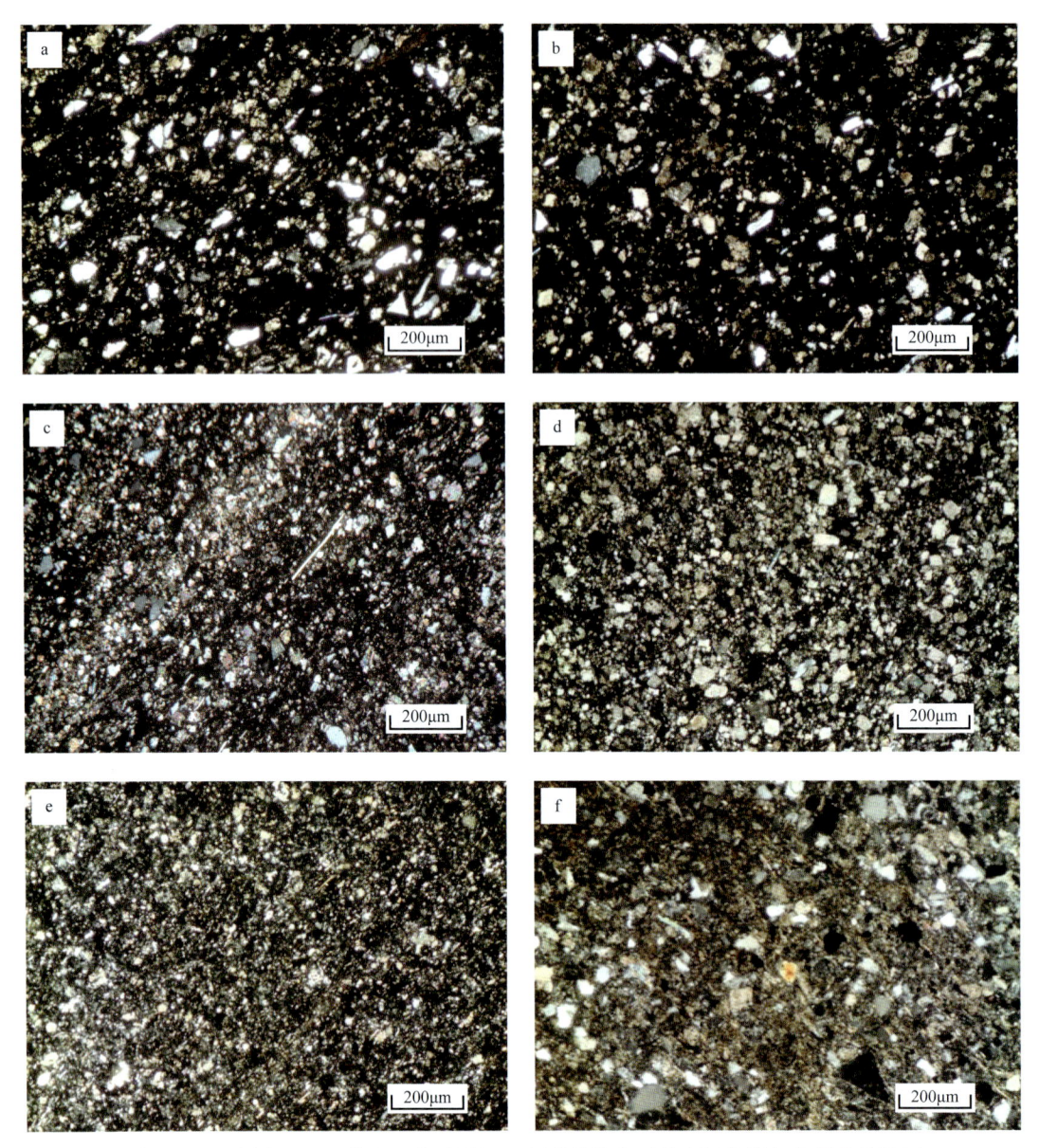

图 6-1-2　川南地区五峰组—龙马溪组三角洲前缘水下分流河道微相普通薄片特征
a. 混杂堆积，杂基支撑，YS201 井，2764.02m；b. 混杂堆积，杂基支撑，YS201 井，2758.86m；c. 方解石颗粒呈层状，YS106 井，1430.98m；d. 混杂堆积，杂基支撑，YS201 井，2758.86m；e. 混杂堆积，杂基支撑，YS201 井，2741m；f. 混杂堆积，杂基支撑，YS128 井，2240.78m

分流间湾微相：页岩以黏土矿物（>40%）、石英（>30%）、方解石和白云石（>20%）为主，岩心呈灰黑色，发育薄层状和块状层理，页岩颗粒以细粉砂为主（>50%；图 6-1-4）。扫描电子显微镜下，分流间湾页岩黏土矿物颗粒、方解石和白云石、碎屑石英等呈混杂堆积。其中，黏土矿物呈片状、条带状（平均粒径为 43μm），方解石和白云石呈棱角状—次棱角状（平均粒径为 29μm），碎屑石英也呈棱角状—次棱角状（平均粒径为 27μm）。

三角洲前缘水下分流河道和分流间湾页岩有机质均以 II_1 型和 II_2 型干酪根为主，壳质组、镜质组和惰质组含量高（图 6-1-5），腐泥组含量偏低。由三角洲前缘近端向远端方向，腐泥组含量增加。

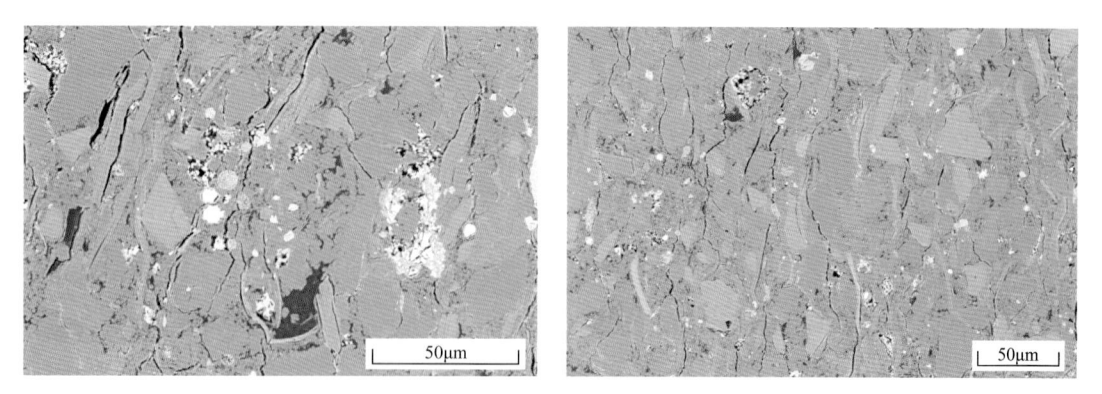

图6-1-3 川南地区五峰组—龙马溪组三角洲前缘水下分流河道微相扫描电子显微镜照片特征
混杂堆积，杂基支撑，秀山大田坝，8层

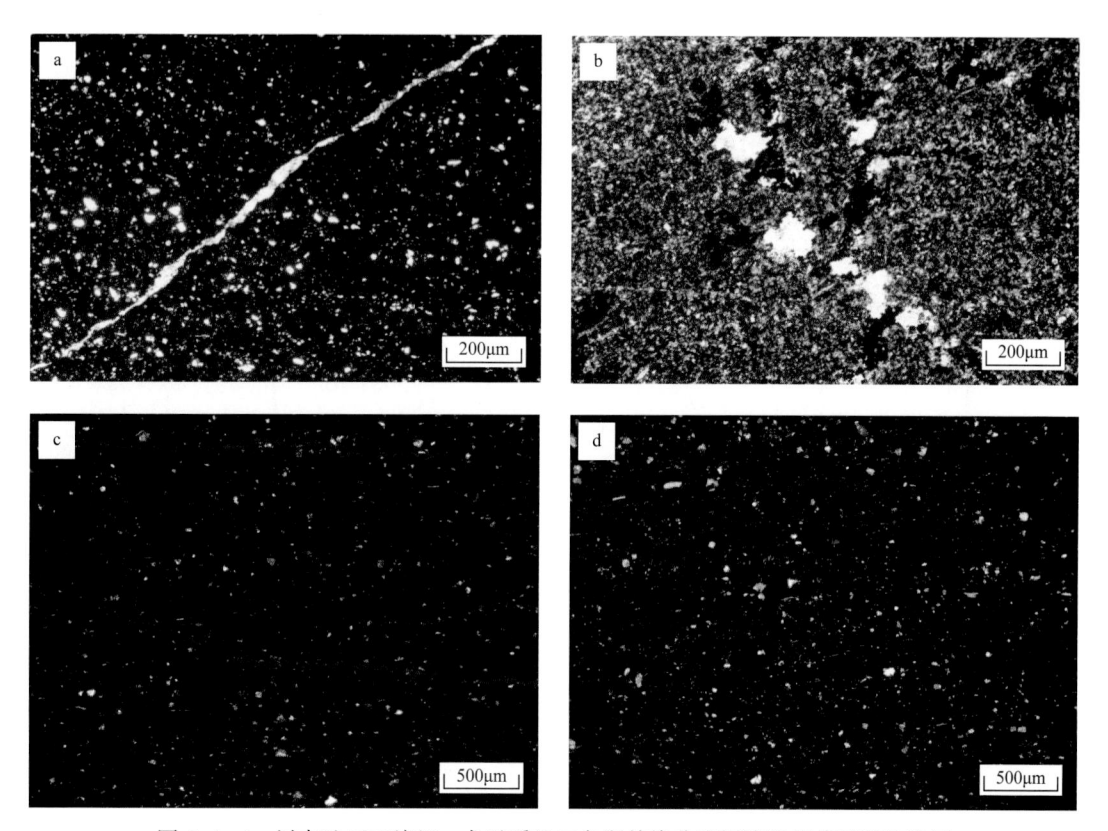

图6-1-4 川南地区五峰组—龙马溪组三角洲前缘分流间湾微相普通薄片特征
a.细粉砂岩，YS201井，2761.08m；b.细粉砂岩，YS201井，2745.71m；c.细粉砂岩，YS106井，1408.6m；
d.细粉砂岩，YS106井，1417.03m

二、潮坪相

潮坪相位于平均高潮线与正常浪基面之间（图6-1-1），研究区发育潮间坪亚相，可细分为钙质坪和黏土坪两个微相，秀山大田坝剖面和宝1井均有钻遇。该相带地形坡降小（<0.25m/km），水体含氧量高（U/Th值为0.35），陆源影响较小，TOC含量低、碳酸盐或黏土矿物含量高、粒度较粗（表6-1-2）。

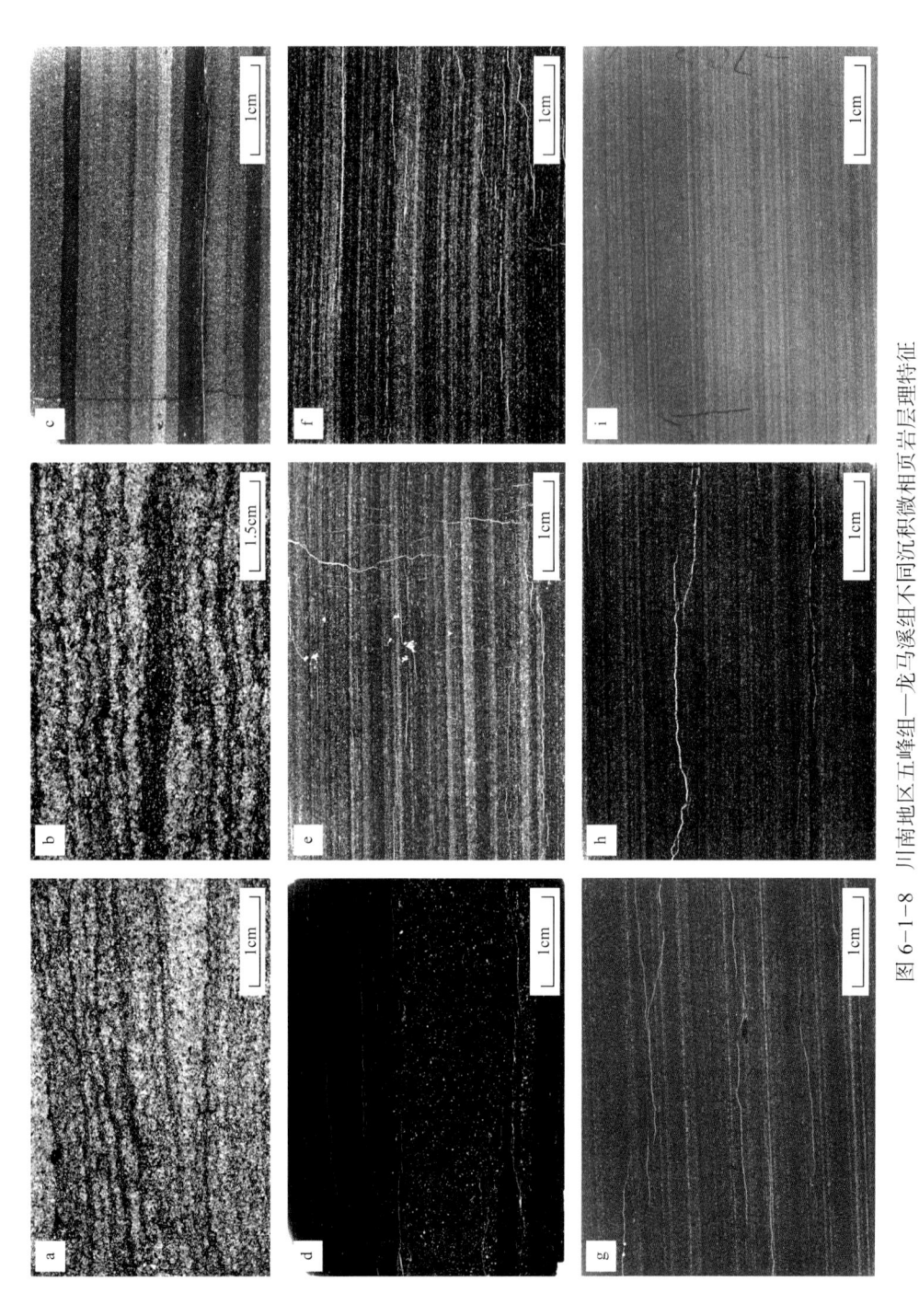

图 6-1-8 川南地区五峰组—龙马溪组不同沉积微相页岩层理特征

a. 秀山大田坝，潮坪相页岩，小型交错层理；b. 秀山大田坝，潮坪相，小型波状层理；c. 威 202 井，2570.09m，浅水陆棚页岩，砂泥互层型水平层理；d. 威 202，2573.80m，浅水陆棚亚相，小型正粒序层理；e. 长宁双河剖面，龙马溪组，砂泥互层型水平层理；f. 长宁双河剖面，龙马溪组，深水斜坡页岩，砂泥递变型水平层理；g. 自 201 井，3668.80m，深水原页岩，书页型水平层理；h. 宁 211 井，2342.05m，深水陆地页岩，书页型水平层理；i. 阳 101H3-8 井，3783.40m，深水陆地页岩，书页型水平层理

1. 浅水陆棚亚相

浅水陆棚亚相位于正常浪基面与地形坡折1之间，威231井、YQ1井、YQ3井和YS128井均有钻遇。该位置地形坡降小于0.25m/km，水深较浅，水体富氧（U/Th值为0.44），陆源碎屑供给少，页岩钙质含量高、粒度较粗（表6-1-2）。根据底形高低，该亚相可细分出钙质陆棚和黏土质陆棚两个微相，钙质陆棚底形较高，而黏土质陆棚底形较低。

钙质陆棚微相：以方解石与白云石（30%～40%）、黏土矿物（20%～30%）和石英（20%～30%）为主，含有少量斜长石，细粉砂含量＞90%，整体呈颗粒支撑结构（图6-1-9）。扫描电子显微镜下，方解石形态不规则（图6-1-10），边缘多发生溶蚀，粒径为6.7～24.6μm（平均值为17.5μm）；白云石多呈浅灰色菱形，周边常发生方解石化，内部发育溶蚀孔隙，粒径为5.5～26.7μm（平均值为16.4μm）；石英多呈粒状，粒径为12.6～34.4μm（平均值为12.6μm），少数可达42μm；黏土矿物以伊利石为主（平均含量为68%），含少量高岭石（含量19%）、绿泥石（含量9%）和伊/蒙混层（含量4%）。发育砂泥互层型水平层理（图6-1-8c），局部可见小型正粒序层理（图6-1-8d）。

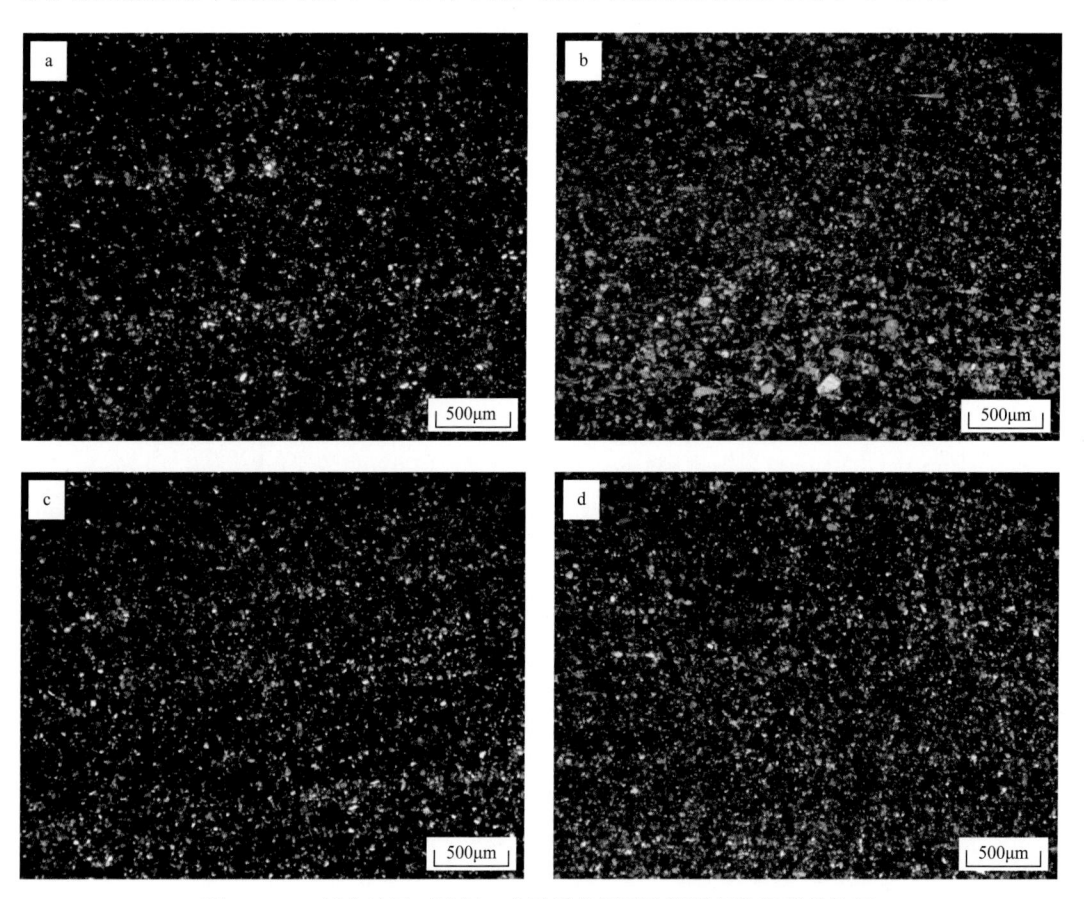

图6-1-9　川南地区五峰组—龙马溪组钙质陆棚微相普通薄片特征
a. 颗粒支撑结构，自203井，3000.65m，正交光；b. 颗粒支撑结构，自203井，3006.76m，正交光；c. 颗粒支撑结构，自203井，3001.63m；d. 颗粒支撑结构，自203井，3005.57m

图 6-1-10　川南地区五峰组—龙马溪组钙质陆棚微相扫描电子显微镜照片特征
威 210，3228.7m

黏土质陆棚微相：以黏土矿物（>50%）为主，方解石和白云石含量较少。扫描电子显微镜下，黏土矿物以伊利石为主，平均粒径为 25.6μm。黏土质陆棚发育砂泥互层型水平层理，局部可见小型正粒序层理。

浅水陆棚页岩有机质为 I 型干酪根，腐泥组含量可达 95%，镜质组少量。

2. 深水陆棚亚相

深水陆棚亚相位于地形坡折 1 之下，发育深水斜坡、深水平原和深水洼地三个微相。

深水斜坡微相：深水斜坡微相位于地形坡折 1 和地形坡折 2 之间（表 6-1-1，图 6-1-1），威 232 井、自 207 井、足 201 井和丁山 1 井均有钻遇。该位置水体还原性强（U/Th 值为 0.77），地形坡降为 0.5～1.0m/km，沉积物容易滑塌形成重力流沉积（表 6-1-2）。

深水斜坡页岩以石英（30%～40%）、方解石与白云石（20%～30%）和黏土矿物（20%～30%）为主，含有少量斜长石。以细粉砂和细粒泥为主，细粉砂含量大于 70%，整体呈颗粒支撑结构（图 6-1-11）。细粉砂主要为石英、白云石、方解石和黏土矿物，含有少量斜长石和黄铁矿。扫描电子显微镜下（图 6-1-12），石英粒径为 3.89～11.04μm（平均值为 6.75μm）；白云石多呈菱形，被方解石环边交代，粒径为 4.43～32.37μm（平均值为 8.92μm）；方解石多为不规则状，粒径为 5.35～16.49μm（平均值为 9.25μm）；黏土矿物颗粒多呈碎片状，平均粒径为 14μm。细粒泥主要为自生微晶石英，粒径小于 4μm。

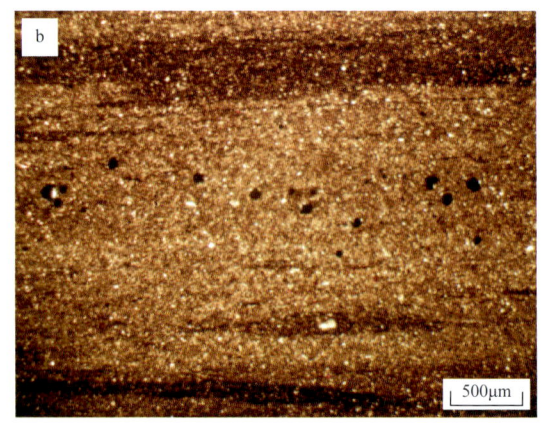

图 6-1-11　川南地区五峰组—龙马溪组钙质陆棚微相普通薄片特征
a. 颗粒支撑结构，威 201 井，1540.98m，正交光；b. 颗粒支撑结构，足 206 井，4274.88m，正交光

深水斜坡页岩发育砂泥互层型水平层理（图6-1-8e）和砂泥递变型水平层理（图6-1-8f）。相对于浅水陆棚页岩，深水斜坡页岩粉砂纹层含量减少，泥纹层含量增加。有机质主要为Ⅰ型干酪根，腐泥组含量达95%，镜质组少量。

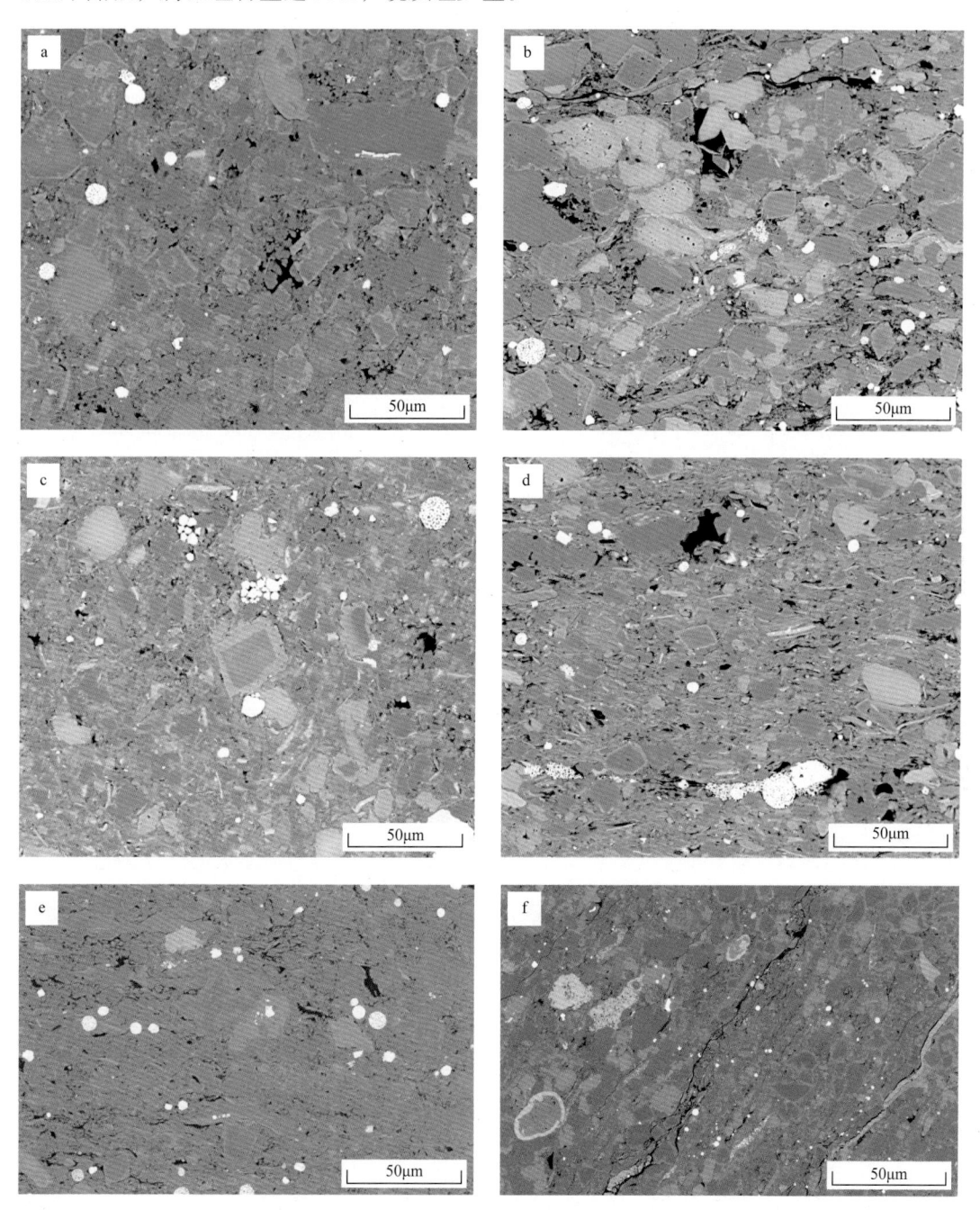

图6-1-12　川南地区五峰组—龙马溪组深水斜坡微相扫描电子显微镜照片特征
a. 威206井，3798.36m；b. 威206井，3796.17m；c. 威206井，3753.86m；d. 威206井，3781.76m；e. 自201井，3654.01m；f. 威203井，3179.3m

深水平原微相：深水平原微相位于地形坡折2和地形坡折3之间（图6-1-1），荣202井、泸211井、宁210井和黄202井均有钻遇。该位置水体厌氧（U/Th值为1.32），

- 155 -

地形坡降小于 0.1m/km，水动力条件稳定（表 6-1-2）。

深水平原页岩以石英（40%～55%）、黏土矿物（20%～30%）和方解石与白云石（10%～20%）为主，含有少量的斜长石和钾长石。页岩粒度以细粉砂和细粒泥为主，细粉砂含量大于 50%，整体呈杂基支撑（图 6-1-13）。细粉砂颗粒主要为石英、方解石、白云

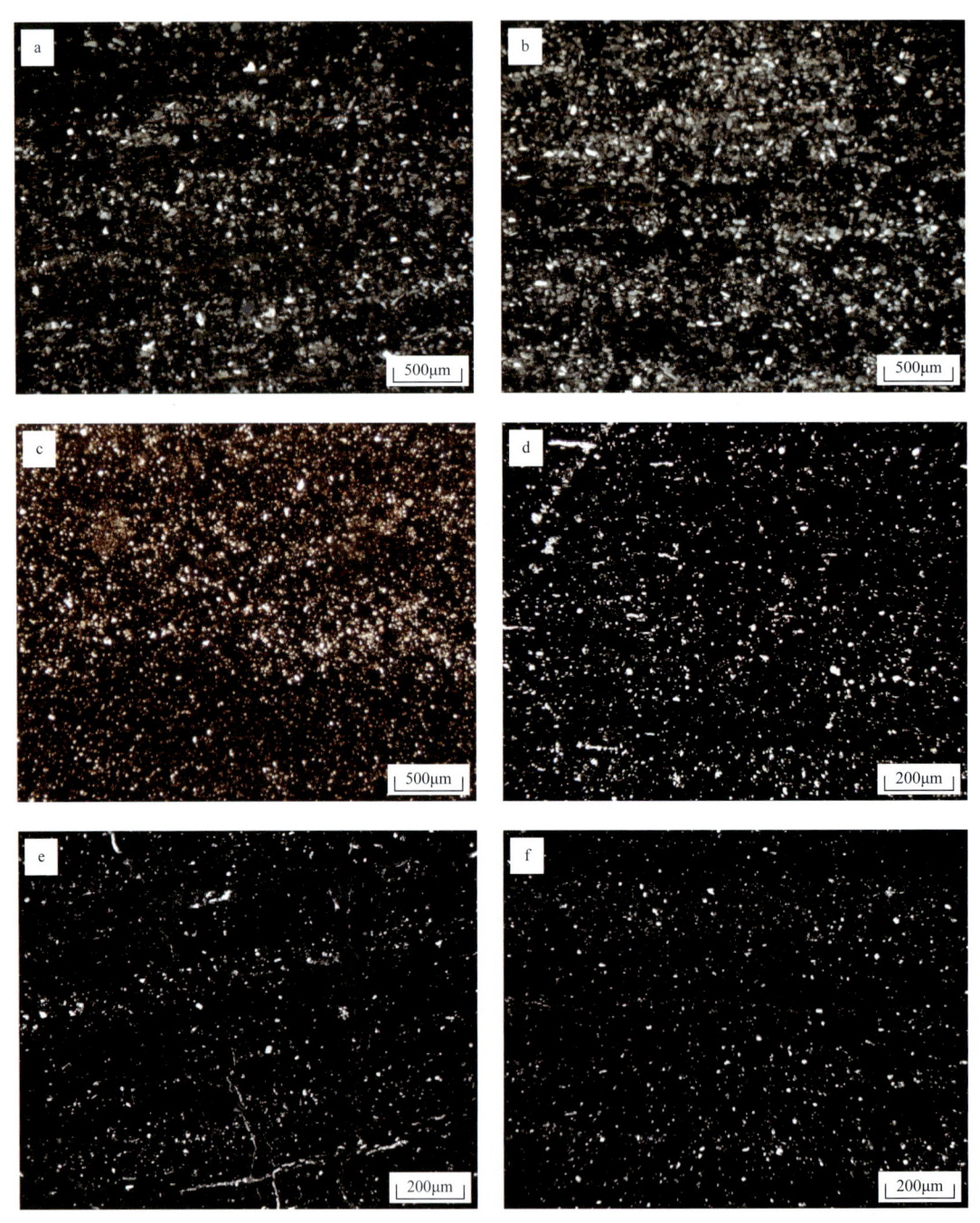

图 6-1-13 川南地区五峰组—龙马溪组深水平原微相普通薄片特征
a. 宁 216 井，2266.06m，正交光；b. 宁 216 井，2273.26m，正交光；c. 泸 208 井，3840.77m；d. 长宁双河，8-10-2，正交光；e. 长宁双河，8-14-2，正交光；f. 长宁双河，9-2-1，正交光

石和黏土矿物，含有少量斜长石。扫描电子显微镜下，石英呈灰色颗粒状，平均粒径为7.6μm；方解石颗粒多为灰白色不规则状颗粒（图6-1-14），粒径为5.17~20.62μm（平均值为10.23μm）；白云石颗粒多为菱形，周缘被方解石环边交代，粒径为5.39~22.23μm（平均值为13.83μm）。细粒泥粒径小于4μm，主要为微晶石英。深水平原页岩发育书页型水平层理（图6-1-8g），局部见砂泥递变型水平层理。随着水体加深，页岩中粉砂纹层含量减少。有机质腐泥组含量94%~98%，含有少量镜质组，为Ⅰ型干酪根（表6-1-2）。

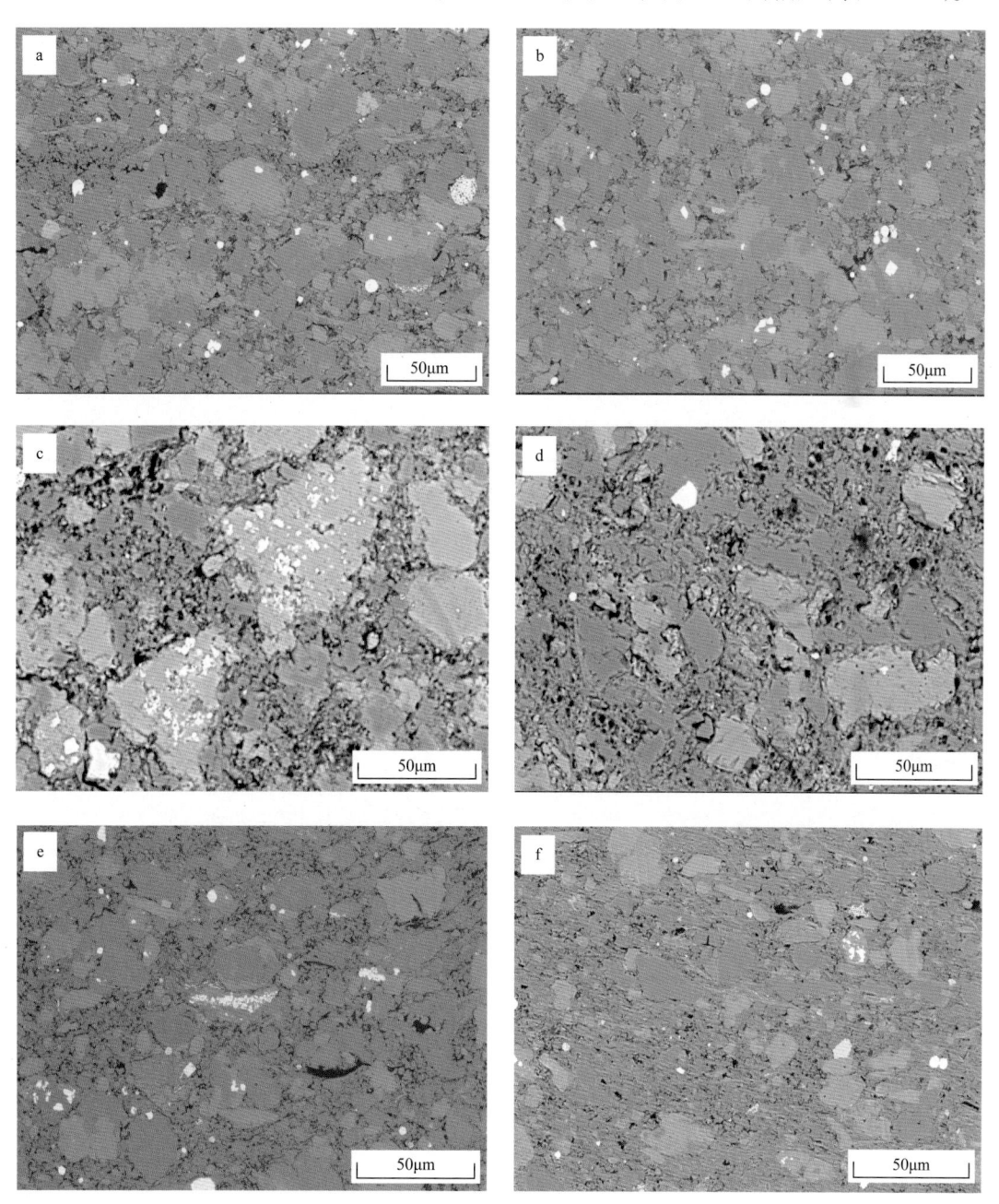

图6-1-14　川南地区五峰组—龙马溪组深水平原微相扫描电子显微镜照片特征
a、b. 威202井，2273.8m；c、d. 长宁双河地区，8-2-1；e. 宁211井，2350.25m；f. 自201井，3668.3m

— 157 —

深水洼地微相：深水洼地微相位于地形坡折3以下（图6-1-1），泸208井、宁211井、太和1井和长宁双河剖面均有钻遇。该位置水体厌氧（U/Th值为1.44），地形坡降为0.3~0.7m/km，水深大，陆源碎屑影响小。

深水洼地页岩以石英（＞55%）、方解石与白云石（10%~20%）和黏土矿物（10%~20%）为主。页岩粒度以细粒泥为主（＞50%；图6-1-15）。矿物组成主要为自生石英，粒度为1~3μm、圆形—次圆状，呈单个颗粒或集合体状（图6-1-16）。细粉砂颗粒主要为方解石，含有少量白云石、石英和黏土矿物。深水洼地页岩发育书页型水平层理（图6-1-8h、i）。有机质为Ⅰ型干酪根，腐泥组含量100%。

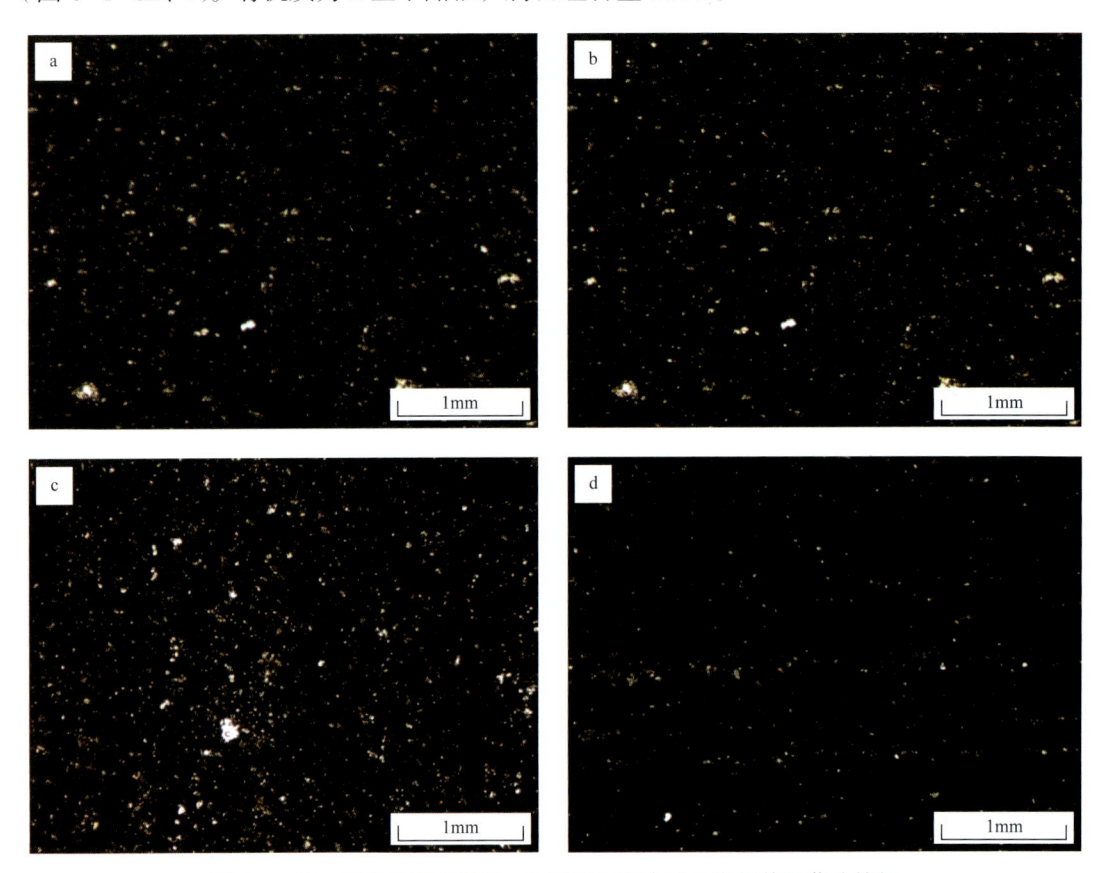

图6-1-15 川南地区五峰组—龙马溪组深水洼地微相普通薄片特征
a.石英长石亮色发光，华蓥三百梯剖面，正交光1；b.石英长石亮色发光，华蓥三百梯剖面，正交光2；c.石英长石亮色发光，华蓥三百梯剖面，正交光3；d.石英长石亮色发光，华蓥三百梯剖面，正交光4

3. 重力流沉积

宁219井、宁240井、威205井和黄205井均钻遇重力流沉积，多发育于深水斜坡位置（图6-1-1），由泥质沉积滑塌形成（表6-1-2）。

重力流沉积以细粉砂和细粒泥为主，杂基支撑（图6-1-17a），细粒泥含量大于50%。偏光显微镜下，细粉砂颗粒主要为石英、黏土矿物和方解石，含有少量白云石，黏土矿物累计含量大于35%。扫描电子显微镜下（图6-1-18），石英呈灰色颗粒状，粒径为5.48~26.72μm（平均值为10.34μm）。黏土矿物呈浅灰色条带状或碎屑状顺层分布，粒径为 5.49~32.47μm（平均值为 13.07μm）。方解石颗粒多为灰白色不规则状，粒径为 4.97~14.35μm（平均值为 8.77μm）。细粒泥主要为自生石英，粒度为 1~3μm、圆形—次圆状，呈单个颗粒或集合体状。重力流沉积页岩较深水斜坡页岩粒度细，表明沉积物可能来源于浅水陆棚亚相，具有远源浊流沉积的特点。重力流沉积中常发育正粒序构造（图 6-1-17a）、变形构造（图 6-1-17b）、冲刷—充填构造（图 6-1-17c）、水平层理（图 6-1-17d）、波状层理（图 6-1-17e）和递变层理（图 6-1-17f）等。有机质为 I 型干酪根，腐泥组含量为 95%~99%，含有少量镜质组。

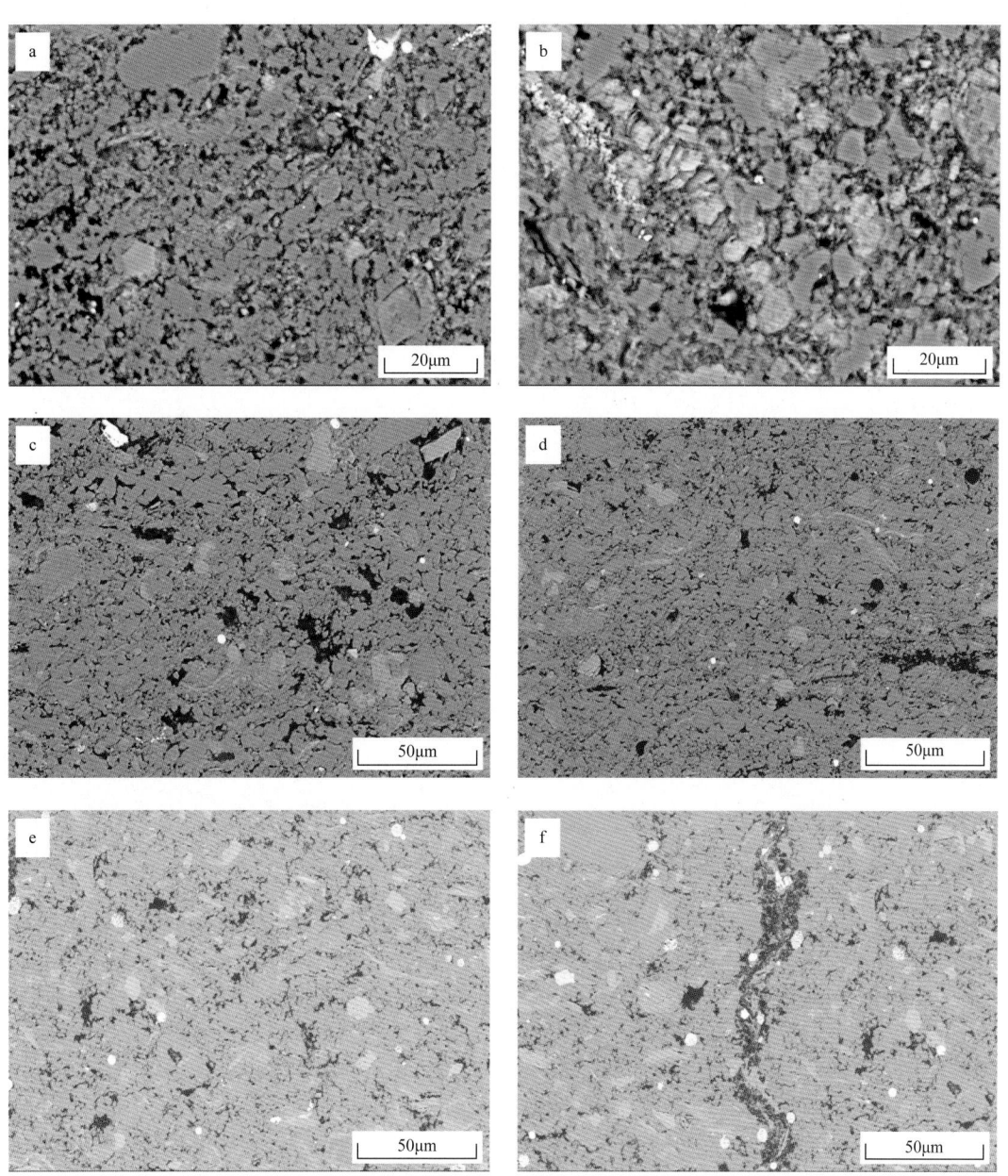

图 6-1-16　川南地区五峰组—龙马溪组深水洼地微相扫描电子显微镜照片特征
a. 长宁双河，8-27-3；b. 长宁双河，8-7-2；c、d. 自 201 井，3666.34m；e、f. 黄 206 井，4355.5m

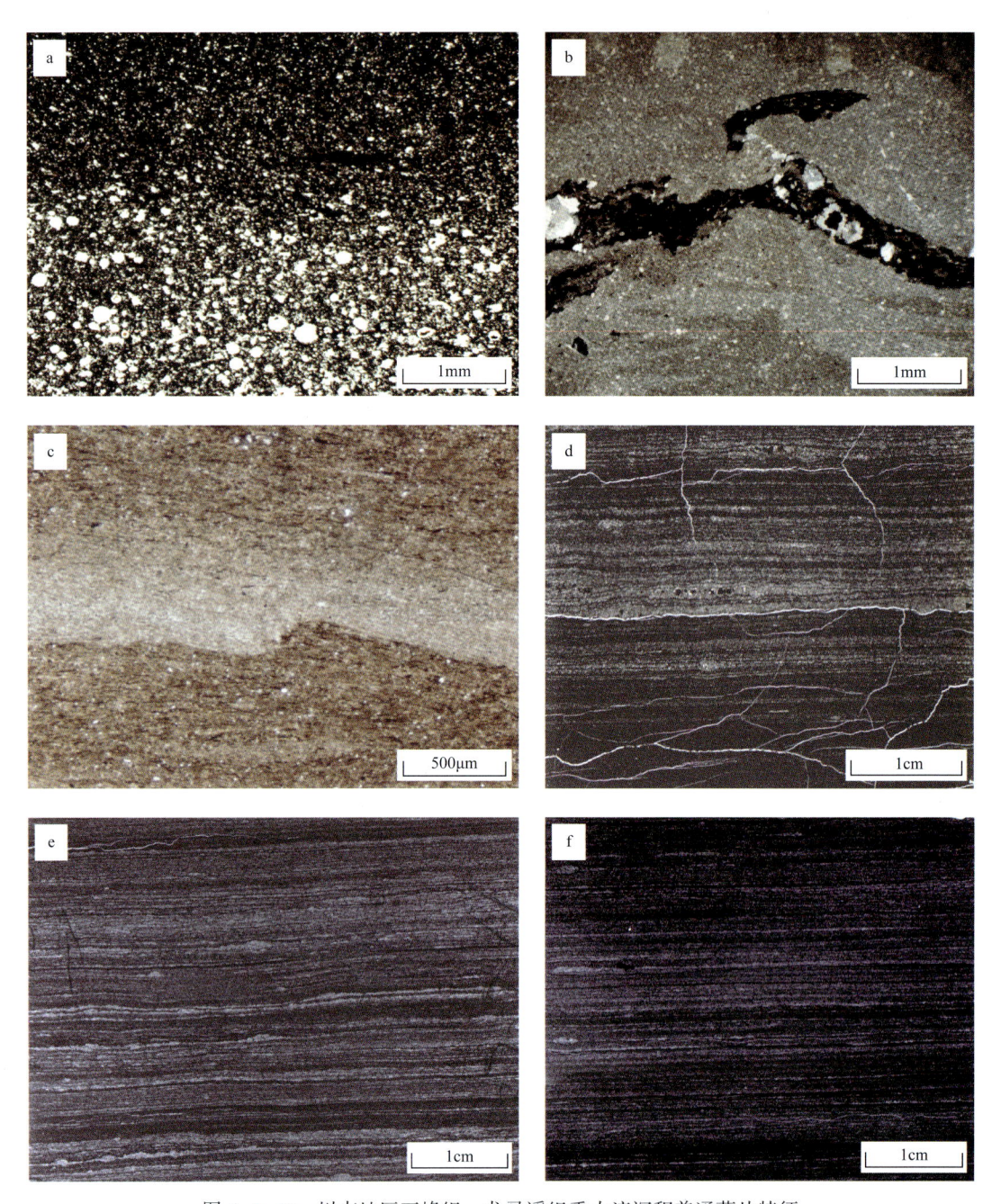

图 6-1-17 川南地区五峰组—龙马溪组重力流沉积普通薄片特征

a.杂基支撑结构，正粒序层，黄 203 井，3756.64m；b.变形构造，自 203 井，2983.40m；c.冲刷—充填构造，威 201 井，1497.35m；d.递变层理，宁 212 井，2065.01m；e.波状层理，阳 101h3-8 井，3757.66m；f.水平层理，阳 101H3-8 井，3759.27m

五峰组—龙马溪组重力流以漫溢沉积为主，发育低密度碎屑流，可细分为涌浪状浊流和超循环浊流两种类型。涌浪状浊流分布于龙一$_1$亚段顶部，以正粒序发育为特征，主要发育鲍马序列 Ta 上段→Tb→Tc 段。超循环浊流分布于龙一$_1$亚段中部及底部，逆正粒序发育，其底部为水平纹层、中部为波状扰动层理、上覆水平纹层，常常发育鲍马序列 Tb→Tc→Td 序列。

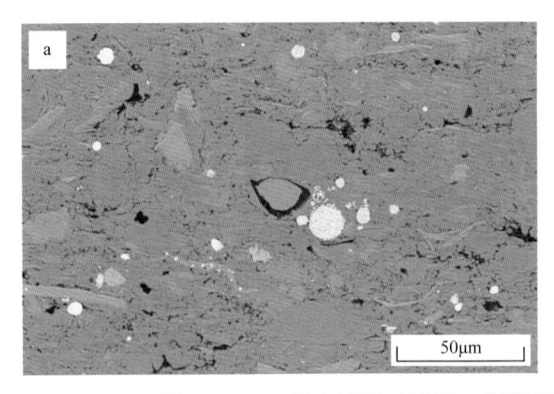

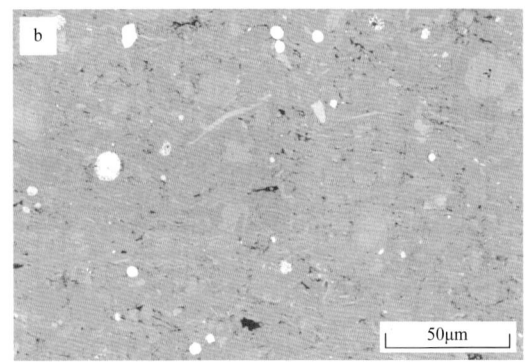

图 6-1-18 川南地区五峰组—龙马溪组重力流沉积扫描电子显微镜照片特征

a.重力流沉积,有机质呈分散状分布,阳 101H3-8 井,3747.18m;b.重力流沉积,有机质呈分散状分布,宁 211 井,2321.05m

第二节 单井相分析

单井相分析是沉积相划分的基础,也是开展连井相分析和平面相分析的前提。本节以威 202 井和泸 206 井为例,进行单井相分析(图 6-2-1、图 6-2-2)。

一、威 202 井

威 202 井位于威远地区,完钻层位为宝塔组,钻遇的五峰组—龙一段厚约 49.5m,深度范围 2532.4~2582.0m。五峰组与底部宝塔组呈平行不整合接触,与龙马溪组呈平行整合接触(图 6-2-1a)。

五峰组深度范围 2574~2582m,除顶部 0.5m 为生物碎屑灰岩外,均为黑色页岩。底部 2578.5~2582.0m 为深水洼地沉积,硅质含量高(平均值为 74.2%)、黏土矿物(平均 14.2%)和碳酸盐矿物(平均值为 5.6%)含量低、粒度细(平均值小于 3.9μm)。该段发育书页型水平层理,TOC 平均值为 2.6%,有机质以 I 型干酪根为主。中部 2574.0~2578.5m 为深水平原—深水洼地沉积,碳酸盐含量(平均值为 28.1%)升高,黏土矿物含量(平均值为 25.7%)增加,硅质含量(平均值为 41.5%)降低,粒度变粗(平均值小于 12.7μm)。该段粉砂纹层含量增加,砂泥递变型和书页型水平层理发育,TOC 平均值为 1.9%,有机质以 I 型干酪根为主。

龙一$_1$亚段深度为 2560.0~2574.0m,均为黑色页岩。井深 2571.5~2574.0m 为深水洼地沉积,硅质平均含量为 75.1%,黏土矿物平均含量为 14.7%,碳酸盐平均含量为 8.5%,页岩粒度细(平均值小于 3.9μm),发育书页型水平层理,TOC 平均值为 9.4%,有机质以 I 型干酪根为主。井深 2568.5~2571.5m 为深水斜坡—深水平原沉积,硅质含量降低(平均值为 45.3%),黏土矿物(平均值为 23.2%)和碳酸盐(平均值为 27.9%)含量增加,页岩粒度变粗(平均值小于 13.2μm)。该段发育砂泥递变型水平层理,TOC 平均值为 4.3%,有机质以 I 型干酪根为主。井深 2560.0~2568.5m 为漫溢沉积,硅质含量为 53.8%,黏土矿物含量为 36.7%,碳酸盐含量为 8.2%,平均粒度为 9.6μm,TOC 平均值为 3.4%。该段以 I 型干酪根为主,发育递变层理和变形层理,黏土矿物含量超过 35%。

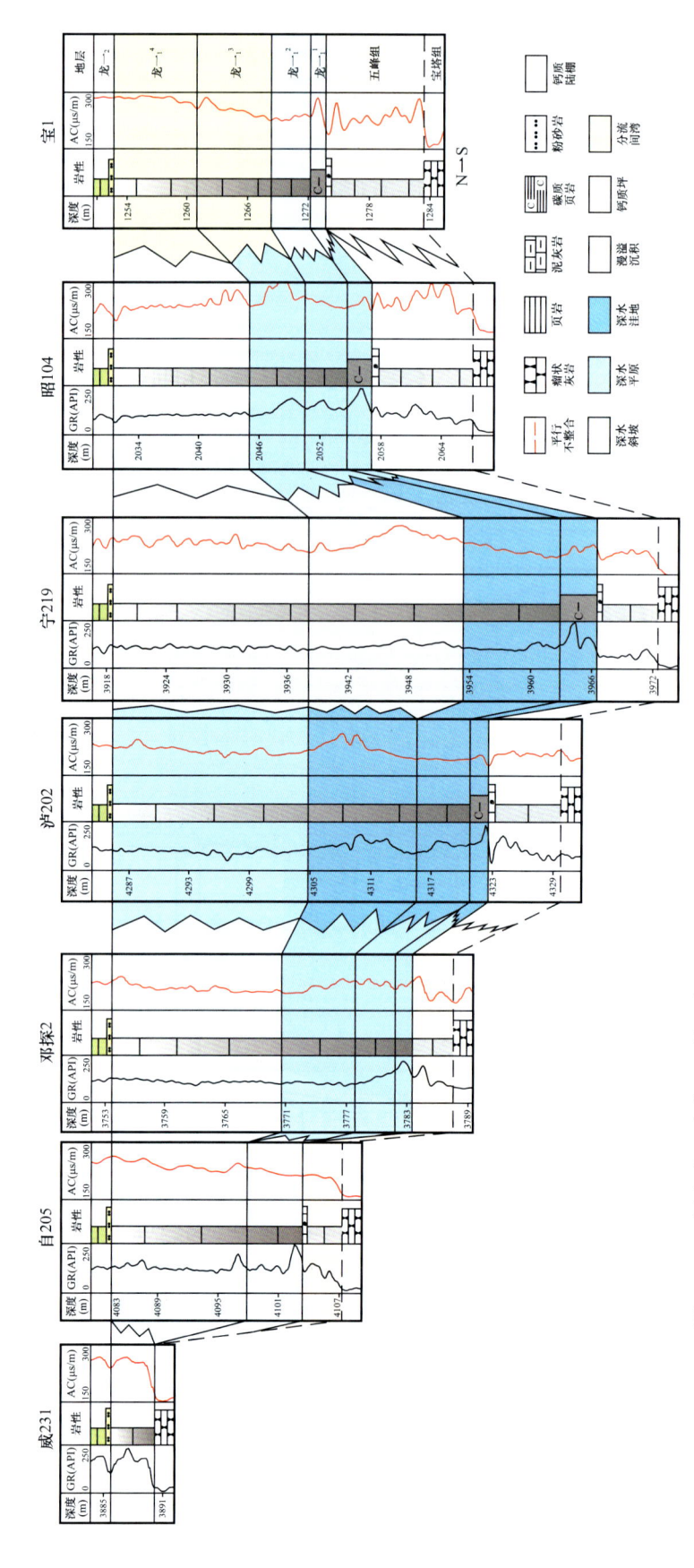

图 6-3-2 川南地区过威 231 井—自 205 井—邓探 2 井—泸 202 井—宁 219 井—昭 104 井—宝 1 井连井沉积微相分析

第四节 沉积相平面分布及相模式

一、沉积相平面分布

研究系统编制五峰组—龙一$_1$亚段的地形坡折分布图、碳酸盐矿物含量等值线图、硅质含量等值线图、黏土矿物含量等值线图、粉砂岩含量等值线图和地层厚度平面分布图。以此为基础，在粉砂级颗粒含量大于50%地区划出水下分流河道微相；粉砂级颗粒含量为30%～50%地区划分出分流间湾亚相；以黏土矿物含量大于50%为界，划出泥质坪微相；以硅质含量大于55%为界，划出深水洼地；以黏土矿物含量大于35%为界，划出重力流沉积。沉积微相编制过程中，充分考虑了三大地形坡折的分布和页岩分布。

五峰组—龙一$_1$亚段沉积时期，川南地区处于前陆盆地构造背景（施振生等，2022），西北部发育乐山—龙女寺古隆起（图6-4-1），南部发育黔中—雪峰古隆起，古隆起可划分为古隆起核部和古隆起斜坡区两个地貌单元。五峰组—龙一$_1$亚段在古隆起核部完全遭受剥蚀，在古隆起斜坡区发育相对完整。

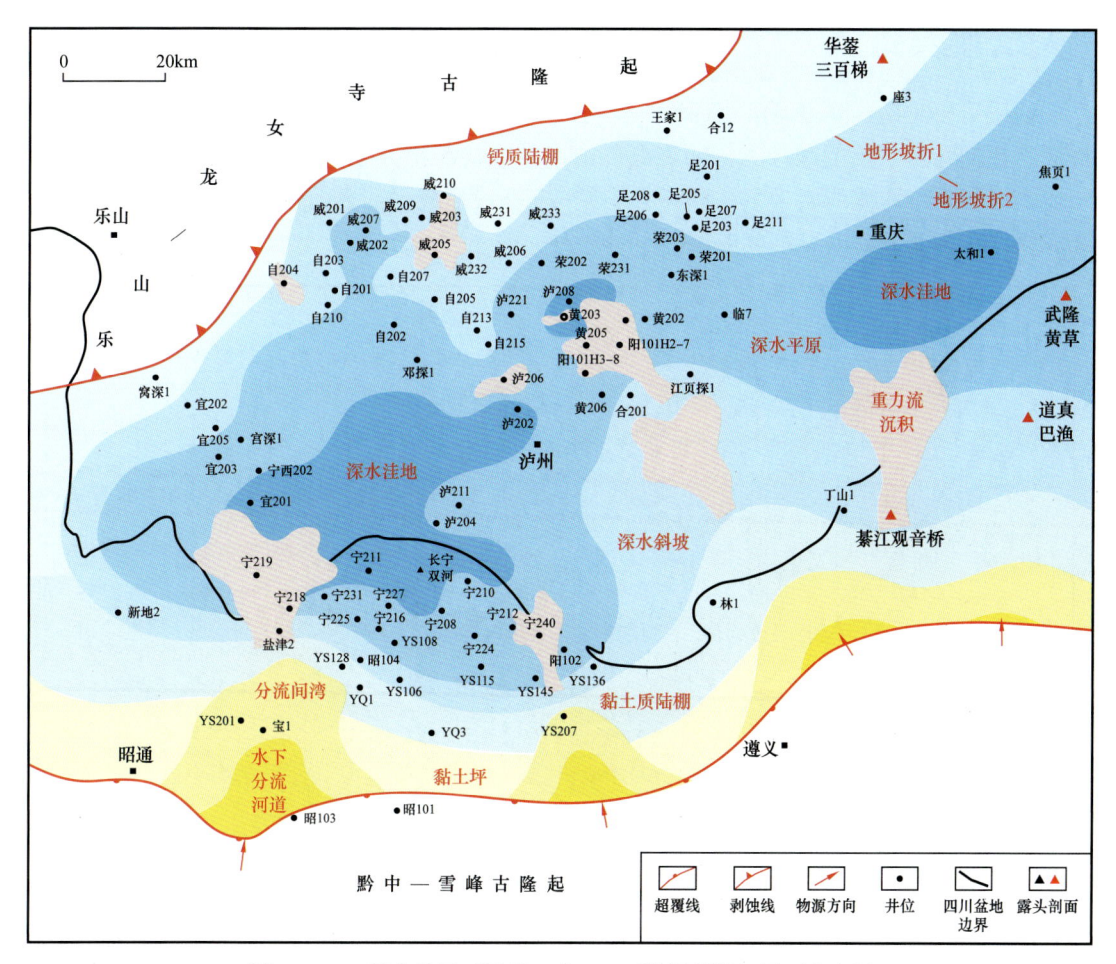

图6-4-1 川南地区五峰组—龙一$_1$亚段沉积微相平面分布图

— 169 —

乐山—龙女寺古隆起核部位于窝深1井—威201井—王家1井—华蓥三百梯一线西北，古隆起斜坡区向东南延伸至宜201井—泸202井—泸208井—太和1井一线。黔中—雪峰古隆起核部位于昭通—昭103井—昭101井—遵义一线以南，古隆起斜坡部向北延伸至宁211井—黄206井—武隆黄草剖面一线。由古隆起核部至古隆起凹陷区，发育三大地形坡折。

川南地区发育三角洲相、潮坪相、陆棚相和重力流沉积。三角洲相—潮坪相发育于黔中—雪峰古隆起边缘。其中，三角洲相分布于YS201井区、YS207井区和研究区东南部，由南向北进入盆地；潮坪相分布于三角洲相带之间，页岩中碳酸盐矿物含量较高。陆棚相发育于古隆起斜坡区，分为浅水陆棚和深水陆棚两个亚相。深水陆棚发育于浅水陆棚前方，可细分为深水斜坡、深水平原和深水洼地三个微相。深水洼地发育于泸202井—宜201井—宁211井区、泸208井区和太和1井区，四周被深水平原和深水斜坡环绕。深水斜坡至深水平原位置地形坡降大，三角洲前缘发生滑动、滑塌，常形成重力流沉积。

受物源影响，川南不同地区沉积微相类型差异。其中，北部由于物源供给少，故页岩钙质含量较高，浅水陆棚亚相以钙质陆棚微相为主；南部由于物源供给充分，故潮坪相发育黏土坪微相，浅水陆棚亚相发育黏土质陆棚沉积微相。

二、相模式

地质历史时期，陆表海沉积环境广泛分布，具有地形坡降小、水深浅、分布面积广等特征。在低陆源供给的条件下，陆表海以清水碳酸盐沉积为主；而陆源供给相对充分时，陆表海以浑水细粒碎屑岩为主。五峰组—龙一₁亚段形成于陆表海沉积环境（图6-4-2），陆源供给较为充分，以黑色页岩为主。

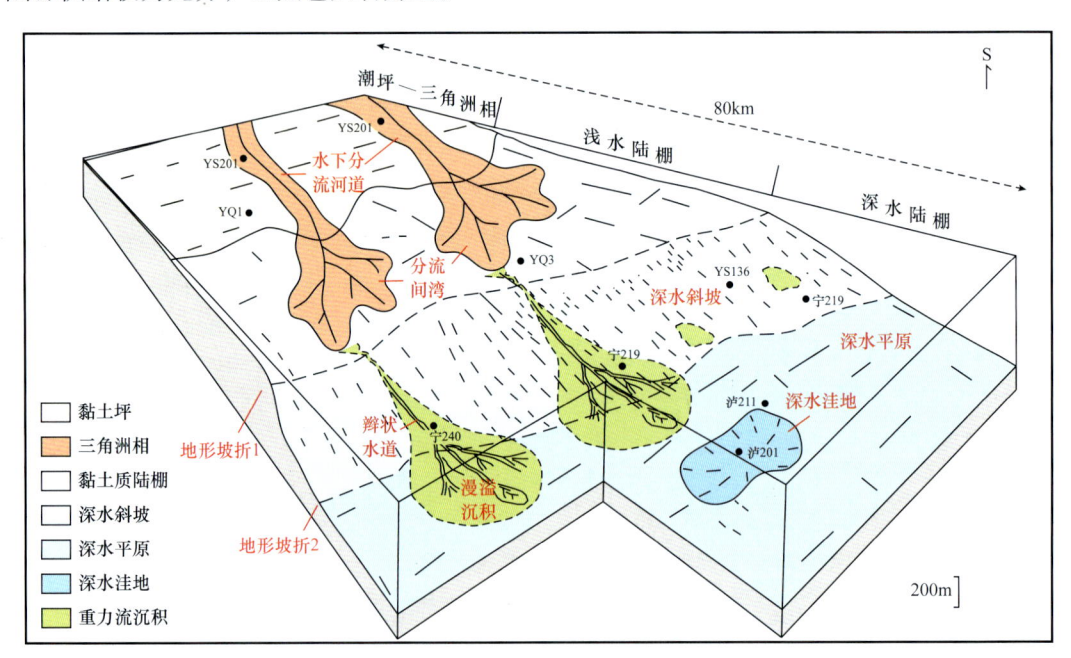

图6-4-2 川南地区五峰组—龙一₁亚段陆表海页岩沉积相分布模式

陆表海细粒碎屑岩沉积环境以潮坪相和陆棚沉积为主，在滨岸带有陆源输入的地区可形成三角洲沉积，三角洲前缘滑塌可在深水斜坡位置形成重力流沉积。陆表海沉积环境中，由于地形起伏、物源性质差异、物质搬运路径变化等，不同沉积相带可细分出不同沉积亚相和微相。如三角洲前缘位置分为水下分流河道和分流间湾两个微相，潮间坪可细分出钙质坪和黏土坪微相，浅水陆棚亚相可划分为钙质陆棚和黏土质陆棚，深水陆棚亚相可细分出深水斜坡、深水平原和深水洼地三个微相。

陆表海细粒碎屑岩沉积环境中，由滨岸带向沉积中心方向，由于物源供给减少及搬运距离的增加，页岩粒度由粗粉砂变为细粒泥，细粒泥含量逐渐增加。同时，页岩中的碳酸盐黏土矿物含量减少、硅质含量增加。

陆表海细粒碎屑岩沉积环境的形成与相对活跃的构造环境、温暖潮湿的古气候及快速上升的海平面密切相关。宝塔组形成过期，周缘板块构造活动稳定，陆源供给十分稀少，故扬子陆表海以清水沉积为主，碳酸盐岩台地大面积发育。从宝塔组沉积期进入五峰组形成时期，周缘板块构造活动增强，火山活动频繁，陆源碎屑供给增加，沉积物以清水沉积为主转变为以浑水沉积作用，从而形成了大套的细粒碎屑岩。五峰组—龙马溪组形成时期，川南地区整体处于热带—亚热带环境，气候温暖潮湿，水体以平流为主，水体含氧量低，故页岩有机质含量高。该时期由于海平面快速上升，从而造成沉积物沉积速率较低（0.5～31.2m/Ma），黑色页岩大面积分布。

第七章 低阻页岩特征与成因机理

四川盆地南缘（简称"川南"）发育多套富有机质黑色页岩，其下古生界沉积环境好、分布稳定、厚度大、范围广，品质与北美地区可比性，具有较大的勘探开发潜力。其中龙马溪组页岩气在威远、长宁、昭通、涪陵礁石坝等地区形成了规模化产能（埋深2000~3500m），目前已累计提交地质探明储量$10610×10^8m^3$，累计产页岩气超$260×10^8m^3$（Ma X et al.，2022）。川南泸州地区也获得了一系列页岩气高产井（埋深3500~4500m），资源量高达$16.31×10^{12}m^3$，实现了中国深层页岩气的战略性突破（Ma et al.，2021）。然而，川南长宁地区双龙罗场向斜、天宫堂背斜及泸州地区南部页岩气井测试产量以含气性差异大。这些地区电阻率低于$10Ω·m$、孔隙度低于5%及含水饱和度超过70%的页岩储层广泛发育，同时总含气量往往小于$1.5m^3/t$。但是也有部分低阻页岩气井具有较高测试产量，比如位于天宫堂背斜的宜203井，五峰组—龙马溪组页岩平均电阻率为$19.6Ω·m$，测试产量高达$19.4m^3/t$。大部分学者认为，石墨化是导致川南地区高成熟—过成熟阶段的页岩电阻率较低的主要原因（Spacapan et al.，2019；Wang et al.，2016；Zhang et al.，2022；Zhai et al.，2021），然而在泸州地区部分页岩储层电阻率低于$5Ω·m$，而R_o普遍分布于2.9%~3.3%，由此可见页岩过成熟造成的石墨化并不是导致川南页岩电阻率较低的唯一主控因素。此外，低阻页岩普遍发育是否是造成长宁地区及泸州地区页岩储层条件及含气性差异的主要原因目前仍需进一步探讨，这些问题极大制约了川南古生界下一步勘探部署工作。近年来，学者们普遍关注川南地区低阻页岩的分布特征及成因机制，同时对低阻页岩含气饱和度预测进行了一系列探索。本章在梳理川南地区不同类型低阻页岩发育特征及分布规律的基础上，重点剖析控制低阻页岩的重要因素，阐述不同类型低阻页岩的成因类型。

第一节 低阻页岩类型及发育特征

川南地区五峰组—龙马溪组电阻率低于$15Ω·m$的页岩储层广泛发育，不同地区低阻页岩主控因素差异较大。通过对川南地区五峰组—龙马溪组低阻页岩储层的矿物组成、结构、物理性质和有机地球化学特征，发现川南地区共发育三种低阻页岩储层。下面将从电阻率特征、矿物组成、地球化学特征、孔渗条件及含气特征等方面详细描述三种低阻页岩储层条件差异。

一、低阻页岩定义及分类

低阻储层最早指的是墨西哥湾低阻砂岩储层，通常这类储层孔隙度较高，电阻率小于$3Ω·m$，常分布于矿化程度较高的地层水环境中（Ashqar et al.，2016）。如今低阻储层这一概念沿用至各类非常规储层中（包括碳酸盐岩、页岩等），该类储层的含油气性逐渐成为关注焦点。低阻页岩储层可分为绝对低阻页岩及相对低阻页岩，其中绝对低阻页岩电阻率往往小于 20Ω·m，而绝对超低阻页岩电阻率通常小于 5Ω·m，低电阻率通常被认为是干气层的特征之一（Wang et al., 2016）。然而，随着页岩气勘探的进一步深入，在低阻页岩中同样发现了大量页岩气，并在局部地区获得高产气流。川南地区页岩以 5Ω·m、15Ω·m 为界限将页岩划分为超低电阻、低电阻、正常电阻页岩。其中超低电阻页岩及低阻页岩主要发育于长宁西、泸州、合江、自贡、渝西等五个地区。

以长宁地区为例，长宁地区构造可以分为研究区西北部的天宫堂背斜、西部的双龙—罗场向斜、东部的建武向斜及叙永背斜，分布的页岩气井龙一$_1^1$小层—龙一$_1^3$小层测井电阻率在 0.14~79.08Ω·m。不同构造区页岩气井龙一$_1^1$小层—龙一$_1^3$小层测井电阻率存在明显差异，其中，天宫堂背斜页岩气井电阻率在 1.26~36.67Ω·m 之间，平均值为 16.33Ω·m；双龙—罗场向斜页岩气井电阻率在 0.14~8.91Ω·m 之间，平均值为 1.44Ω·m 之间；建武向斜岩气井电阻率在 2.45~79.08Ω·m 之间，平均值为 37.04Ω·m；叙永背斜岩气井电阻率在 1.41~12.65Ω·m 之间，平均值为 5.23Ω·m。由此可见，长宁区块建产区（建武向斜）测井电阻率多为大于 15Ω·m，罗场向斜东部及天宫堂背斜的电阻率以 5~15Ω·m 居多，而小于 5Ω·m 主要集中于双龙向斜、罗场向斜西部及叙永背斜。小于 5Ω·m、5~15Ω·m、大于 15Ω·m 页岩气井的分布具有一定区域性。

二、不同类型低阻页岩的储层特征

通过聚类分析，根据矿物组成、TOC 和岩石物理参数，特别是电阻率，确定了三种低阻页岩储层类型。每种低阻页岩类型的特征如图 7-1-1、图 7-1-2 所示。

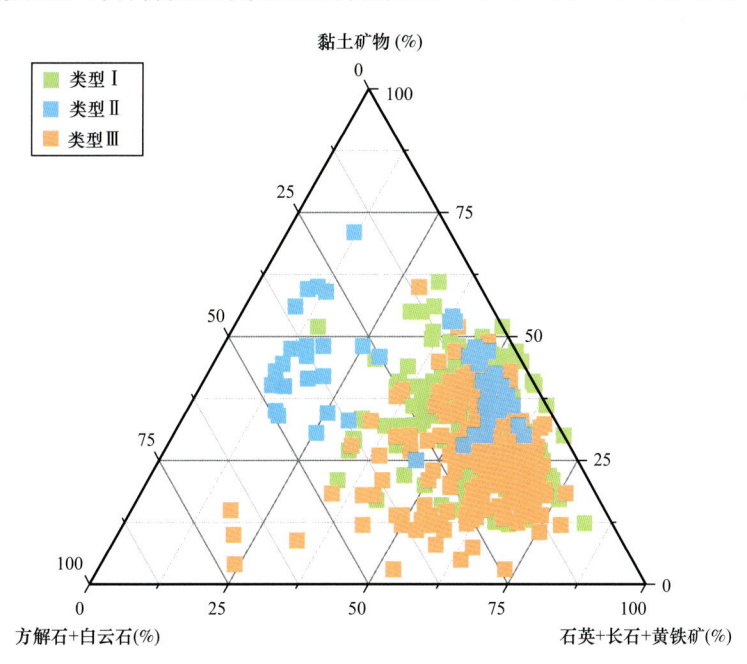

图 7-1-1　川南地区五峰组—龙马溪组低阻页岩碳酸盐岩含量—石英 + 长石 + 黄铁矿含量—黏土矿物含量三角图

低于电阻率高于 15Ω·m 的正常页岩。长宁地区低阻页岩孔隙度分布范围较广，范围为 0.4%～9.7%（平均值为 4.1%）。与长宁地区相比，低电阻率页岩样品的孔隙度变化范围有限，平均孔隙度为 4.5%。三种低电阻率页岩的孔隙度范围差异很大。三类页岩的孔隙度范围在三类页岩中最好，从 0.8%～8.3% 不等（平均值为 4.4%）。Ⅱ 型页岩的孔隙度最差，为 0.4%～3.6%。Ⅰ 型页岩的孔隙度介于 0.7%～9.7%（平均值为 4.1%）。

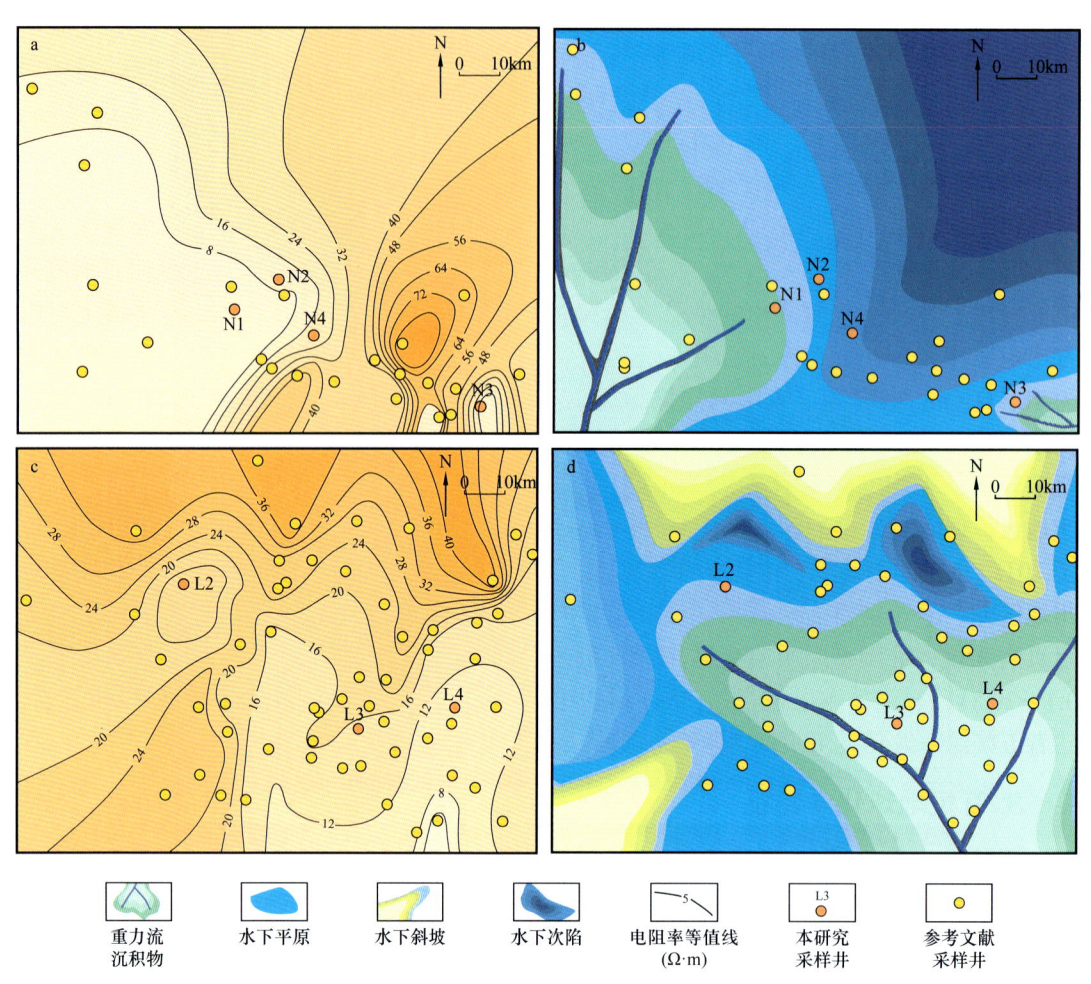

图 7-1-3　长宁地区及泸州地区五峰组—龙一$_1^4$小层电阻率平面分布及沉积微相分布
a. 长宁地区五峰组—龙一$_1^4$小层平均电阻率平面分布图；b. 长宁地区五峰组—龙一$_1^4$小层沉积微相平面分布图；
c. 泸州地区五峰组—龙一$_1^4$小层电阻率平面分布图；d. 泸州地区五峰组—龙一$_1^4$小层沉积微相平面分布

5. 低温热液改造特征

通过全岩—微区原位元素、矿物学、同位素及包裹体研究，本次研究发现长宁地区 Ⅱ 类低阻页岩储层往往受到后期热液的改造。研究发现 Ⅱ 类低阻页岩中普遍发育长为 5～6mm，宽至 1～2mm 细脉，细脉主要由纹绿泥石、钡冰长石、重晶石等热液矿物组成，这些热液矿物组合指示长宁地区低阻页岩发育程度可能与后期热液作用有关（图 7-1-5—图 7-1-7）。

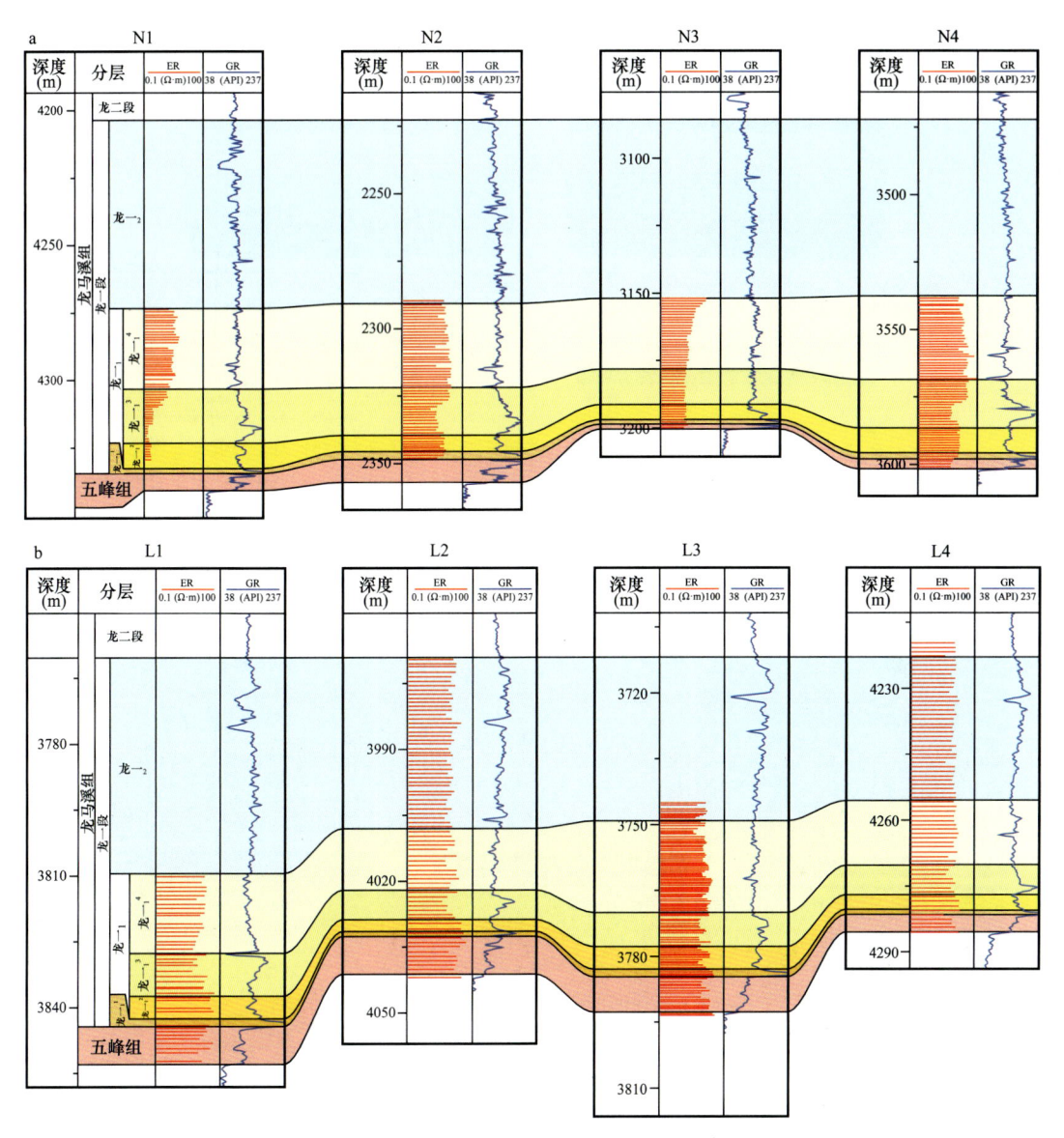

图 7-1-4 长宁地区及泸州地区低阻页岩典型钻井的连井剖面及电阻率（ER：Electric Resistivity）纵向变化情况

a. 长宁地区典型低阻页岩钻井剖面，宁 222 井—宁 211 井—宁 227 井—宁 233 井连井剖面；b. 泸州地区典型低阻页岩钻井剖面，泸 204 井—泸 205 井—阳 101H3-8 井—泸 210 井连井剖面

1）受热液改造的低阻页岩全岩地球化学元素特征

根据对比 Ⅱ 类低阻页岩储层及 Ⅰ 类低阻页岩储层的全岩地球化学元素组成，Ⅱ 类低阻页岩储层的 SiO_2 和 Al_2O_3 的含量远高于 Ⅰ 类低阻页岩的主量元素氧化物的含量。Ⅰ 类低阻页岩储层的 SiO_2 和 Al_2O_3 平均含量（质量分数）分别为 65.94% 和 10.29%，而 Ⅱ 类低阻页岩储层的这些值（质量分数）分别为 54.20% 和 12.22%。值得注意的是，Ⅱ 类低阻页岩样品的 MnO 和 FeO 含量比 Ⅰ 类低阻页岩样品更丰富。Ⅱ 类低阻页岩样品中 MnO 和 FeO 的平均含量（质量分数）分别为 0.09% 和 3.17%。硅质岩中铁、锰高度富集往往与热液活动有关（图 7-1-8），Al—Mn—Fe 三角图图解及 Fe/Ti—Al/（Al+Fe）图版均可用来直观

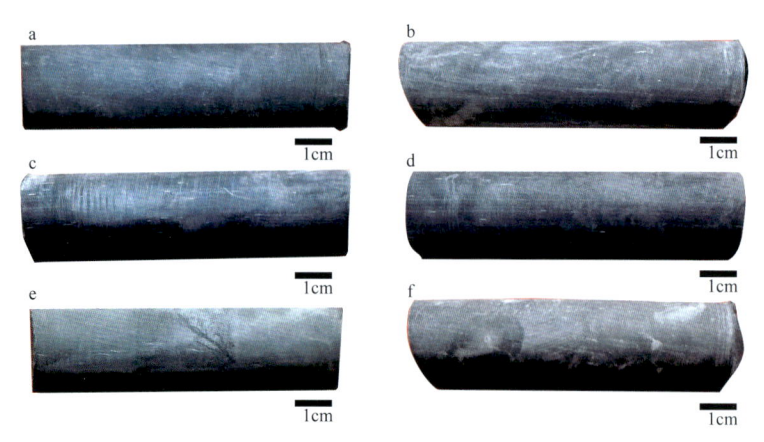

图 7-1-5　长宁地区Ⅱ类低阻页岩储层岩心照片

a. 块状黏土质页岩发育细脉，宁 211 井，2328.4m，五峰组—龙马溪组平均电阻率为 8.02Ω·m；b. 块状黏土质页岩发育细脉，宁 211 井，2336.94m，6.57Ω·m；c. 硅质—黏土质页岩，宁 211 井，2338.09m，4.70Ω·m；d. 硅质—黏土质页岩，宁 233 井，3163.99m，3.31Ω·m；e. 粉砂质页岩，宁 211 井，3928.86m，5.948Ω·m；f. 粉砂质页岩，宁 230 井，3276.13m，4.59Ω·m

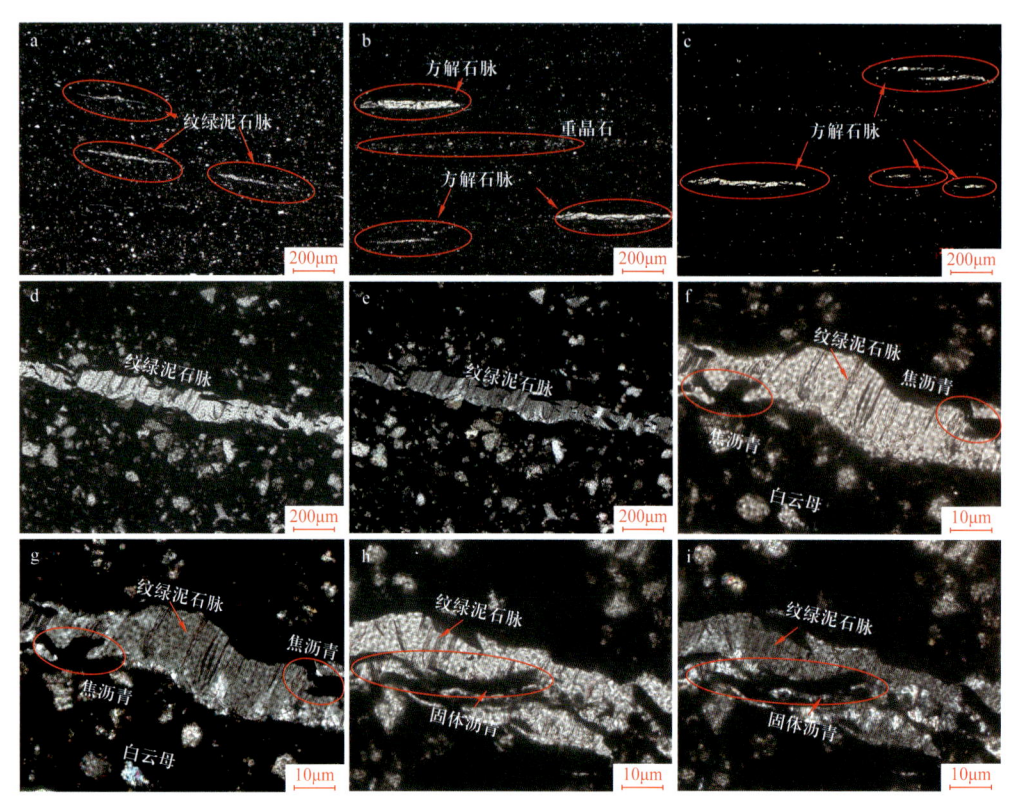

图 7-1-6　Ⅱ类低阻页岩细脉镜下特征

a. 块状黏土质页岩中发育纹绿泥石细脉，单偏光，宁 211 井，2328.4m，8.02Ω·m；b. 块状页岩中发育方解石及重晶石细脉，单偏光，宁 211 井，2336.94m，6.57Ω·m；c. 在硅质—黏土质页岩中发育方解石细脉，正交光，宁 233 井，3163.99m，3.31Ω·m；d. 硅质—黏土质页岩中的纹绿泥石细脉，单偏光，宁 233 井，3163.99m，3.31Ω·m；e. 硅质—黏土质页岩中的纹绿泥石细脉，正交光，宁 233 井，3163.99m，3.31Ω·m；g. 粉砂质页岩中发育包裹焦沥青的纹绿泥石细脉，正交光，宁西 202 井，3928.86m，5.948Ω·m；h. 粉砂质页岩中纹绿泥石细脉包裹固体沥青，单偏光，宁 230 井，3276.13m，4.59Ω·m；i. 粉质页岩中棕硅岩包裹的固体沥青，平面偏振光，N230 井，3276.13m，4.59Ω·m

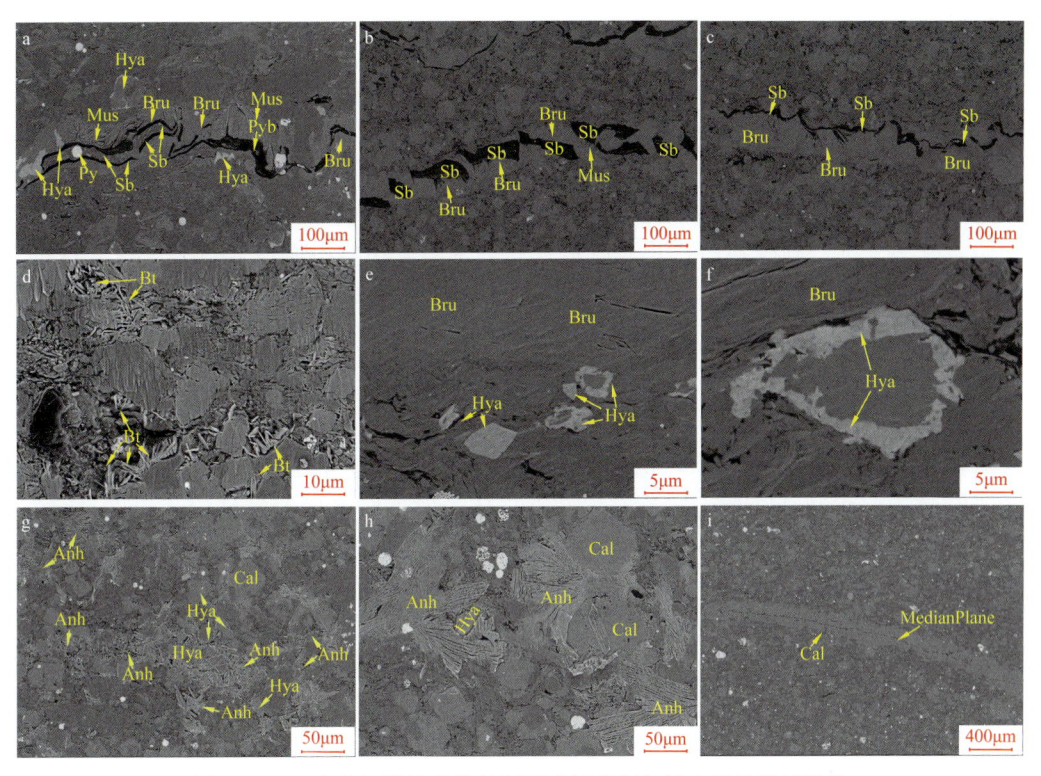

图 7-1-7　发育细脉的Ⅱ类低阻页岩场发射扫描电子显微镜图像

a. 纹绿泥石—白云母—冰钡长石细脉包裹有机质，背散射图像，宁 211 井，2328.4m，8.02Ω·m；b. 纹绿泥石—白云母—冰钡长石细脉包裹固体干酪根，背散射图像，宁 211 井，2336.94m，6.57Ω·m；c. 纹绿泥石—白云母—冰钡长石细脉包裹笔石碎片，背散射图像，宁 233 井，3163.99m，3.31Ω·m；d. 重晶石往往呈不定形状及树枝状—针状，与 San Francisco 克拉通盆地中热液矿床中重晶石形态十分相似，背散射图像，宁 233 井，3168.00m，2.43Ω·m；e. 钡冰长石主要形态为不定形状填充于裂缝及自形程度比较好的块状，背散射图像，宁 233 井，3167.15m，1.83Ω·m；f. 块状钡冰长石，背散射图像，宁西 202 井，3928.86m，5.948Ω·m；g. 晶簇状、树枝状硬石膏充填于微裂缝中，背散射图像，宁西 202 井，3928.86m，5.948Ω·m；h. 晶簇状、树枝状硬石膏矿物细节，背散射图像，宁西 202 井，3930.49m，5.864Ω·m；i. Ⅱ类低阻页岩中发育的方解石细脉，背散射图像，宁 230 井，3276.13m，4.59Ω·m.

Hya—钡冰长石，Mus—白云母，Sb—固体沥青，Pyr—焦沥青，Bru—纹绿泥石，Py—黄铁矿，Bt—重晶石，Anhydrite—硬石膏，Cal—方解石

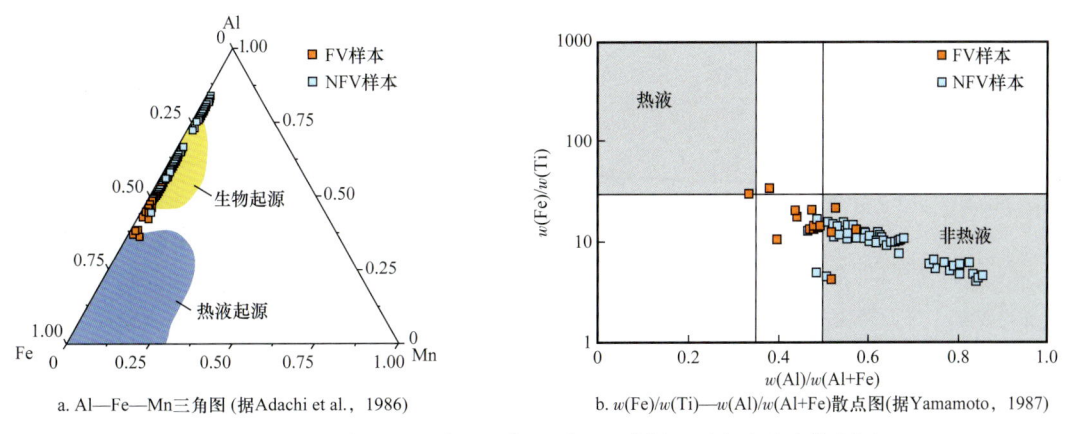

a. Al—Fe—Mn 三角图（据 Adachi et al., 1986）

b. $w(Fe)/w(Ti)$—$w(Al)/w(Al+Fe)$ 散点图（据 Yamamoto, 1987）

图 7-1-8　川南地区五峰组—龙马溪组两类低阻页岩硅质矿物来源

样品来自宁 233 井、宁 211 井及宁西 202 井（共 56 个样品）

判别硅质岩形成过程是否与热液相关（Liu et al., 2022），通过两个图解说明长宁地区Ⅰ类低阻页岩样品形成过程基本与热液无关，而Ⅱ类低阻页岩样品形成过程可能受到热液的影响，但是影响程度不大。

2）热液矿物组合特征

Ⅱ类低阻页岩储层中，热液矿物组成类型及发育特征揭示了该类低阻页岩电性特征与后期热液的关系，通过牙钻将Ⅱ类低阻页岩的细脉矿物取出进行XRD测试，结合扫描电子显微镜及电子探针分析，发现脉体的主要成分为纹绿泥石、钡冰长石、重晶石及方解石，次要矿物为白云母、硬石膏、钾长石及钡长石。

通过将绿泥石投射到Zane-Weiss所总结的绿泥石成因图版中，发现Ⅱ类低阻页岩中发育的细脉绿泥石归类为纹绿泥石（图7-1-9）。高含量的锰是这种绿泥石最易识别的地球化学指标。因此，出于以下讨论的目的，将其命名为富Al—Mn的纹绿泥石。Ⅱ类低阻页岩细脉主要由富Al—Mn纹绿泥石组成，脉体附近经常可以发现白云母。部分绿泥

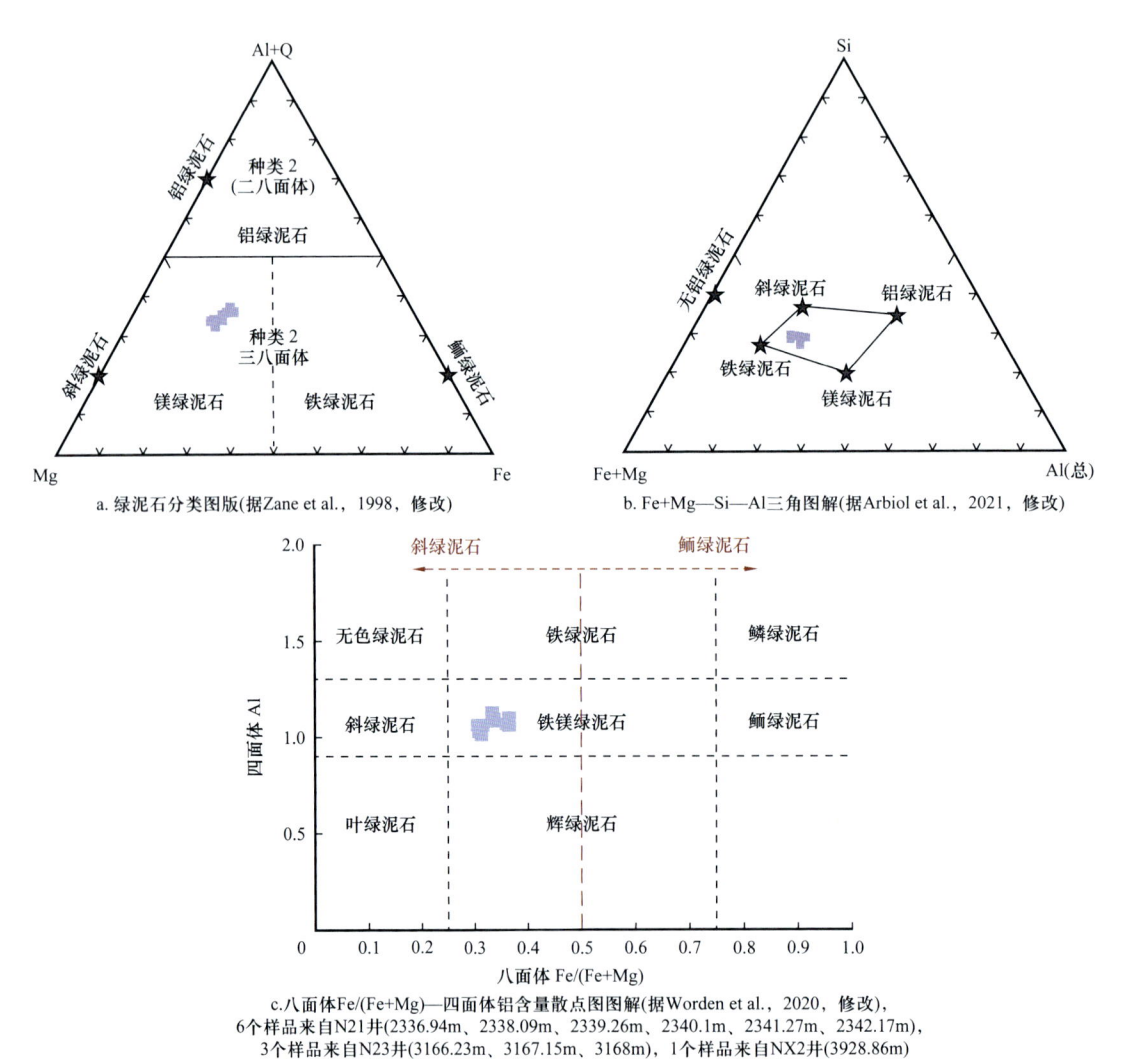

a. 绿泥石分类图版(据Zane et al., 1998, 修改)

b. Fe+Mg—Si—Al三角图解(据Arbiol et al., 2021, 修改)

c. 八面体Fe/(Fe+Mg)—四面体铝含量散点图图解(据Worden et al., 2020, 修改)，
6个样品来自N21井(2336.94m、2338.09m、2339.26m、2340.1m、2341.27m、2342.17m)，
3个样品来自N23井(3166.23m、3167.15m、3168m)，1个样品来自NX2井(3928.86m)

图7-1-9 长宁地区五峰组—龙马溪组低阻页岩热液细脉中绿泥石的分类

石脉边部与重晶石、钡长石及冰钡长石发育嵌晶式胶结，矿物边界模糊，扫描电子显微镜下可发现上述矿物具有明显交互共生关系（图7-1-7）。其中，长条状固体干酪根及不定形沥青常常被绿泥石脉体包裹（图7-1-7），大部分固体干酪根由笔石碎片、放射虫碎片及微粒体组成，而沥青类型主要为焦沥青。同时，被绿泥石脉环绕的有机质往往不发育有机孔（图7-1-7）。绿泥石细脉电子探针结果显示，其Al_2O_3和SiO_2含量分布范围分别为20.33%～22.57%及28.11%～29.61%。而MgO含量在19.85%～22.97%之间变化，FeO含量则在16.28%～18.68%之间变化。值得注意的是，富Al—Mn绿泥石细脉中锰元素较为富集，其中MnO含量达到0.76%。根据相关研究发现，绿泥石形成温度与四面体铝含量密切相关，Ⅱ类低阻页岩细脉中四面体铝含量较低，说明其形成温度不高（图7-1-9）。此外，根据Kranidiotis-MacLean地温计和Inoue地温计，计算了Ⅱ类低阻页岩绿泥石细脉的形成温度，发现Ⅰ类低阻页岩样品的Al—Mn纹绿泥石形成温度在150～175℃之间。根据纹绿泥石稀土元素配分模式可以看出，纹绿泥石脉和低阻页岩全岩样品的球粒陨石标准化稀土元素配分曲线具有明显区别（图7-1-10）。五峰组—龙马溪组

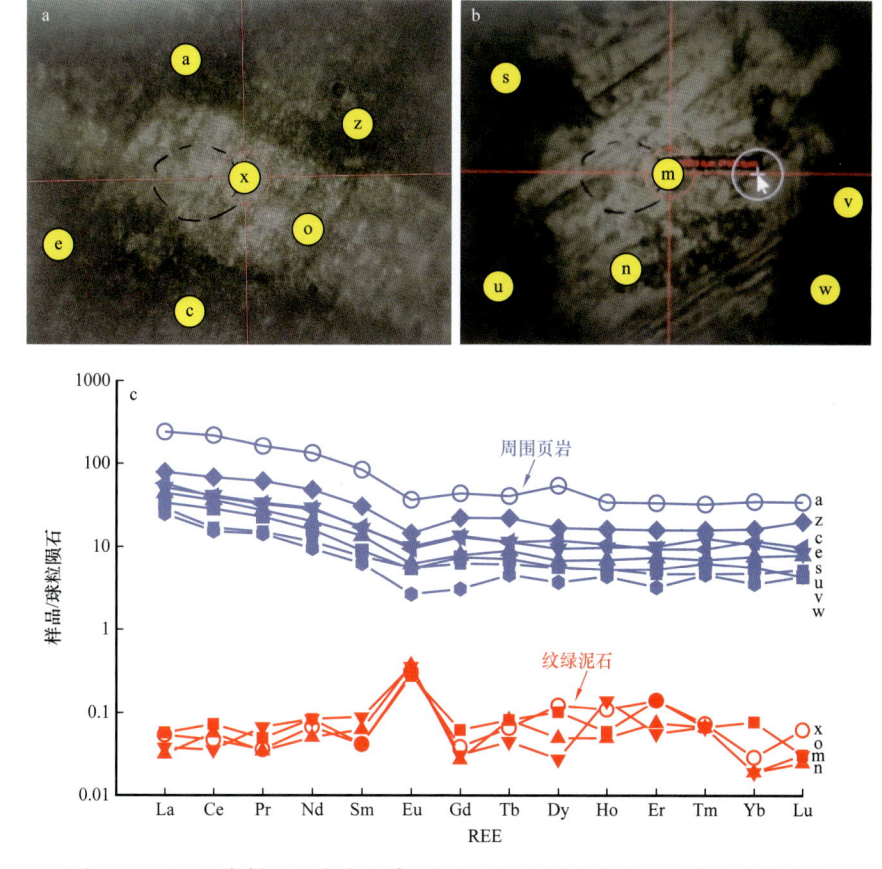

图7-1-10 Ⅱ类低阻页岩中细脉纹绿泥石及页岩全岩稀土元素配分模式图
a. 对样品2339.26m（宁211井）进行激光剥蚀电感耦合等离子体质谱检测（LA—ICP—MS），激光剥蚀区纹绿泥石脉反射光下显微照片及检测点；b. 对样品3167.15m（宁233宁）进行激光剥蚀电感耦合等离子体质谱检测（LA—ICP—MS），激光剥蚀区纹绿泥石脉反射光下显微照片及监测点；c. 纹绿泥石原位球粒陨石标准化后的稀土元素配分曲线（点a、z、c、e、s、u、v、w）与周围页岩球粒陨石标准化后的稀土元素配分曲线（x、o、m、n），样品2339.26m（宁211井，a、z、x、o、e、c点）及样品3167.15（宁233井，s、u、m、n、v、w）

页岩全岩样品稀土元素配分曲线具有右倾及轻微负 Eu 异常的特征，与北美页岩（PAAS）稀土元素配分曲线十分相似，Ⅱ类低阻页岩全岩样品 EuN/Eu*N 分布范围为 0.61~0.81。然而，来自 N21 井、NX2 井和 N23 井的纹绿泥石细脉稀土元素配分曲线展示出平坦的 REEN 模式，Eu 具有明显正异常，EuN/Eu*N 分布范围在 5.46~9.10 之间。

除了 brunsvigite-mica 矿物组合以外，部分细脉由重晶石、钡冰长石、钡长石、钡云母、硬石膏及钾长石组成（图 7-1-7d~g）。在扫描电子显微镜下重晶石往往呈不定形状及树枝状—针状，与 San Francisco Craton 热液矿床中重晶石形态十分相似（Okubo et al.，2020）。不定形状重晶石与钡长石、钡冰长石接触边界不清晰，该组同生矿物组合充填于细脉中。5 个样品中重晶石脉 BaO 含量为 64.40%~65.95%，SO_2 为 34.28%~36.47%，SrO 为 0.19%~0.30%，Al_2O_3 含量为 0.06%~0.21%，重晶石脉中存在 Ba 被 Sr、Al 元素取代的现象。钡冰长石作为正长石的含钡变种，其结构类似于低温钾长石（Dekov et al.，2022）。形态以不定形状填充于细脉及块状为主，块状钡冰长石常发育于细脉附近。块状钡冰长石往往具有环带状结构，内外环带成分具有明显区别（Zan et al.，2022）。以 N21 井 2325.88 样品为例，块状钡冰长石外环带 BaO 含量（质量分数）为 17.09%，K_2O 含量为 7.83%，SiO_2 含量为 52.09%，外环带钡冰长石平均化学式为 $K_{0.51}Ba_{0.34}Al_{1.38}Si_{2.65}O_8$，中环带 BaO 含量（质量分数）12.28%，$K_2O$ 含量（质量分数）为 8.69%，SiO_2 含量（质量分数）为 56.62%，中环带钡冰长石平均化学式为 $K_{0.55}Ba_{0.24}Al_{1.28}Si_{2.78}O_8$，内环带 BaO 含量（质量分数）为 11.67%，K_2O 含量（质量分数）为 9.7%，SiO_2 含量（质量分数）为 56.21%，内环带钡冰长石平均化学式为 $K_{0.62}Ba_{0.23}Al_{1.20}Si_{2.83}O_8$，由此可见外环带 Ba 含量高于核部，K 含量则低于核部（图 7-1-11）。此外，与重晶石、钡冰长石共生的矿物还有硬石膏（图 7-1-7g、h）。

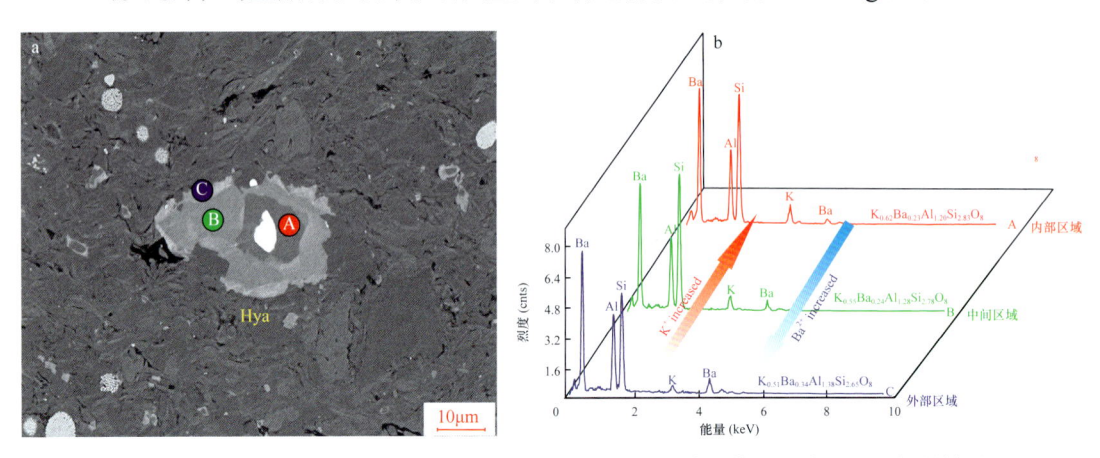

图 7-1-11 具有环带特征的块状钡冰长石扫描电子显微镜图像及对应的电子探针结果
a. 块状钡冰长石背散射图像及电子探针取样点，2325.88m，宁 211 井；b. 内部环带、中间环带及外部环带块状钡冰长石能谱及电子探针定名结果

与常规块状硬石膏不同，Ⅱ类低阻页岩样品硬石膏形态主要为晶簇状、树枝状充填于微裂缝中，与冰岛北部 Grimsey 热液硬石膏形态类似。宁 211 井和宁 233 井的 8 个样品中重晶石细脉的总稀土元素含量在 164.32~216.31mg/L 之间，平均值为 188.27mg/L，其稀土元素总量远高于 PAAS（图 7-1-12）。同时，7 个样品稀土元素配分曲线皆具有轻微的正 Eu 异常（EuN/Eu*N：1.71~1.83；图 7-1-12），这与纹绿泥石的稀土配分模式十分相似（图 7-1-10）。

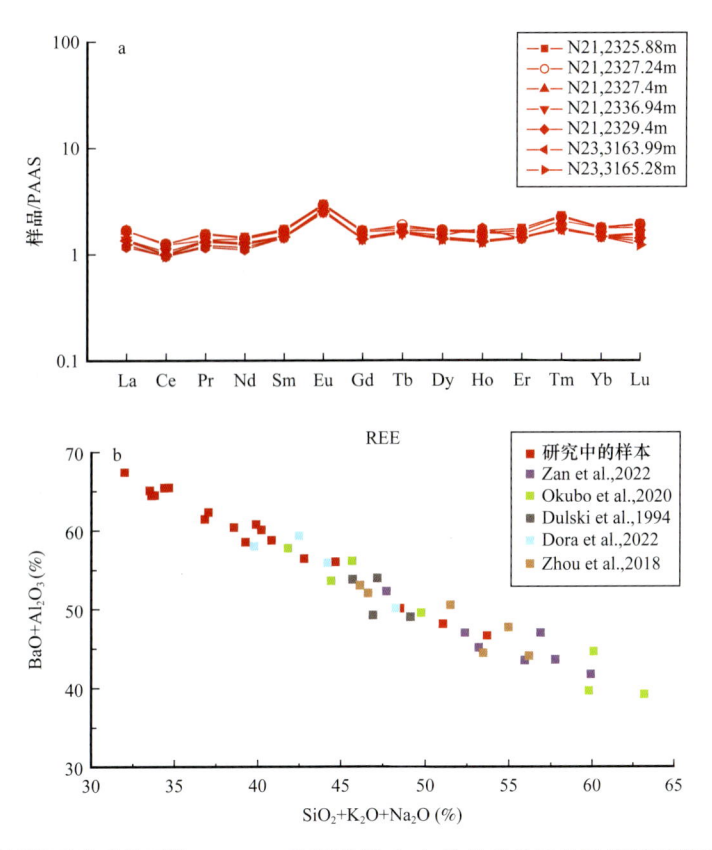

图 7-1-12　Ⅱ类低阻页岩重晶石脉 ICP-MS 检测结果（a）及长宁地区Ⅱ类低阻页岩重晶石买主量元素特征与其他研究区典型热液重晶石脉对比（b）

Ⅱ类低阻页岩样品中方解石细脉十分发育，方解石脉常常呈纤维状、网状及条带状，方解石脉具有表面粗糙、形态不完整、边缘呈锯齿状及溶蚀改造较为明显等特点。此外方解石脉附近常常发育块状铁白云石（图 7-1-6）。通过碳氧同位素，发现Ⅱ类低阻页岩样品中方解石脉主要分为两期。第一期方解石脉 $\delta^{13}C_{V-PDB}=0.72‰\sim3.17‰$，平均值为 1.87‰，$\delta^{18}O_{V-PDB}=-9.45‰\sim-6.23‰$，平均值为 -8.03‰。第二期方解石脉 $\delta^{13}C_{V-PDB}=-10.11‰\sim1.45‰$，平均值为 -4.47‰，$\delta^{18}O_{V-PDB}=-16.65‰\sim-7.05‰$，平均值为 -13.19‰。通过经典碳氧同位素流体来源图版分析，Ⅱ类低阻页岩中方解石脉可能来源于海相沉积碳酸盐岩、低温热液及烃类热解等混合流体（图 7-1-13a、b；Wu et al.，2021）。通过对与低温热液相关程度较大的方解石脉进行电子探针分析，发现该类脉体主量元素与周围低阻页岩差异较为明显。通常与热液活动相关的方解石脉 Fe、Mn、Mg 含量较高，而周围低阻页岩中 Fe、Mg 和 Al 含量较高，但 Mn 含量较低。龙马溪组低阻页岩主要由 SiO_2、Al_2O_3、FeO、MnO、MgO 和 CaO 组成，平均含量分别为 60.60%、11.17%、3.24%、0.06%、2.43% 和 2.27%。热液方解石脉主要由 CaO、MgO、FeO、MnO 和 Al_2O_3 组成，平均含量分别为 54.45%、0.46%、0.42%、0.29% 和 0.26%（图 7-1-13）。方解石脉体与附近低阻页岩的 Sr 同位素差异可以用来表征流体来源及构造保存条件（孙博，2018）。NX2 井、N23 井及 N21 井热液成因的方解石脉 $^{87}Sr/^{86}Sr$ 分布于 0.716115～0.721060，细脉附近的页岩 $^{87}Sr/^{86}Sr$ 分布于 0.714118～0.718738，二者差异分布于 0.001030～0.002322，远大于长宁背斜（图 7-1-14）。根据 N23 井、N21 井、N22 井及

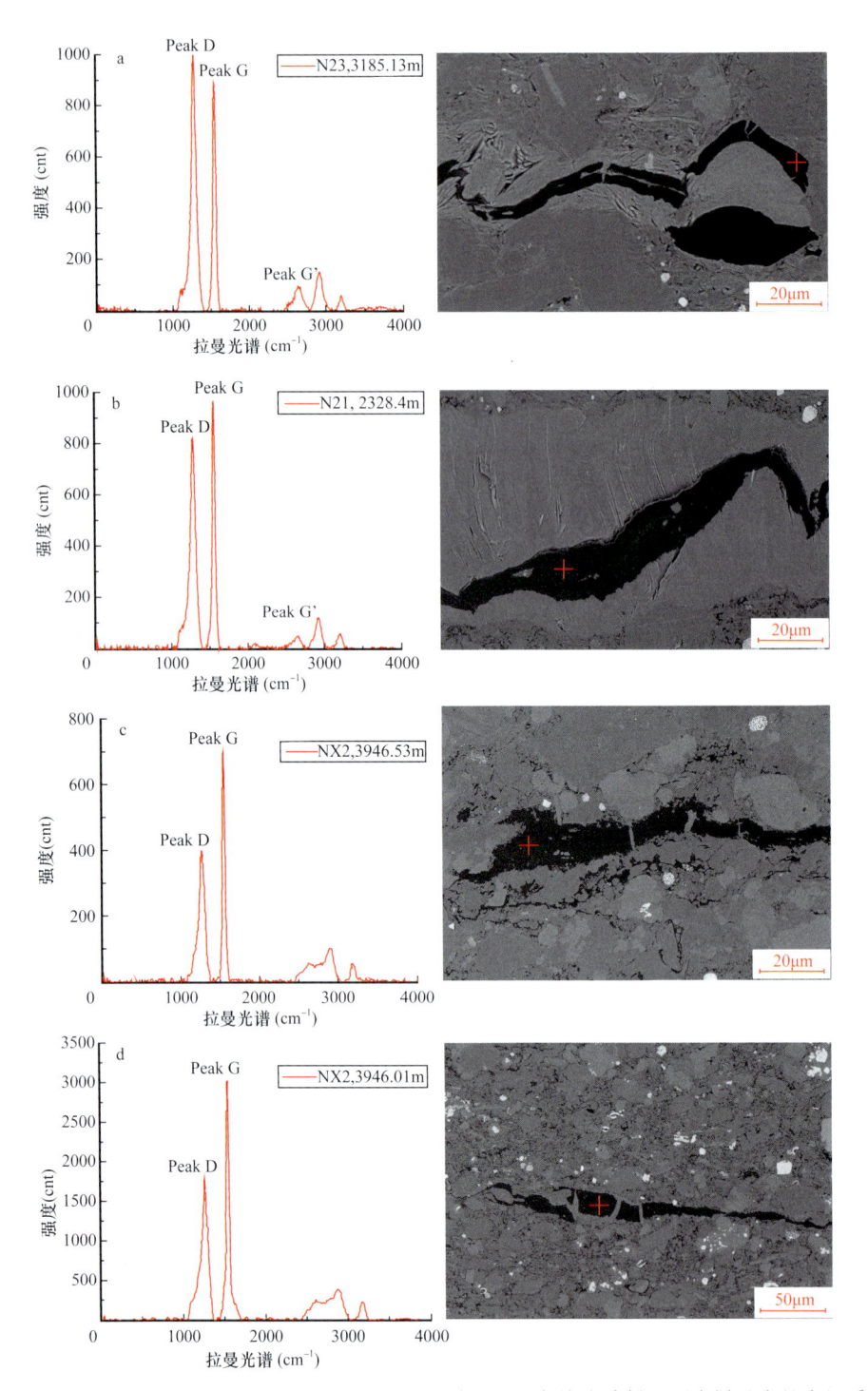

图 7-1-15 RISE 系统中的低阻页岩热液脉附近有机质及不发育热液脉低阻页岩样品中的有机质背散射图像及拉曼光谱

a. 固体干酪根发育了高程度石墨化，宁 233 井，3185.13m，Dh/Gh 为 1.12，R_o 为 3.92%，五峰组—龙马溪组平均电阻率为 1.69Ω·m；b. 固体干酪根发生了高程度石墨化，宁 211 井，2328.4 m，Dh/Gh 为 0.88，R_o 为 3.82%，五峰组—龙马溪组平均电阻率为 8.01Ω·m；c. 没有发育石墨化的有机质，宁西 202 井，3946.53 m，Dh/Gh 为 0.56，R_o 为 3.45%，五峰组—龙马溪组平均电阻率为 20.40Ω·m；d. 没有发生石墨化的笔石碎片，宁西 202 井，3946.01 m，Dh/Gh 为 0.59，R_o 为 3.49%，五峰组—龙马溪组平均电阻率为 17.49Ω·m

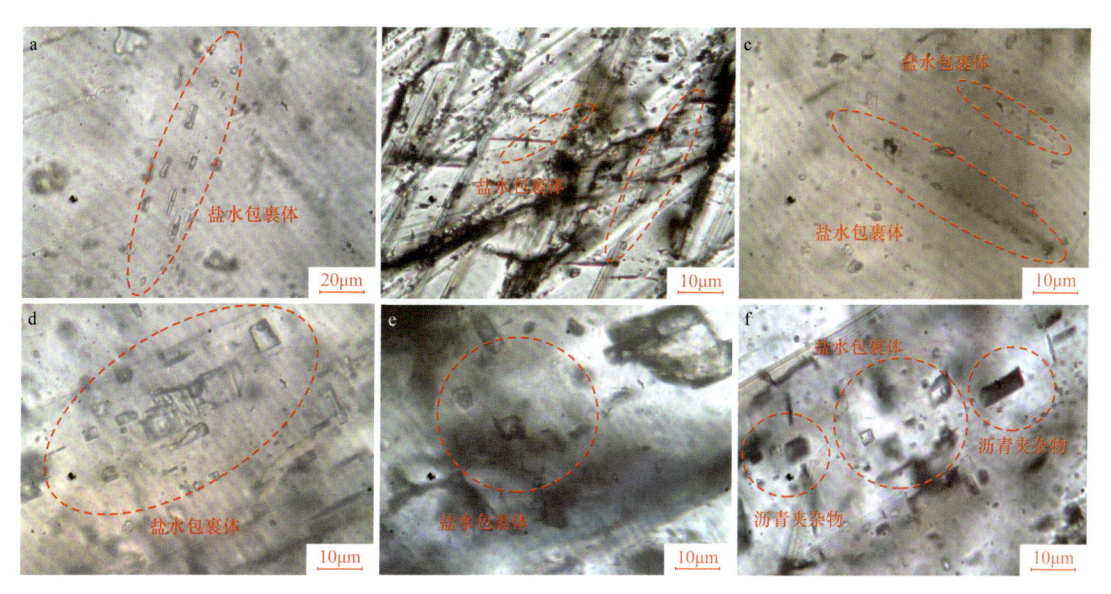

图 7-1-16 热液相关方解石脉中盐水包裹体镜下特征

a. 气—液两相盐水包裹体沿微裂缝呈带状分布，宁西 202 井，3946.53m；b. 气—液两相盐水包裹体沿方解石解理呈带状分布，宁西 202 井，3944.80m；c. 气—液两相盐水包裹体沿微裂缝呈带状分布，宁西 202 井，3920.77m；d. 气—液两相盐水包裹体沿方解石解理呈带状分布，宁 233 井，3163.99m；e. 盐水包裹体呈团状分布，宁 233 井，3165.28m；f. 油包裹体及盐水包裹体沿方解石解理缝分布，宁 233 井，3168m

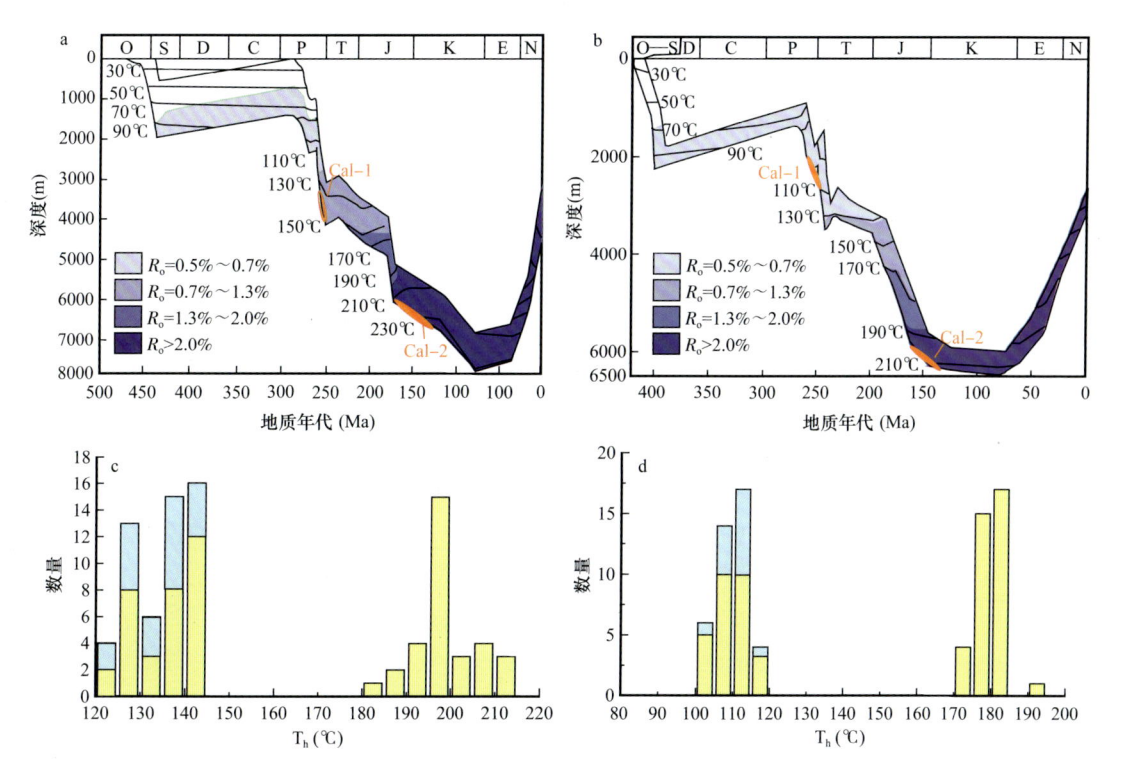

图 7-1-17 Ⅱ 类低阻页岩热液相关方解石脉及重晶石脉的盐水包裹体均一温度及形成时间

a、b. NX 202 井及 N233 井的热演化史—埋藏史及热液相关方解石脉形成时间（热演化史及埋藏史据 Wu et al., 2021）；
c、d. NX 202 井及 N233 井低阻页岩的方解石脉及重晶石脉中盐水包裹体均一温度

— 187 —

第二节　低阻页岩成因机制及主控因素

目前，页岩储层低阻成因尚无定论，储层特征和低阻页岩储层特征及含气性的联系尚不明确，极大地制约了低阻页岩气勘探开发进程。目前造成页岩出现低阻现象的原因主要有五个：（1）有机质在过成熟阶段发生的石墨化现象能够使碳原子排列更为有序，烃类物质转化为成层状分布的石墨，增加了页岩储层中自由电子的流动能力，是过成熟页岩出现低阻现象的主要因素（Senger et al., 2021；Spacapan et al., 2019）；（2）高含量有机质大幅度增加孔隙比表面从而增加阳离子交换量，同时连通程度较高的有机孔网络增加了复电阻率的各向同性和正交导电性成分，孔隙导电流体在输入电压后形成的导电路径变短导致电阻率降低（Zhang et al., 2022）；（3）部分矿物对页岩的电阻率具有直接影响，比如具有低阻—高极化特征的黄铁矿、增加阳离子交换量的黏土矿物及页岩抗压强度从而保护储集空间的石英（Zhang et al., 2022；Zhong et al., 2022）；（4）多尺度裂缝及断层发育导致页岩电阻率降低（Wang et al., 2021）；（5）地层水矿化度增加从而降低页岩电阻率（Zan et al., 2022；Zhong et al., 2022）。学者们普遍指出 TOC 含量及成熟度、矿物组分及断层发育程度对页岩电阻率特征影响较大，这些因素受沉积环境、成岩过程及构造活动的影响很大。同时，低阻页岩形成原因往往受到多种因素的综合影响，单一因素很难造成低阻页岩大规模出现。因此，沉积过程、成岩作用及构造活动共同影响下低阻页岩的成因机制仍需深入研究。综合以上分析，本节探索了川南地区沉积环境、成岩过程及构造活动对于不同类型页岩电阻率的控制作用，明确了泸州地区与长宁地区的低阻页岩成因机制差异，在此基础上探讨了川南页岩低阻发育程度对于页岩含气性及储层物性的影响。基于对长宁地区及泸州地区低阻页岩气井页岩储层特征分析，发现川南地区低阻页岩广泛发育的主要原因有三点：重力流广泛分布导致页岩中黏土矿物含量高、构造保存条件差及峨眉山玄武岩溢流造成的广泛的页岩石墨化。

一、低阻页岩相关参数及主控因素筛选

通过 Pearson 相关性分析与随机森林分析，明确了川南地区低阻页岩主控因素。在统计学中，Pearson 相关系数用来度量两个变量 X 和 Y 之间的相互关系，取值范围介于 $-1\sim 1$，Pearson 相关系数在学术研究中被广泛应用来度量两个变量线性相关的强弱。首先，基于 Pearson 线性相关性分析初步筛选影响泸州及长宁低阻的主要因素，发现两个地区低阻页岩相关性较强的因素具有明显差异。根据对于长宁地区及泸州地区 519 个低阻页岩样品的电阻率、R_o、黏土矿物含量、黄铁矿含量、TOC 含量、含水饱和度、总含气量、断层密度及压力系数进行 Pearson 相关性分析，发现了长宁地区低阻页岩主要有与 R_o、黏土矿物含量及 TOC 含量等与页岩电阻率相关性最强，而泸州地区低阻页岩主要与断层密度、压力系数、黏土矿物、含水饱和度等与页岩电阻率相关性最强（图 7-2-1）。

数据挖掘是整个系统的核心过程，也是技术难点所在，通过对目标数据的个性化分析，进而挖掘其内在知识。目前常用的数据挖掘算法包括决策树算法、随机森林、逻辑回归、支持向量机及朴素贝叶斯算法等，在实际选择中，需根据具体的挖掘任务确定。在

此基础上，通过随机森林算法进行数据相关性深度挖掘（刘侠等，2022）。在基于 Pearson 相关性分析的基础上，选择了随机森林方法进行数据相关性深度挖掘。发现利用 Pearson 相关性分析与随机森林相关性分析优选的低阻页岩主控因素一致，相关性评判结果可靠（图 7-2-2）。

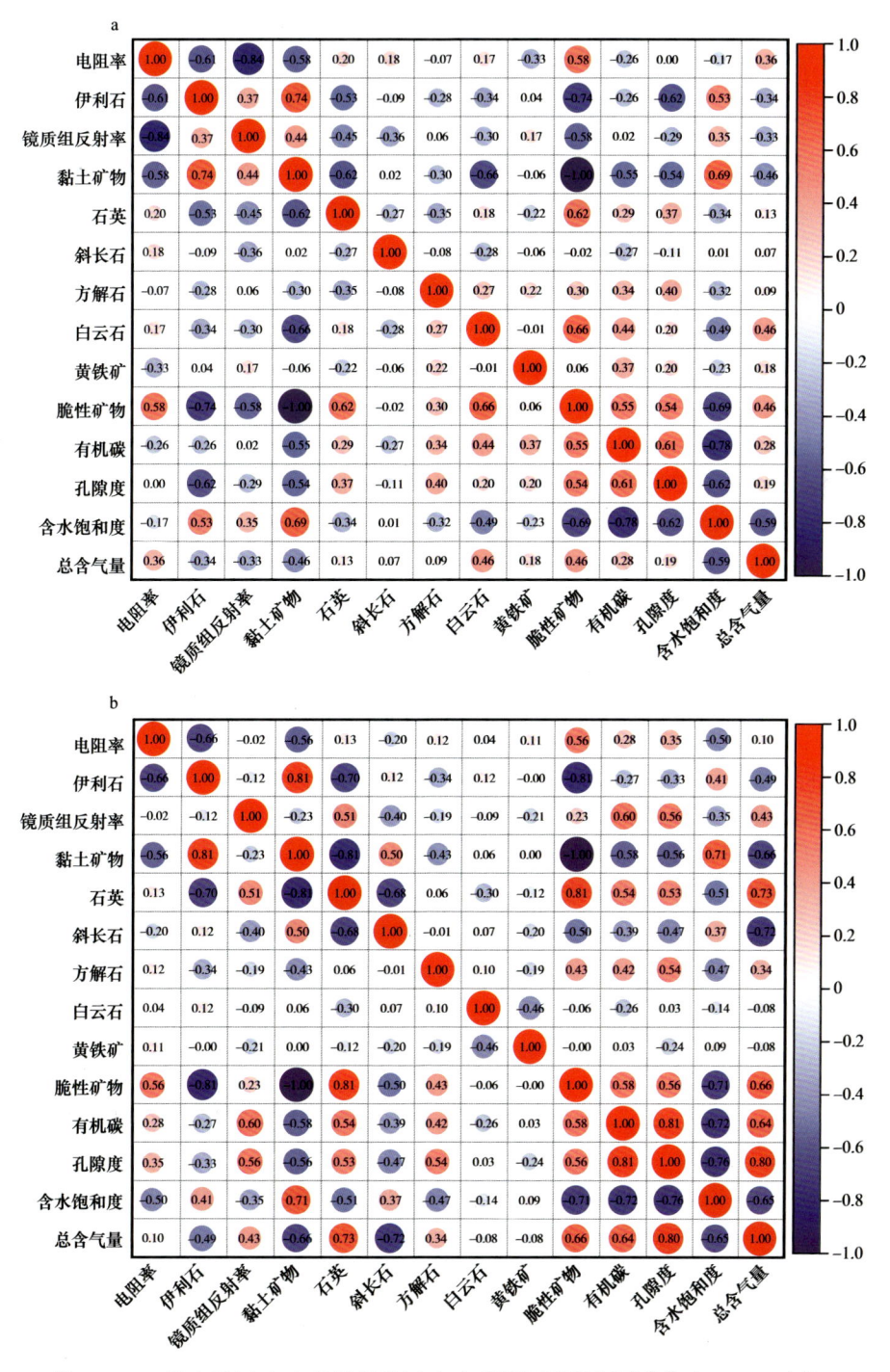

图 7-2-1　长宁地区（a）及泸州地区（b）低阻页岩控制因素优选 Pearson 图解

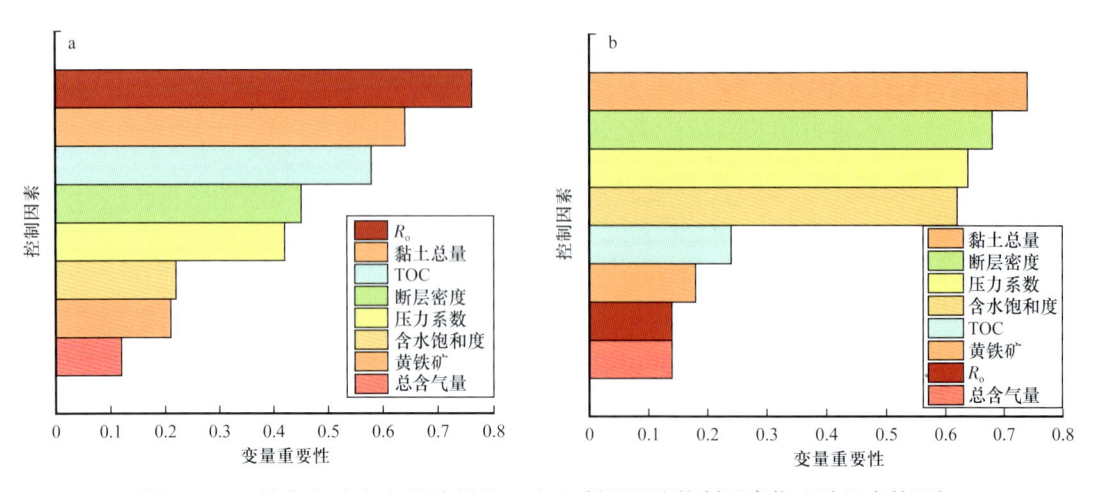

图 7-2-2　长宁地区（a）及泸州地区（b）低阻页岩控制因素优选随机森林图解

二、深水细粒重力流对低阻页岩的控制作用

重力流广泛发育是造成碎屑岩储层电阻率低的主要原因之一，目前已有大量学者在低阻砂岩油层中发现了这种现象。重力流沉积通常具有分选差，孔隙结构变化大的特点，这是造成砂岩储层具有低阻特征的原因之一（Di et al., 2010）。川南地区重力流主要发育于 LM3—LM5，对应龙一$_1^3$小层全区稳定分布（Han，2018）。目前已有学者在泸州地区及长宁地区发现了深水细粒重力流沉积，泸州地区重力流主要分布于该区东南部，电阻低于 12Ω·m 的区域基本与黏土矿物含量高 35% 的区域及深水重力流对应区域重合（Shi et al., 2022）；长宁地区重力流分布主要集中于该区西部及南部，页岩电阻低于 8Ω·m 的区域与黏土矿物含量高于 31.5% 的区域与深水重力流沉积相对应，说明重力流沉积控制着低阻页岩的分布范围（Ma et al., 2022）。通过观察岩心及薄片，川南重力流岩性主要为黏土质页岩及粉砂岩组成，黏土矿物含量及粉晶方解石含量较高，有机碳含量较低，粒序层理、波状层理、脉状层理及透镜状层理较为发育（Hai，2018）。笔者发现长宁地区及泸州地区低阻页岩具有低密度浊流的沉积构造，如泸 210 井中观察到周围暗色有机质层中夹杂着透镜状碎屑集合体，主要成分为黏土及粉砂岩，颗粒不定向排列，扫描电子显微镜中同样可观察到大量自形程度差的碎屑黏土，这些碎屑物质由浊流搬运而来，标志着陆源物质持续增加（图 7-2-3）。宁 211 井则可以观察到典型的侵蚀交错层理，薄片表现为粒度较粗的粉砂混杂陆源黏土发生冲刷、侵蚀下伏泥质沉积物，其成分以陆源碎屑为主，扫描电子显微镜图像中同样可以观察到大量纤维状伊利石，该沉积构造的出现同样说明龙马溪组晚期海平面下降导致陆源碎屑物质供给增加（图 7-2-3d—f）。因此，川南龙马溪组晚期沉积时期大量陆源碎屑物质在浊流的作用下发生快速堆积，分流程度低，造成黏土矿物含量普遍高于其他沉积环境中的页岩。

通过分析长宁地区及泸州地区深水重力流沉积环境下的页岩矿物成分与电阻率的关系（图 7-2-4），发现两个地区页岩中黏土矿物含量与电阻率负相关性较强，其中伊利石含量与电阻率的负相关性强于总黏土矿物含量（图 7-2-4）。这是因为高含量黏土矿物造成页岩储层抗压程度较弱，在压实作用影响下原生粒间孔大量减少（图 7-2-3）。黏土本身存在大量晶间孔，这些孔隙往往导致页岩束缚水饱和度大幅度增加，从而降低页岩电阻率。同时伊利石比表面积较大，阳离子交换量高达 10~40cmol/k，远高于绿泥石及高岭石，因此具有较大阳离子交换量的伊利石更容易降低页岩电阻率（Zhang et al.，2022）。

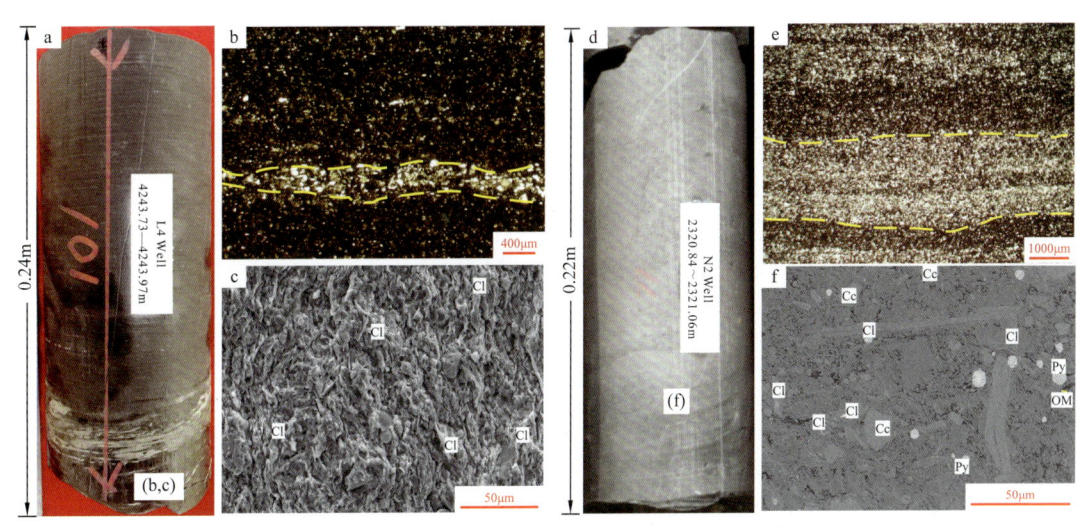

图 7-2-3 四川盆地南部重力流沉积的岩心照片、镜下薄片照片和 SEM 图像

a. L4 井，4243.9m 岩心中发育的块状页岩和波状粉砂岩层；b. 与深色有机物混合的透镜状碎屑集合体，薄片照片，4243.9m，L4 井；c. 原生孔隙中填充的它形碎屑黏土，SEM 图像，4243.9m，L4 井；d. 从 N2 井（2320.9m）岩心中观察到的典型侵蚀交错层理；e. 与碎屑黏土混合的粗粉砂透镜体冲刷和侵蚀下伏泥质沉积物，2320.9m，N2 井；f. 原生孔隙中的无序片状伊利石，2320.9m，N2 井

由于有机质具有大分子基团，表面具有很高的活性，有机质往往具有高比表面及高阳离子交换量（Revil et al.，2004；Zhang et al.，2022）。此外，Woodruff et al.（2017）通过测量页岩热解的复电阻率发现，有机质的阳离子交换能力在成岩过程中被重新激活从而导致页岩电阻率降低。这可能是导致长宁地区重力流沉积环境下页岩有机质含量与电阻率出现明显负相关性的原因之一。然而，泸州地区页岩有机质含量与电阻率相关性却很差，有机碳含量相对较低（平均值为 2.4%）。可能由于泸州地区浊流沉积中大量碎屑物质输入造成有机质稀释，导致低含量有机碳对电阻率的控制作用有限。

黄铁矿具有高极化率的导电性，从而影响岩石骨架的导电性和极化特性。作为页岩中主要的导电矿物，黄铁矿含量的增加有助于低电阻率页岩极化特征及导电性增强（Zhdanov，2008）。然而，深水重力流—氧化沉积环境下发育的页岩黄铁矿含量较低，大多分散在孔隙中，丰度较低，对于页岩电阻率的控制作用较小（图 7-2-4）。因此，泸州地区及长宁地区深水重力流沉积环境下黄铁矿含量与电阻率相关性不大（图 7-2-4）。

三、构造保存条件对低阻页岩分布的影响

由于电阻率对流体存在高度敏感性，电阻率是研究断层结构及断层内部流体的有力工具，许多学者利用电阻率变化进行大型断裂带及韧性剪切带的岩石圈电性结构的研究（Becken et al.，2011）。同时，复杂的断层及断裂系统经常对页岩气藏具有破坏作用，构造保存条件变差，导致页岩气大量散失，造成页岩电阻率降低（Zeng et al.，2016）。页岩气低阻井到达切穿五峰组—龙马溪组最近断层距离与五峰组—龙马溪组平均电阻率呈现正

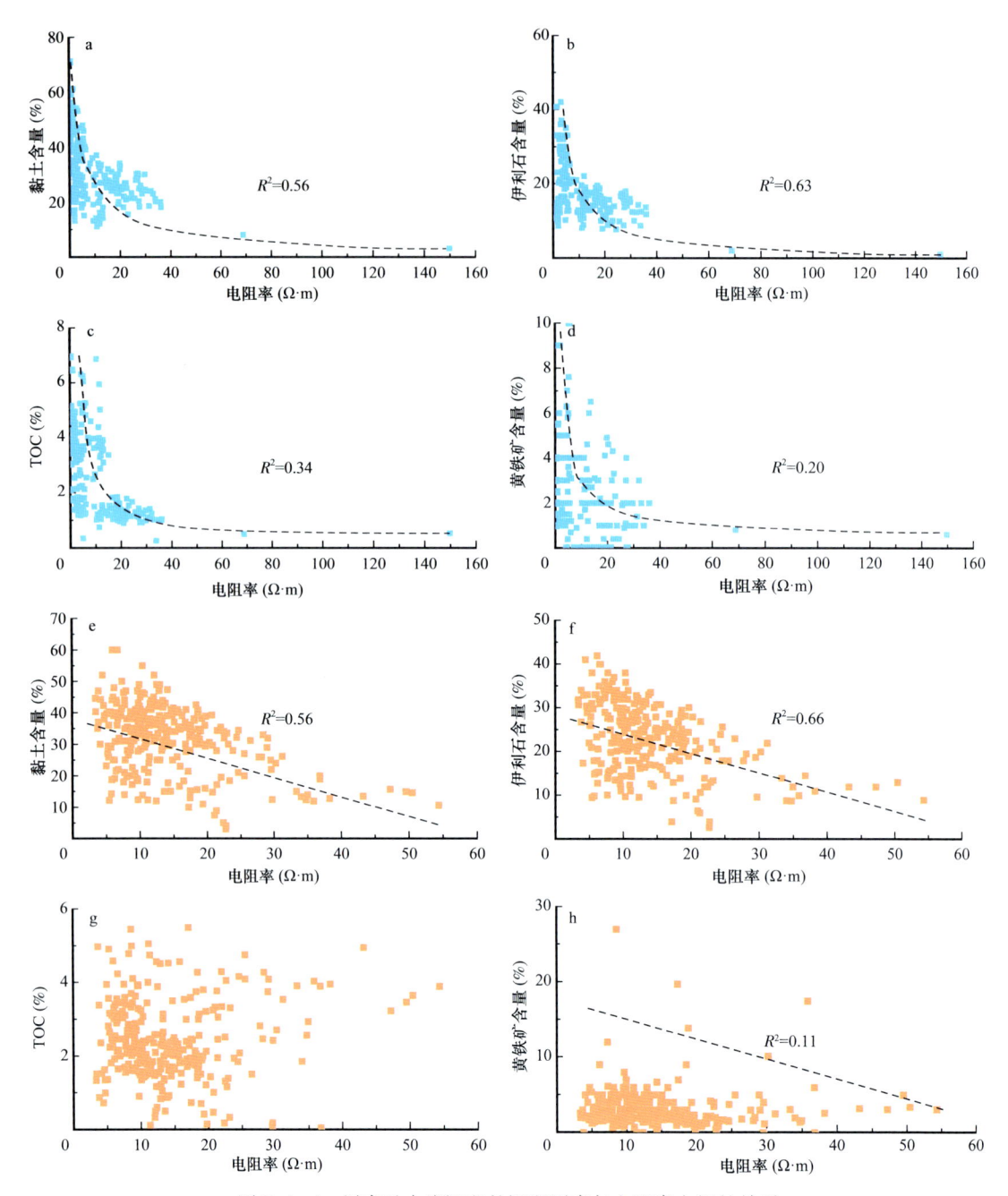

图 7-2-4 川南重力流沉积的沉积因素与电阻率之间的关系

a. 长宁地区黏土含量与电阻率的关系；b. 长宁地区伊利石含量与电阻率的关系；c. 长宁地区 TOC 和电阻率的关系；d. 长宁地区黄铁矿含量和电阻率的关系；e. 泸州地区黏土矿物含量与电阻率的关系；f. 泸州地区伊利石含量与电阻率关系；g. 泸州地区 TOC 与电阻率关系；h. 泸州地区黄铁矿含量与电阻率的关系

相关关系，与压力系数也呈现出明显的正相关性，看出川南地区低阻页岩发育程度受到断层分布位置的影响。在长宁地区，页岩气低阻井与最近北东向断层的距离与电阻率之间相关性远高于其他两期断层，压力系数与北东向断层的距离也呈现类似趋势（图 7-2-6 a、b）。Wyble（1958）研究了压力对砂岩中地层电阻率系数（F）、胶结系数（m）、孔隙率（v）和渗透率的影响，研究发现压力从 0 增加到 3500psi 会增加电阻率系数及胶结系数，同时降低孔隙度和渗透率（Wyble，1958）。此外北东向断层较为发育，导致构造条件变差，压力系数降低导致有效压力降低，造成页岩电阻率降低。从地震剖面也可以看出，宁217井距离Ⅰ级北东向断层0.8km，距离Ⅱ级北东向1.0km，龙一$_1$亚段平均电阻率为18.8Ω·m，测试产量为11.12m³/t，同样说明了北东向断层对构造保存条件影响较大，造成页岩电阻率及含气量较低。由于北东向断层发育规模大于其他两期断层，25Ma（喜马拉雅期早期）开始，长宁地区普遍发生大规模抬升剥蚀，北东向断层普遍切割区域盖层——中—下三叠统膏盐和页岩层，构造变形作用导致先前存在的断层重新活化并形成一系列浅表断层，造成页岩电阻率降低。

在泸州地区，五峰组—龙一$_1^4$小层页岩平均电阻率仍然与最近断层距离、压力系数具有正相关关系（图7-2-5），同样说明断裂带的发育程度对泸州地区页岩储层的电阻率影响较大。然而，位于紧闭背斜的页岩气井往往具有更低的电阻率，尤其是紧闭背斜翼部（图7-2-5）。泸州地区宽缓向斜发育少量小型层内和层间断裂，而背斜相对陡窄，发育大量穿层断裂，因此分布于紧闭背斜的页岩多具有低阻特征，页岩平均电阻率仅有19.1Ω·m（图7-2-6）。

a. 长宁区块页岩气井与断层距离与页岩电阻率之间的相关性

b. 长宁区块压力系数与页岩电阻率之间关系

c. 泸州区块页岩气井与断层距离和页岩电阻率之间的关系

d. 泸州区块压力系数与页岩电阻率之间的关系

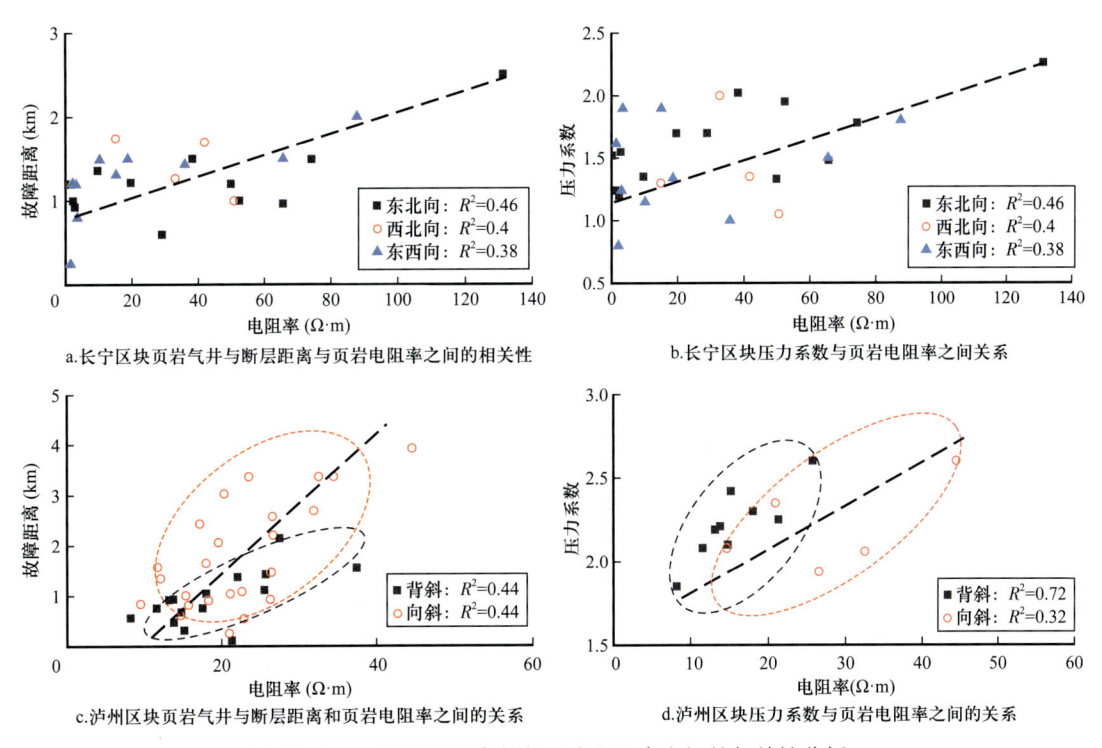

图7-2-5 断层相关参数与页岩电阻率之间的相关性分析

含裂缝较多的岩石中的含水层常常保存于微裂缝中，这些微裂缝为地层水运输传送创造了路径。在施加电场的基础上，由于阴离子和阳离子之间产生电泳，页岩储层中发生了电导。可以测量由天然裂缝引起的页岩能量损失引起的电位下降，并可以确定材料的电导率（Ammar，2021；Reynolds，2011）。因此，裂缝控制了岩石电流路径及离子传导特征，同时大量裂缝的发育容易导致页岩气散失，同样导致页岩电阻率的降低（Zeng et al.，2016）。裂缝张开程度、裂缝产状及裂缝充填物一般会影响电阻率大小。米级—厘

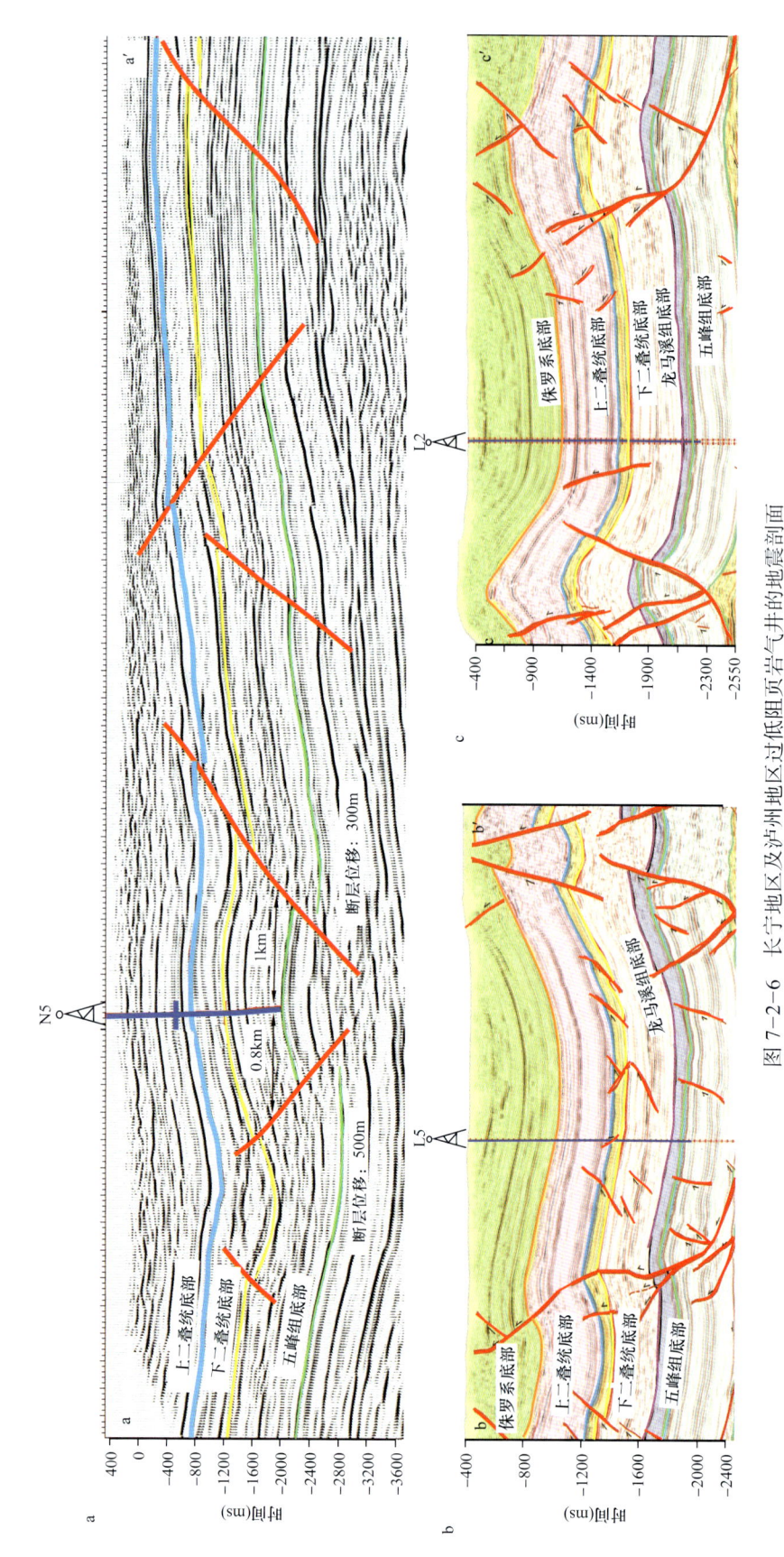

图 7-2-6 长宁地区及泸州地区过低阻页岩气井的地震剖面

a. N5 井广泛发育低阻页岩，这是由于 L5 井靠近长宁区块的 NE 向断层；b、c. 断层和天然裂缝广泛发育于紧密背斜顶部，降低了页岩储层的电阻率米级天然裂缝发育程度也会造成川南地区页岩电阻率降低，但降低幅度十分有限。长宁地区宁230井中3298.6~3301.6m处发育高角度裂缝，未被高阻矿物充填，造成电阻率下降0.4~0.6Ω·m。同样在泸州地区，泸210井中可观察到4275~4276.3m在FMI图像上显示出高角度天然裂缝，走向北东—南西向，倾角38°，天然裂缝发育处对应电阻率小幅度下降（下降0.2~6Ω·m），这说明米级—厘米级裂缝对于川南地区页岩电阻率影响程度有限（图7-2-7）。

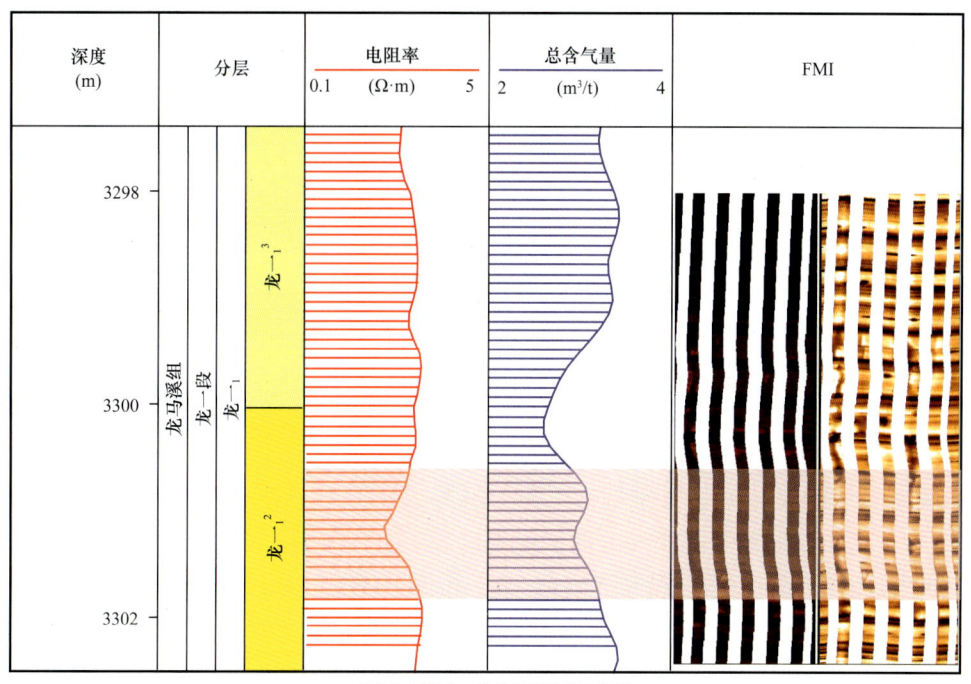

a. N6井电阻率、总含气量和FMI图像

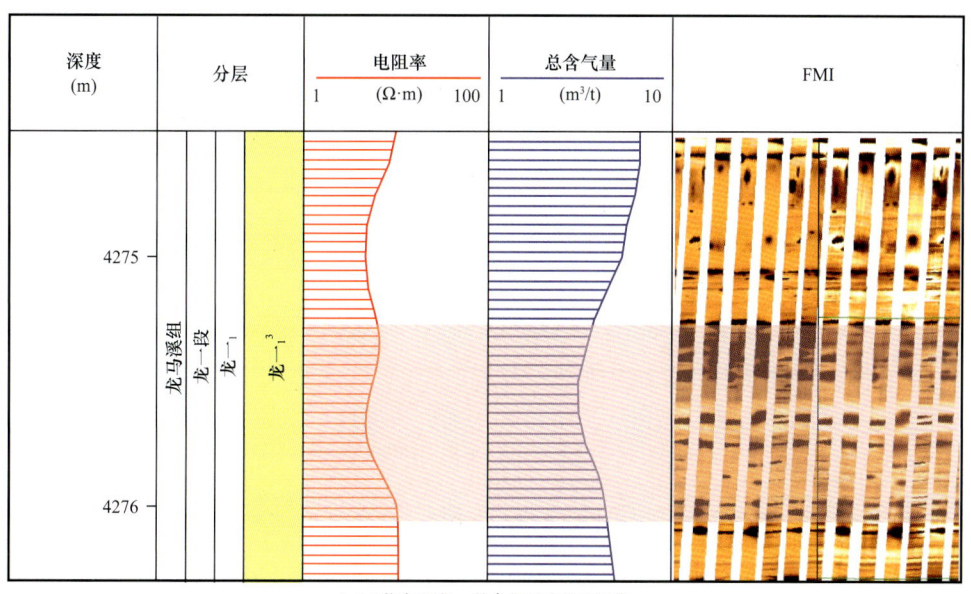

b. L4井电阻率、总含气量和FMI图像

图7-2-7　长宁地区N6井及泸州地区L4井低阻页岩气井FMI图像

四、有机质石墨化程度影响页岩电阻率特征

1. 晚二叠世峨眉山玄武岩溢流造成的区域热变质作用导致有机质石墨化程度增加

目前大部分学者认为长宁地区页岩普遍受到峨眉山玄武岩的影响，在热接触变质的影响下，有机质在高温生气阶段发生热裂解，干酪根进一步皱缩，微米级孔隙更加复杂，同时H/C原子比降低转化为石墨，造成页岩极化率迅速增加，电阻率降低。Kouketsu研究发现，当接触变质温度大于280℃以后，含碳材料的结构开始从具有"不完全"石墨结构的非晶碳转化为结晶石墨，碳层的延展性和有序性不断增强，碳层结晶程度逐渐变好，导电性迅速增加，从而致使页岩电阻率降低（Kouketsu et al., 2014）。通过拉曼光谱及XPS能谱显示，长宁地区部分低阻页岩样品发生石墨化，而泸州地区低阻页岩石墨化程度较弱（图7-2-8）。许多学者认为川南地区五峰组—龙马溪组页岩发生石墨化与晚二叠世峨眉山火山岩造成的岩浆烘烤及高温地场有关（Wang et al., 2021）。中—晚二叠世期间强烈的火山喷发事件导致云南、贵州、四川地区形成了巨厚的"峨眉山玄武岩"，而峨眉山玄武岩喷发对于页岩成熟度的影响范围可达400km（Li et al., 2020）。长宁地区西部位于四川盆地玄武岩厚度最薄处，区内热岩石圈厚度小于130km，晚二叠世玄武岩溢流相厚度为0~350m（图7-2-8；Li et al., 2020）。长宁地区低阻页岩的R_o与电阻率具有较强的负相关性，而泸州地区低阻页岩的R_o与电阻率相关性不强（图7-2-8）。此外，长宁地区低阻井中玄武岩厚度与R_o呈现出较好的正相关性，而泸州地区低阻页岩气井中没有玄武岩分布，因此对应R_o较低（图7-2-8）。同时拉曼光谱及XPS图谱也说明，随着玄武岩厚度逐渐减薄，距溢流中心距离增加，长宁地区页岩R_o不断降低，石墨含量不断减少，石墨化程度不断降低，电阻率不断增加（图7-2-8）。然而，因为远离玄武岩区，泸州地区页岩的电阻率却和R_o及石墨含量相关性不大（图7-2-8）。部分学者发现峨眉山玄武岩来自燕山期地幔柱，玄武岩喷发导致川南地区古热流值高达100mW/m^2，这意味着在地幔柱的影响范围内页岩的镜质组反射率提高0.4%~0.7%，页岩成熟度到达高成熟—过成熟（Li et al., 2020）。此外，在成岩过程中，成熟度较高的有机质开裂形成气态烃，从而形成复杂的纳米级孔隙。

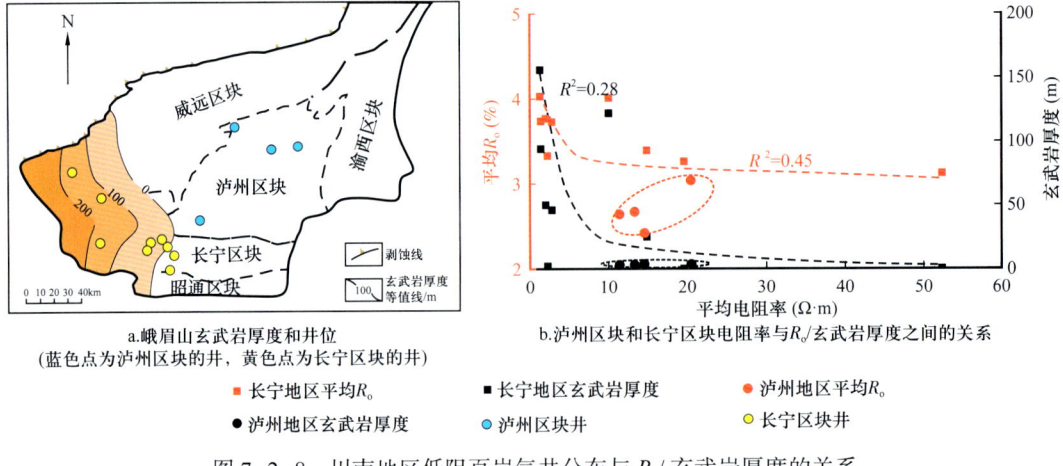

a.峨眉山玄武岩厚度和井位
（蓝色点为泸州区块的井，黄色点为长宁区块的井）

b.泸州区块和长宁区块电阻率与R_o/玄武岩厚度之间的关系

- ■ 长宁地区平均R_o
- ■ 长宁地区玄武岩厚度
- ● 泸州地区平均R_o
- ● 泸州地区玄武岩厚度
- ● 泸州区块井
- ● 长宁区块井

图7-2-8 川南地区低阻页岩气井分布与R_o/玄武岩厚度的关系

Woodruff et al.（2017）发现连通的微孔孔隙网络增加了复电阻率的各向同性及正交电导率分量，导致页岩电阻率较低。因此，随着成熟度增加，微孔孔隙网络更加发达，孔隙导电流体在输入电压后形成的导电路径越短，造成电阻率降低（Zhang et al.，2022）。同时泸州地区低阻页岩石墨化程度相对较低，页岩电阻率较低的原因与峨眉山玄武岩关系不大。

2. 热液改造作用及古生代基底断裂共同控制长宁地区低阻页岩有机质石墨化程度

通过原位地球化学及同位素地球化学的研究，部分学者对于长宁地区有机质石墨化主控因素仅为晚二叠世玄武岩烘烤作用产生了怀疑，主要原因有两点：首先，二叠系玄武岩埋深400~700m，距离五峰组—龙马溪组3000~4000m，玄武岩厚度分布为100~300m（Li et al.，2020）。根据刘君兰模拟辉绿岩侵入对（刘君兰，2020），发现在侵入岩厚度为200~300m，侵入岩距离目标层位超过250m时，此时侵入岩对于目标页岩内有机质成熟度的影响较小，由此推断玄武岩引起的区域热变质作用影响程度有限。其次，长宁地区低阻页岩主要分布于西部双龙—罗场背斜及东南部建武向斜北部，有机质石墨化程度较高，而长宁地区中部低阻页岩不发育，假设长宁地区低阻页岩有机质石墨化受到玄武岩溢流作用影响，长宁地区整体应当低阻页岩广泛发育，这与实际低阻页岩分布规律并不一致。综合以上两点原因，峨眉山玄武岩溢流无法解释长宁全区低阻高成熟度页岩发育原因，因此长宁地区低阻页岩石墨化成因有待进一步明确。

根据最近的研究，要形成有机石墨化程度高的超成熟低电阻率页岩储层，必须存在三个因素：它们可能埋深超过3500m（Wang et al.，2022），在全球热事件引起的火成岩带和变质岩带之间的接触带中发育（Spacapan et al.，2019），或与热液接触（Awolayo et al.，2017）。不同地区有机石墨化的主要影响因素需要进一步研究，这些影响因素将直接影响未来低电阻率页岩资源的开发方向。四川盆地南缘（四川盆地南部）沉积了大量富含有机物的黑色页岩序列，其中下古生界页岩（五峰组—龙马溪组页岩）分布稳定、厚度大、质量高，具有巨大的资源潜力（Ma et al.，2022）。根据之前的研究，四川盆地南部发育的低电阻率页岩主要分布在五个区域，包括长宁区块、泸州区块、合江区块、自贡区块和玉溪区块（Ma et al.，2022）。长宁区块发育的低电阻率页岩分布范围最大，平均电阻率通常低于2Ω·m，OM石墨化程度高（>25%；Zhang et al.，2022）。有研究指出，有机石墨化程度高是长宁电阻率页岩广泛发育的主要控制因素，大多数研究人员同意长宁页岩储层的高OM石墨化程度主要与晚二叠世峨眉山大型火成岩省（ELIP）向东侵位有关的观点（Wang et al.，2022）。根据上述理论，很难解释为什么长宁区块西部区域和东南角聚集了有机石墨化程度高的低电阻率页岩，而长宁背斜地区正常电阻率页岩较为发育，有机质几乎不发育石墨化（Ma et al.，2022）。

1）热液矿物组合反应热液特征

相比于正常电阻率的页岩储层，平均电阻率低于5Ω·m的低阻页岩常常发育纹绿泥石细脉，具有富Al—Mn的特征（图7-1-9），大部分学者认为纹绿泥石常常与深部热液活动相关（Arbiol et al.，2021）。龙马溪组低阻页岩中纹绿泥石常常与白云母及钾长石共生，纹绿泥石脉广泛发育的样品往往钾长石含量较高（图7-1-7a—c）。有学者认为纹绿泥石—白云母—钾长石这样的矿物组合常常发育于低温硫化系统（Low-sulfidation system，LSS；Wei et al.，2021）。LSS 发育于中性或还原形热液的远端环境中，这种环境的标志性热液相关组合矿物为 Fe—Mg 白云母及纹绿泥石（Arbiol et al.，2021）。Huang 发现四川盆地低阻页岩纹绿泥石与纤维状方解石脉共生的现象，这同样是 LSS 的典型特征之一（Arbiol et al.，2021）。然而，纹绿泥石并不是直接来源于二叠系峨眉山碱性玄武岩，可能更多来自经过深部热源加热后的地层水或下渗海水，主要存在以下两点证据：（1）四川盆地二叠系玄武岩绿泥石类型为 Ferroan 地区斜绿泥石，而在晚二叠世上部火山岩碎屑中纹绿泥石含量较高，本文中纹绿泥石的 Si/Al 比与二叠系火山碎屑岩中纹绿泥石十分相似，均分布于 1.08~1.23，明显低于玄武岩中 Ferroan 地区斜绿泥石的 Si/Al 比（1.86~2.41），说明低阻页岩中纹绿泥石不直接来自玄武岩。Si/Al 比指示纹绿泥石来源于蒙皂石转化，纹绿泥石形成过程中所需 Fe^{3+}、Mn^{2+} 及 Mg^{2+} 可能来自深部热流体；（2）纹绿泥石表现出明显的 Eu 正异常，指示绿泥石与热液流体的成因联系。然而，纹绿泥石的稀土元素配分曲线与四川盆地上二叠统 ELIP 组玄武岩稀土元素的配分曲线均不类似，表明纹绿泥石的成矿物质并不直接来自岩浆热液流体（Han et al.，2021）。综合以上分析，龙马溪组低阻页岩的纹绿泥石脉形成于深部碱性热液流体与页岩之间的水—岩反应。

除了纹绿泥石—白云母热液矿物组合外，冰钡长石、钡长石、重晶石及硬石膏的矿物组合同样指示了热液活动存在（图 7-1-7）。在现代海相沉积物中 Ba 通常具有多种赋存状态，Ba 在高度富集的时候，Ba 也可以形成独立的含 Ba 矿物，如重晶石和钡冰长石（Dekov et al.，2022；Okubo et al.，2020）。低阻页岩部分细脉被重晶石、钡冰长石、钡长石、钾长石及钡云母充填，其中重晶石及钡冰长石中 BaO 含量较高，显示这些共生矿物形成于富 Ba 的海相环境。然而，仅依靠海水无法提供富钡环境，因此重晶石、钡冰长石、钡长石及钡云母组合形成过程可能与富钡的热液流体或海洋浮游植物及细菌活动相关。此外，重晶石脉体具轻稀土富集特征和明显的 Eu 正异常（图 7-1-12）。结合纹绿泥石脉稀土元素中明显的 Eu 正异常，说明富含钡的热液流体充注于低阻页岩的很可能是重晶石、钡冰长石、钡长石这组热液矿物的形成原因。值得特别注意的是，在低阻页岩脉体附近首次发现了具有环带结构的块状钡冰长石，而钡冰长石的出现往往指示了富钡热液流体活动（Zhou et al.，2018；Dora et al.，2022）。大部分学者认为钡冰长石的出现往往与热液交代钾长石有关，钾长石中 K^+ 被热液中的 Ba^{2+} 交代从而形成钡冰长石（Wu et al.，2021）。对比龙马溪组低阻页岩钡冰长石与世界典型的热液成因钡冰长石主量元素，发现龙马溪组低阻页岩主量元素组成与其他研究区热液钡冰长石十分相似（Zan et al.，2022；Dora et al.，2022；Dekov et al.，2022；Okubo et al.，2020；Zhou et al.，2018）。此外，块状钡冰长石往往呈现环带状，外带 Ba 含量要高于核部，而 K 含量往往较低，这反映了钡冰长石形成过程中钡的浓度发生了由低到高的转变，从而证实了充注于低阻页岩的富钡流体发生了幕式活动，这也是断裂控制下热液流体幕式活动的特征。综合以上证据，下渗地层水及海水与深部岩浆发生水—岩反应后，形成热卤水后重新向上运移冷却过程中常伴随重晶石、钡冰长石、硬石膏等特征矿物的结晶沉淀，主要元素钡和硫通常来自深部热液，岩浆—流体转换过程早期的高氧逸度环境使得硫以 SO_4^{2+} 形式存在，便于与 Ba^{2+} 结合形成重晶石及钡冰长石等矿物（Jamieson et al.，2016）。

对比龙马溪组低阻页岩钡冰长石与世界典型的热液成因钡冰长石主量元素，发现龙马溪组低阻页岩主量元素组成与其他研究区热液钡冰长石十分相似（Zan et al.，2022；Dora et al.，2022；Dekov et al.，2022；Okubo et al.，2020；Zhou et al.，2018）。此外，块状钡冰长石往往呈环带状，外带 Ba 含量要高于核部，而 K 含量往往较低，这反映了钡冰长石形成过程中钡的浓度发生了由低到高的转变，从而证实了充注于低阻页岩的富钡流体发生了幕式活动，这也是断裂控制下热液流体幕式活动的特征。综合以上证据，下渗地层水及海水与深部岩浆发生水—岩反应后，形成热卤水后重新向上运移冷却过程中常伴随重晶石、钡冰长石、硬石膏等特征矿物的结晶沉淀，主要元素钡和硫通常来自深部热液，岩浆—流体转换过程早期的高氧逸度环境使得硫以 SO_4^{2+} 形式存在，便于与 Ba^{2+} 结合形成重晶石及钡冰长石等矿物。

长宁地区五峰组—龙马溪组低阻页岩的方解石脉主要发育两期，第一期方解石脉来源可能与海相碳酸盐岩，而第二期方解石脉形成过程与混合流体有关，混合流体来源主要为深部低温热液及烃类热解，以上方解石脉来源与 Wu 的研究结果相似（Wu et al., 2021）。此外，第一期方解石基本上发育于长宁地区所有页岩的方解石脉中，方解石氧同位素普遍大于 −10‰，说明方解石受到外部流体影响较小。第二期低温热液相关的方解石脉主要发育于低阻页岩中，氧同位素均低于 −10‰，指示了方解石形成过程中发生了强烈蚀变，受到了外来流体改造。通过对低温热液相关的方解石脉体及周围页岩进行主量元素对比，发现围岩富 Al、Mg、Fe 而贫 Mn，脉体富 Mn、Fe、Mg 而贫 Al，二者具有明显差异。根据 Mn 元素在火山岩中的富集程度可以判断，龙马溪组低阻页岩方解石脉中富集的 Mn 元素可能来自基性—碱性火山物质（Wu et al., 2021）。综合以上分析推测，第二期方解石脉形成过程中，低温碱性热液流体可能对龙马溪组低阻页岩产生改造作用。

综上所述，含 Ba^{2+}、Fe^{2+}、Mn^{2+}、Mg^{2+} 等金属性还原离子的深部碱性热卤水一方面对长宁地区低阻页岩中原生矿物（如方解石、钾长石及蒙皂石等）进行交代，融合沉淀成脉。另一方面碱性流体进入微裂缝发生充填，在一定稳压条件下沉淀成脉，同时热液作用快速增加了有机质成熟度。

2）热液形成时间

宁西 202 井方解石脉体盐水包裹体捕获温度为 122～150℃ 及 184～213℃，宁 233 井方解石脉体盐水包裹体捕获温度为 101～118℃ 及 170～190℃，分别对应 P/T 之交及 J/K 之交。形成于 P/T 之交的方解石脉 $\delta^{13}C_{V-PDB}$ 分布于 −5.08‰～−1.66‰，$\delta^{18}O_{V-PDB}$ 分布于 −13.54‰～−11.15‰，具有富 Fe、Mg、Mn 而贫 Al 的特征，经过之前的分析已经说明该期方解石脉可能与低温热液流体有关。与该期方解石形成时间相似，具有热液成因特征的重晶石脉同样 P/T 之交形成。同时从宁西 202 井及宁 233 井两口页岩气井热演化史可以看出，P/T 之交受到全球性热事件的影响地温迅速增加，指示该时期热液活动可能与晚二叠世峨眉山玄武岩发生溢流有关（Wang et al., 2022）。基于以上证据推测 P/T 之交形成的方解石脉及重晶石脉均与深部碱性热卤水有关。形成于 J/K 之交的方解石 $\delta^{13}C_{V-PDB}$ 分布于 −10.11‰～−2.014‰，$\delta^{18}O_{V-PDB}$ 分布于 −16.65‰～−13.02‰，主要来源于烃类热解。J/K 之交形成的盐水包裹体中，气体相主要由 CH_4 组成，表明矿脉形成于生气阶段（Wu et al., 2021），其形成过程与热液活动关联不大。综合以上推测，长宁地区小范围热液活动主要发育于 P/T 之交，深部碱性卤水可能与晚二叠世峨眉山地幔柱热催化作用有关。

3）古生代基底断裂为后期热液运移通道

除了后期热液改造外，长宁地区的构造保存条件差异同样是影响低阻页岩分布的重要因素（图 7-2-9、图 7-1-14）。目前已经有学者通过锶、碳、氧同位素发现，长宁背

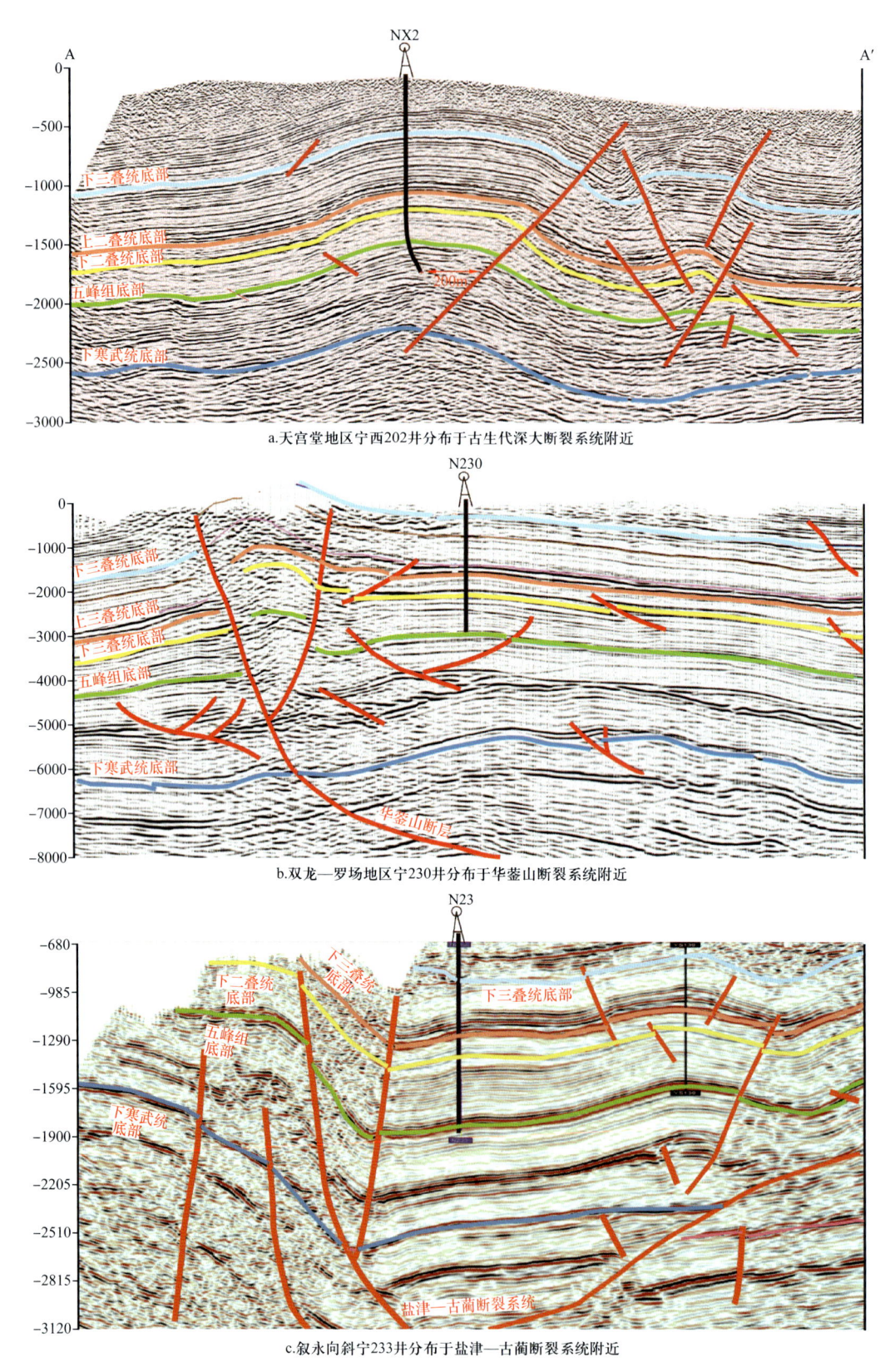

a. 天宫堂地区宁西202井分布于古生代深大断裂系统附近

b. 双龙—罗场地区宁230井分布于华蓥山断裂系统附近

c. 叙永向斜宁233井分布于盐津—古蔺断裂系统附近

图 7-2-9 川南地区典型低阻页岩气井所在的地震剖面

斜流体跨层活动较弱，以层内流体活动为主，同位素内源特征明显，反映出长宁背斜页岩气保存条件较佳，低阻页岩不发育（孙博，2018）。与长宁背斜不同，NX2井区、N23井区及N21井区页岩方解石脉 $^{87}Sr/^{86}Sr$ 与周围页岩 $^{87}Sr/^{86}Sr$ 比值差异较大，二者 $^{87}Sr/^{86}S$ 比值差异分布于0.001~0.003，揭示存在外源流体的改造（图7-1-14）。天宫堂地区、双龙—罗场地区、叙永地区在早古生代—中生代早期为抬升剥蚀与伸展背景，发育大量正断层，二叠纪末期—三叠纪发生初始挤压形成正反转构造，后期叠加中生代中期—新生代三期挤压变形影响，致使早古生代形成的断层体系进一步切穿下古生界地层，从而造成五峰组—龙马溪组页岩气保存条件被强烈破坏，导致页岩电阻率降低。同时，这些古生代深大断裂在二叠纪晚期—三叠纪可以作为热液流体运移的通道，促进页岩热成熟度增加，造成有机质普遍发生石墨化从而降低页岩电阻率。如N21井区发育的华蓥山断裂东侧分布着低阻井N23井、N22井及N21井，N23井区盐津—古蔺隐伏基底断裂附近N23井低阻页岩发育（图7-2-9）。这些井区古生代深大断裂附近的低阻页岩平均电阻率往往分布于0.01~5.02Ω·m，R_o分布于3.62%~3.94%，石墨化程度往往超过25%（Wang et al.，2021，2022）。

4）晚二叠世峨眉山玄武岩同期热液及古生代基底断裂联合控制低阻页岩分布

综上所述，长宁地区电阻率低于5Ω·m的低阻页岩直接受古生代深大断裂及晚二叠世深部热液联合控制（图7-2-10）。

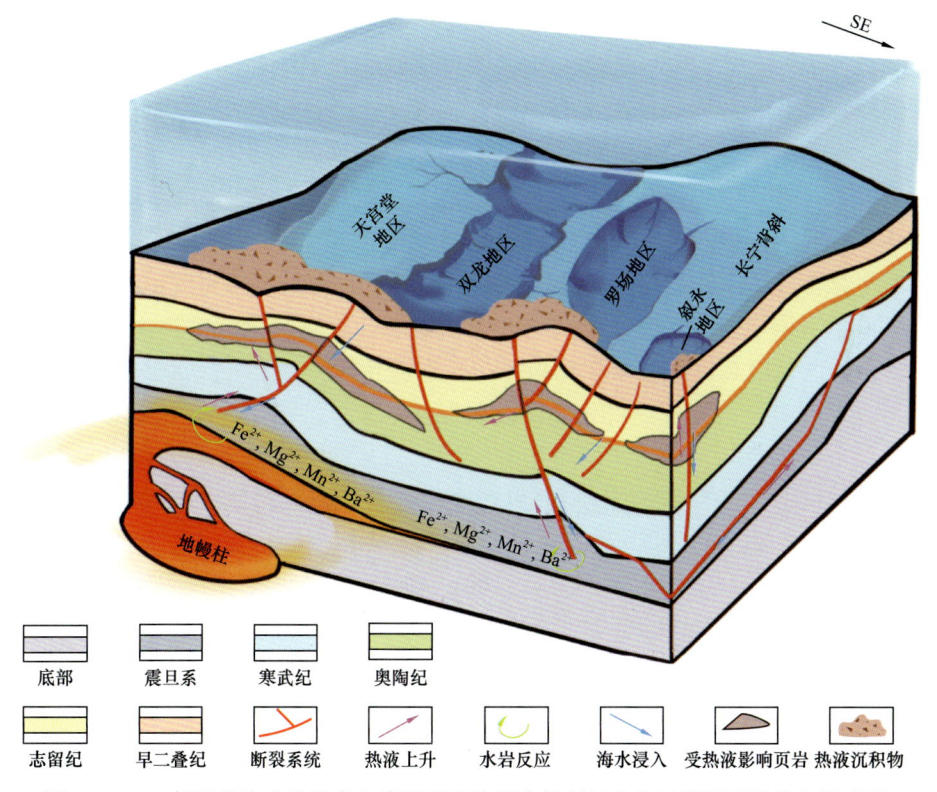

图7-2-10 低温热液改造及古生代断裂系统联合控制长宁地区低阻页岩分布模式图

首先热液来源于峨眉山地幔柱，晚二叠纪随着地幔柱上升至岩石圈地幔，交代的岩石圈地幔物质受热发生部分熔融，熔体上升侵位形成基性玄武岩，此时四川盆地远离地幔柱中心。晚二叠系时期古生代基底断裂发生再活化，断裂处于开启状态。深部热液流体来源主要为地层水及沿断裂下渗的海水，在重力作用下沿着古生代基底断裂及裂缝系统下渗到地壳深部，经过二叠系峨眉山地幔柱加热，被加热的海水在基底岩层中经过长时间水—岩反应，萃取了围岩中 Mg^{2+}、Ca^{2+}、Mn^{2+}、Fe^{2+}、Ba^{2+} 等离子形成碱性热卤水。碱性热卤水随着温度升高而体积膨胀，在孔隙流体压力驱动下，沿着天宫堂地区及双龙—罗场地区古生代基底断裂向上运移，造成五峰组—龙马溪组地层温度迅速升高，有机质成熟度迅速增加，加速了有机质发生石墨化，导致页岩电阻率大幅度降低。同时碱性热卤水在运移过程中与五峰组—龙马溪组页岩进行新一轮的水—岩反应，从而形成纹绿泥石、重晶石、钡冰长石及硬石膏等热液矿物组合。然而，长宁背斜翼部断层封闭性较好，古生代基底断裂不发育，致使流体活动性为弱—中等，流体基本没有发生跨层运移现象。因此，碱性热卤水对于长宁背斜五峰组—龙马溪组页岩的影响程度十分有限，有机质发生石墨化程度较低，电阻率没有受到有机质石墨化的影响而降低，低阻页岩并不发育（图7-2-10）。

第三节 低阻页岩勘探潜力综合分析

一、三类低阻页岩分布情况及勘探潜力对比

传统观点中，大部分学者往往认为低阻页岩具有较差的孔渗条件及含气性。目前更多学者们发现，并非所有的低阻页岩储层都具有较差的储层品质，不同类型低阻页岩的勘探潜力差异很大（Yan et al.，2018）。低阻页岩的电性特征及其成因研究在页岩气勘探开发中具有重要意义，笔者研究了页岩电阻率和沉积环境、成岩过程及构造条件之间的对应关系（Wang et al.，2016）。将长宁地区与泸州地区8口页岩气井中的低阻页岩样品的电阻率与总含气量、孔隙度、含水饱和度及脆性矿物含量进行比较（图7-3-1）。发现长宁地区低阻页岩电阻率的变化趋势与总含气量、孔隙度及脆性矿物含量变化趋势保持一致。泸州地区低阻页岩电阻率变化趋势与含水饱和度、脆性矿物变化趋势一致性最高，电阻率与总含气量及孔隙度的变化规律大概保持一致。泸州地区重力流沉积分布范围更加广泛，黏土矿物较高，导致束缚水饱和度增加，从而对于电阻率的影响大于长宁地区（图7-3-1）。以上页岩储层特征说明，川南地区电阻率低于 $20\Omega \cdot m$ 的页岩往往对应着较差的孔隙度及含气量，页岩储层物性条件相对较差。

通过对长宁地区及泸州地区低阻页岩的矿物成分、地球化学特征及物性条件进行分析，发现川南地区低阻页岩储层主要分为三类。第一类低阻页岩储层具有相对较高的石英及黏土矿物，其中石英多为碎屑石英，反映了中等古生产力。Ⅰ类低阻页岩储层电阻率分布于 $0.6 \sim 18.6\Omega \cdot m$，其电阻率、含气量及孔隙度均处于Ⅱ类低阻页岩与Ⅲ类低阻页岩储层之间。Ⅱ类低阻页岩储层以黏土含量高，石英含量低为主要特征，储层条件最差，五峰组—龙马溪组平均电阻率为三类低阻页岩储层中最低。Ⅱ类低阻页岩储层主要发育于有氧环境，因此 TOC 相对较低（平均值为2.2%）。其中黏土矿物含量高于其他两个类型的低阻页岩储层，黏土矿物多为陆源碎屑成因。石英在该类储层中不发育，仅有少量碎屑石

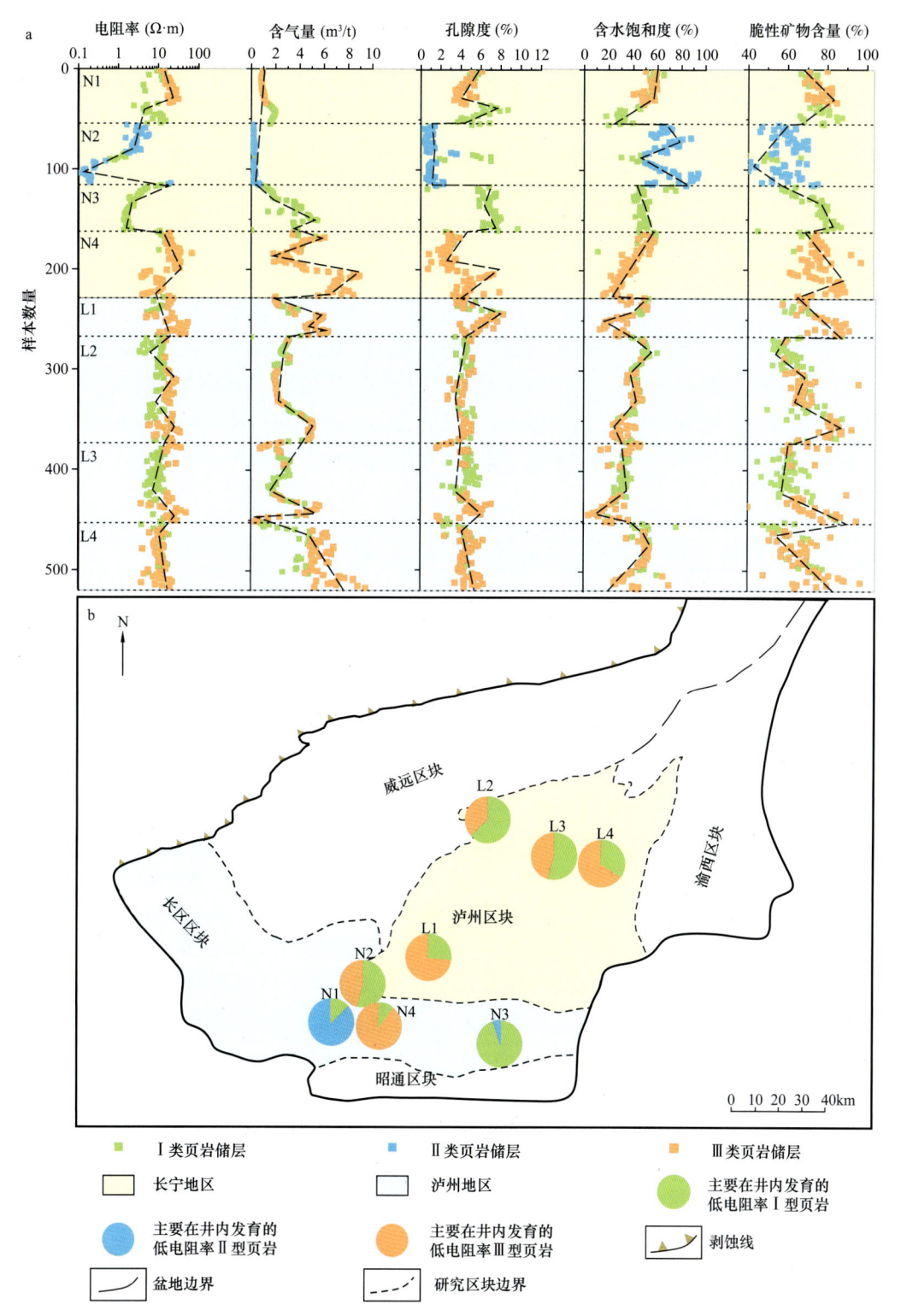

图 7-3-1 长宁地区及泸州地区三种低阻页岩物性特征对比（a）及平面展布特征（b）

英。Ⅱ类低阻页岩储层孔隙度低于其他两类低阻页岩储层，由于强烈的压实作用，Ⅱ类储层的原生粒间孔较少，主要孔隙类型以黏土晶间孔及有机孔。

此外，Ⅱ类低阻页岩储层有机质成熟度高于其他两类储层，R_o平均值为3.79%，说明该类储层可能受到峨眉山玄武岩的影响，发生石墨化。Ⅲ类低阻页岩储层以石英含量高，黏土含量低为特征，电阻率分布于$10\sim15\Omega\cdot m$。Ⅲ类低阻页岩储层石英类型以碎屑石英为主，也有少量自生微晶石英。由于石英含量较高，早成岩期部分微晶石英逐渐充填原生孔隙，一定程度上增加了页岩储层的抗压强度，因此该类储层孔隙度是三类储层中最高的。此外，由于保存条件相对较好，Ⅲ类储层中TOC含量较高，R_o相对较低（平均值3.0%）说明石墨化程度十分有限，因此该类储层含气性相对较好的。结合三类储层的特征及分布规律，推测Ⅱ类低阻页岩的成因与峨眉山玄武岩同期热液导致的石墨化有关，而Ⅰ类和Ⅲ类页岩储层电阻率较低的原因可能是受到重力流沉积及复杂断层—裂缝系统的影响。综上，Ⅲ类低阻页岩储层属于低阻页岩储层中的优质储层，而Ⅱ类低阻页岩储层分布范围可作为下一步勘探评价工作的风险区。从平面分布上来看，Ⅲ类低阻页岩储层在长宁地区中部—东部及泸州地区均有分布，而Ⅱ类储层仅在长宁西双龙—罗场地区、天宫堂地区及叙永地区分布。

二、Ⅱ类低阻页岩储层不利原因分析

目前，越来越多学者认为有机质发生较高程度的石墨化是导致低阻页岩储层质量差的主要原因（Xue et al.，2022；Spacapan et al.，2019）。前人研究成果表明，在矿物成分和电性特征相似的基础上，有机质石墨化相对含量超过15%的低阻页岩比没有发生有机质石墨化的低阻页岩储集能力及生烃能力更差。有机质发生大幅度石墨化后，导致页岩产气能力大幅度下降（Spacapan et al.，2019；Xue et al.，2022；Senger et al.，2021）。有机质石墨化造成芳香核的缩合及定向排列，从而破坏有机孔保存系统，导致有机孔数量及体积显著减少（Xue et al.，2022；Cao et al.，2021；Li et al.，2020）。

结合长宁地区Ⅱ类低阻页岩储层有机质成熟度明显高于其他两类低阻页岩，同时含气性差于其他两类低阻页岩，其原因可能与高程度有机质石墨化有关。Wang et al.（2018）发现当R_o大于2.5%时，有机孔将达到最大值，然后逐渐塌陷，而当R_o达到3.5%时，孔隙几乎完全塌陷，导致有机孔迅速减少。此外，过早进入生气阶段将导致页岩气含量减少，页岩储层中的压力降低造成孔隙将坍塌（Li et al.，2020），导致低阻页岩孔隙度降低。同时，受到热接触变质作用的影响，页岩中进一步形成绿泥石及绿帘石等变质矿物，温度升高导致矿物重结晶，这些变质矿物进一步堵塞原生孔隙，这同样是造成Ⅱ类低阻页岩储层孔隙度差的原因（Li et al.，2020）。Ⅱ类低阻页岩储层含气量也同样低于其他两类低阻页岩，其含气量可能与峨眉山玄武岩有关。长宁地区页岩在玄武岩溢流的影响下，进入生气高峰的时间较正常烃源岩提前100Ma，造成页岩气经历了更多构造活动，保存期延长，不利于页岩气富集和保存（Li et al.，2020）。也有学者认为长宁地区的低阻页岩在峨眉山玄武岩的影响下，其中的有机质提前进入高温氮气释放阶段，生成氮气量在总含气量中占比较高，造成甲烷占比较小（Xue et al.，2022）。此外，最新发现表明长宁地区低阻页岩中焦沥青及固体干酪根普遍石墨化可能与后期热液改造作用有关。五峰组—龙马溪组低阻页岩中有机质类型主要为焦沥青及固体干酪根，其中Ⅰ型和Ⅱ₁型干酪根成熟度 R_o 大于3.5%，远高于经典生烃模式的过成熟界限。随着热液后期改造，加快了焦沥青及固体干酪根发生石墨化的过程。在此期间，随着碳氢化合物逐渐芳构化，碳原子变得更加有序，页岩储层中的自由电子流增加，最终有机质结构逐渐变为层状石墨（Xue et al., 2022）。当石墨含量增加时，有机质芳香族簇的结构也增加，碳原子之间的 α 键含量逐渐增加。受到压实作用的影响时，有机孔经常发生变形和塌陷，因此石墨化过程极大地损害了有机孔和页岩储层总孔隙（Xue et al., 2022）。这就解释了长宁地区被热液矿物包裹的有机质成熟度较高，平均 R_o 为 3.82%。这些有机质普遍发生了一定程度的石墨化，有机孔几乎不发育（图 7-1-15a—d）。具有相似深度却不发育热液脉的样品中有机质的平均 R_o 为 3.38%，有机孔较为发育，平均孔径为 823nm。因此，有机质受到热液影响，成熟度迅速增加至 2.5%～3.5% 期间受到压实作用的影响，孔隙度略微减少。快速进入石墨化阶段后（R_o 为 3.5%～4.0%），页岩电阻率继续降低，石墨化过程造成干酪根及焦沥青发育的有机孔迅速减少。综上，石墨化程度较高的Ⅱ类低阻页岩储层可作为川南五峰组—龙马溪组下一步勘探的不利区。

一、沉积型"甜点"

川南地区五峰组—龙马溪组发育四类沉积型"甜点"。不同类型"甜点"形成时期由于沉积物供给速率、距离物源远近、古水动力等存在差异，从而造成页岩储层特征差异（表 8-2-1）。

表 8-2-1　川南地区五峰组—龙马溪组页岩气"甜点"页岩储层特征

"甜点"类型	亚类	层理类型	结构特征	矿物组成	有机质特征
沉积型	早期海进型	递变型水平层理	细粉砂和细粒泥为主，细粉砂含量大于50%，杂基支撑	石英（53.1%）、黏土矿物（23.9%）、方解石（12.4%）、白云石（4.3%）	分散状，TOC平均 1.4%
	快速海进型	书页型水平层理	细粒泥含量大于75%，杂基支撑	石英（59.3%）、方解石（10.5%）、白云石（8.4%）、黏土矿物（23.4%）	分散状，TOC平均 5.4%
	晚期海进型	砂泥递变型水平层理	细粉砂和细粒泥为主，细粉砂含量大于50%，杂基支撑	石英（48.7%）、黏土矿物（26.3%）、方解石（7.5%）、白云石（6.4%）	分散状，TOC平均 2.7%
	近滨海进型	书页型水平层理	细粒泥含量大于75%，杂基支撑	石英（72.4%）、黏土矿物（15.7%）、方解石（5.3%）、白云石（4.3%）、斜长石（4.1%）	分散状，TOC平均 3.6%
裂缝型	网状微裂缝型	书页型水平层理	细粒泥含量大于50%，杂基支撑	硅质含量>50%	分散状，TOC>4%
	网状宏观裂缝型	砂泥递变型水平层理、砂泥薄互层型水平层理	细粉砂含量大于50%，颗粒支撑	矿物成分复杂多样	TOC<4%

1. 早期海进型

早期海进型"甜点"页岩发育递变型水平层理（图 8-2-1a），偶见透镜状层理。页岩矿物组分有石英、黏土矿物、方解石、白云石和斜长石等，局部见到黄铁矿富集。其中，石英平均含量为 53.1%，黏土矿物平均含量为 23.9%，方解石平均含量 12.4%，白云石平均含量 4.3%。页岩以细粉砂和细粒泥为主，细粉砂颗粒含量大于 50%，杂基支撑结构（图 8-2-2a）。扫描电子显微镜下，微晶石英平均粒径小于 4μm，方解石平均粒径为 13.7μm，白云石平均粒径为 10.2μm。

早期海进型"甜点"页岩 TOC 含量较低（平均值为 1.4%），TOC 含量由钙质陆棚向深水洼地方向逐渐升高（图 8-2-3）。页岩中，有机质多呈分散状分布（图 8-2-2a），局部有机质富集。页岩有机孔平均含量大于 50%，无机孔含量相对较低（图 8-2-4）。

2. 快速海进型

快速海进型"甜点"页岩书页型水平层理发育（图 8-2-1b），偶夹砂泥递变型水平层理。页岩矿物组分有石英、方解石、白云石和黏土矿物等，具有石英含量高（平均值为 59.3%）、方解石（平均值为 10.5%）、白云石（平均值为 8.4%）和黏土矿物（平均值为 23.4%）含量低的特征。页岩颗粒中细粒泥含量大于 75%，杂基支撑结构（图 8-2-2b）。扫描电子显微镜下，石英多以自生微晶石英（粒径<3.9μm）为主（含量达 85%），陆源细粉砂级（3.9~31.2μm）石英含量低；方解石多为不规则粒状细粉砂，溶蚀孔发育；白云石多为菱形细粉砂，溶蚀孔发育。

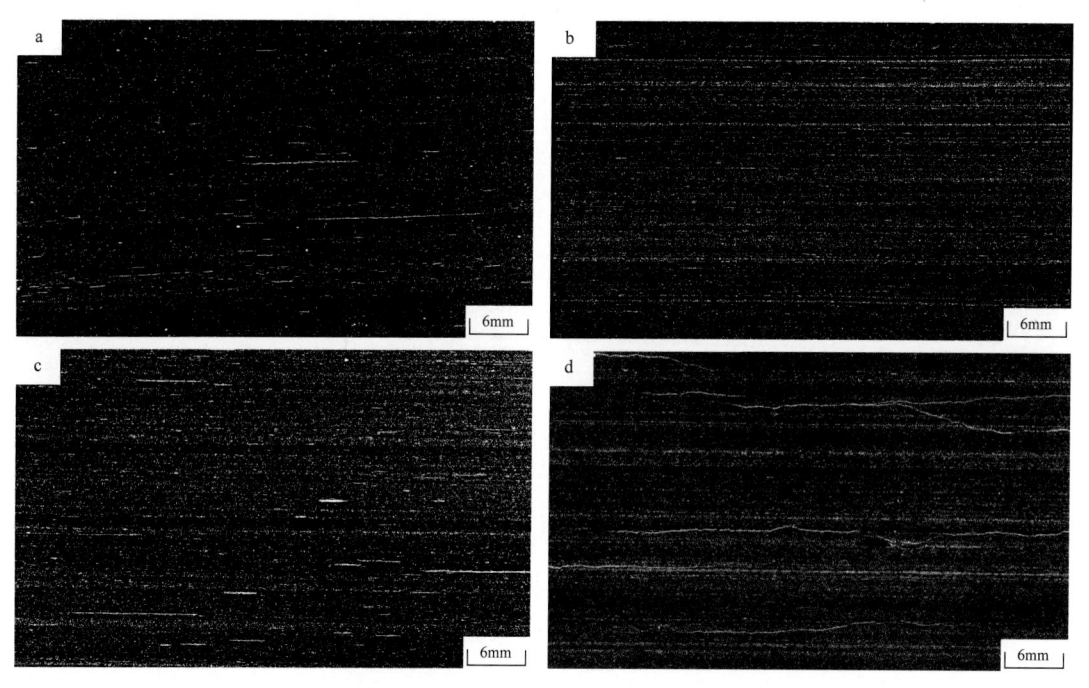

图 8-2-1　川南地区五峰组—龙马溪组不同沉积类型"甜点"层理特征
a. 早期海进型"甜点"，递变型水平层理，大安 2 井，4111.73m；b. 快速海进型"甜点"，书页型水平层理，大安 2 井，4107.46m；c. 晚期海进型"甜点"，砂泥递变型水平层理，大安 2 井，4104.96m；d. 近滨海进型"甜点"，书页型水平层理，自 201 井，3668.8m

快速海进型"甜点"页岩 TOC 含量高（平均值为 5.4%），TOC 含量由钙质陆棚向深水洼地方向逐渐降低（图 8-2-3）。有机质多呈分散状分布（图 8-2-2b）。页岩有机孔发育（平均含量>50%），无机孔和微裂缝含量相对较低（图 8-2-4）。

3. 晚期海进型

晚期海进型"甜点"页岩发育砂泥递变型水平层理（图 8-2-1c），偶见书页型水平层理。页岩矿物组分有石英、黏土矿物、方解石和白云石等，局部见到黄铁矿富集。其中，石英平均含量为 48.7%，黏土矿物平均含量为 26.3%，方解石平均含量为 7.5%，白云石平均含量为 6.4%。页岩以细粉砂颗粒和细粒泥为主，细粉砂颗粒含量大于 50%，杂基支撑结构（图 8-2-2c）。扫描电子显微镜下，陆源石英平均粒径为 7.6μm，微晶石英平均粒径小于 4.0μm；方解石平均粒径为 10.23μm，溶蚀孔发育；白云石平均粒径为 13.83μm，溶蚀孔发育。

晚期海进型"甜点"页岩 TOC 含量较低（平均值为 2.7%），TOC 含量由钙质陆棚向深水洼地方向逐渐升高。页岩中，有机质多呈分散状分布（图 8-2-2c）。页岩有机孔平均含量大于 50%，无机孔含量相对较低（图 8-2-4）。

4. 近滨海进型

近滨海进型"甜点"页岩发育书页型水平层理（图8-2-1d），偶见砂泥递变型水平层理。页岩矿物组分有石英、黏土矿物、方解石、白云石和斜长石等，局部见到黄铁矿富集。其中，石英平均含量为72.4%，黏土矿物平均含量为15.7%，方解石平均含量为5.3%，白云石平均含量为4.3%，斜长石平均含量为4.1%。页岩以细粒泥为主，细粒泥含量大于75%，杂基支撑结构（图8-2-2d）。扫描电子显微镜下，微晶石英平均粒径小于4μm，方解石平均粒径为8.5μm，白云石平均粒径为8.7μm。

晚期海进型"甜点"页岩TOC含量相对较高（平均3.6%），TOC含量由临滨向深水斜坡方向逐渐升高（图8-2-3）。有机质多呈分散状分布（图8-2-2d），局部有机质富集。页岩有机孔平均含量大于50%，无机孔含量相对较低（图8-2-3）。

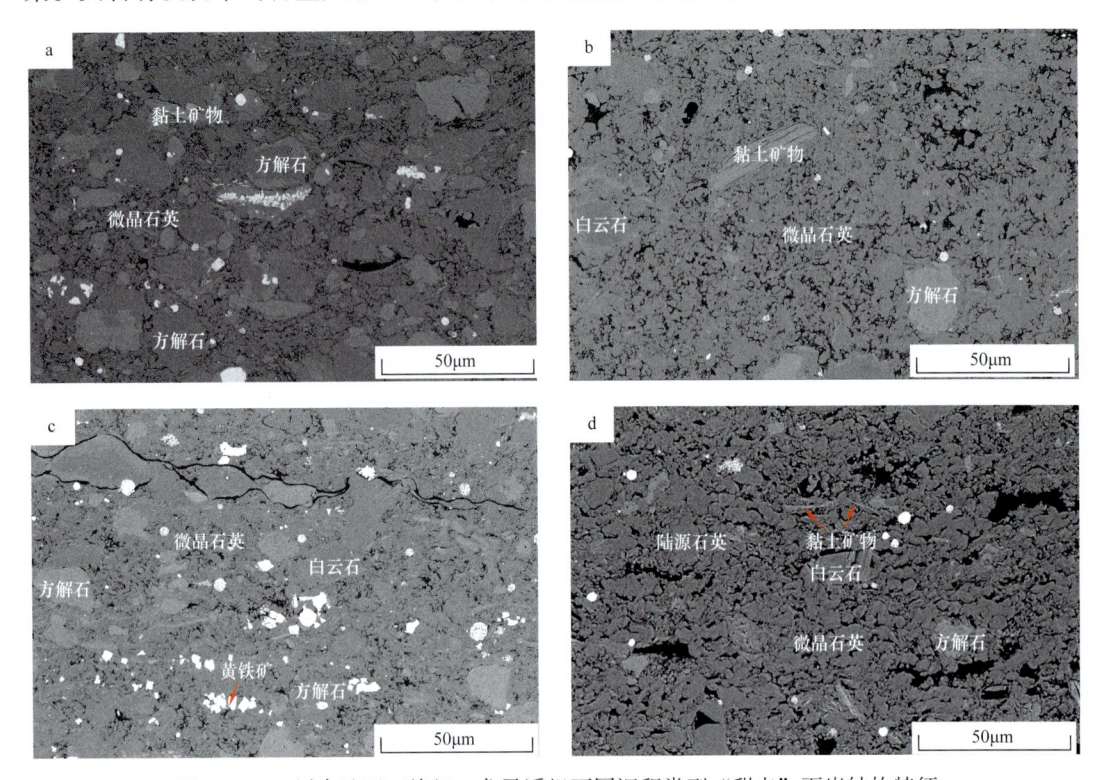

图8-2-2　川南地区五峰组—龙马溪组不同沉积类型"甜点"页岩结构特征
a. 早期海进型"甜点"，宁211井，2350.25m；b. 快速海进型"甜点"，阳101H3-8井，3784.49m；c. 晚期海进型"甜点"，阳101H3-8井，3779.65m；d. 近滨海进型"甜点"，自201井，3666.34m

二、裂缝型"甜点"

川南地区五峰组—龙马溪组发育两类裂缝型"甜点"，裂缝发育特征区域和局部构造应力、硅质含量、有机碳含量、层理类型、异常高压等因素的影响。

1. 网状微裂缝型

网状微裂缝型"甜点"页岩TOC含量大于4%，硅质含量大于50%，发育书页型水平层理或砂泥递变型水平层理（图8-2-5a）。页岩粒径以细粒泥为主，细粒泥含量大于

50%，杂基支撑结构。有机质多呈分散状分布，有机孔平均含量大于50%，无机孔含量相对较低。网状微裂缝型"甜点"多赋存于快速海进型页岩和近滨海进型页岩中，其因高裂缝孔隙度和高裂缝渗透率而与快速海进型"甜点"和近滨海进型"甜点"相区分。

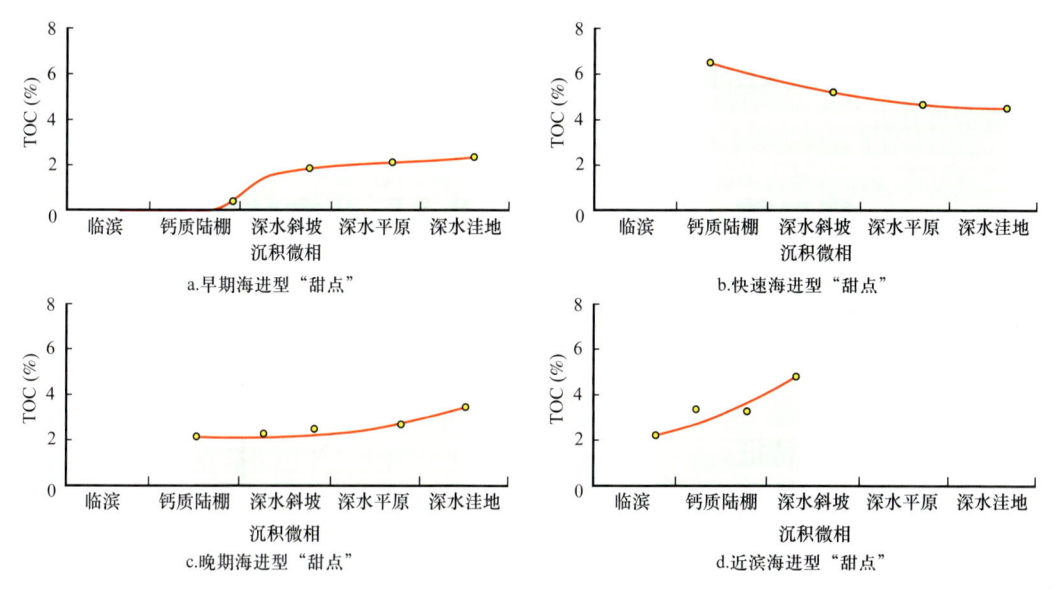

图 8-2-3　川南地区五峰组—龙马溪组不同沉积类型"甜点"页岩 TOC 含量分布特征

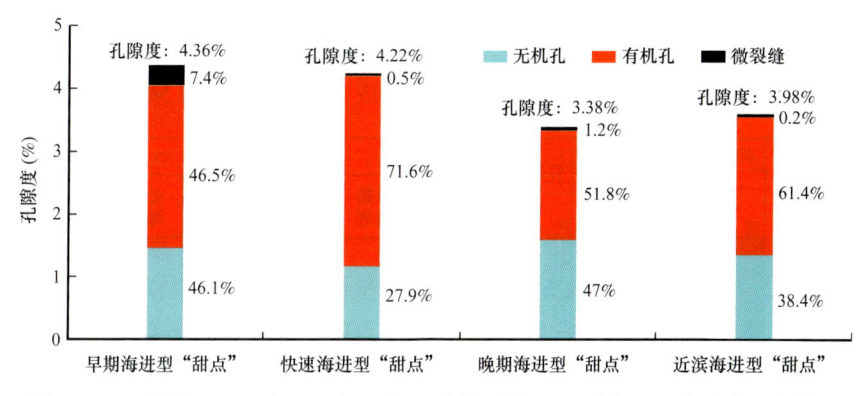

图 8-2-4　川南地区五峰组—龙马溪组不同沉积类型"甜点"页岩孔隙组成特征

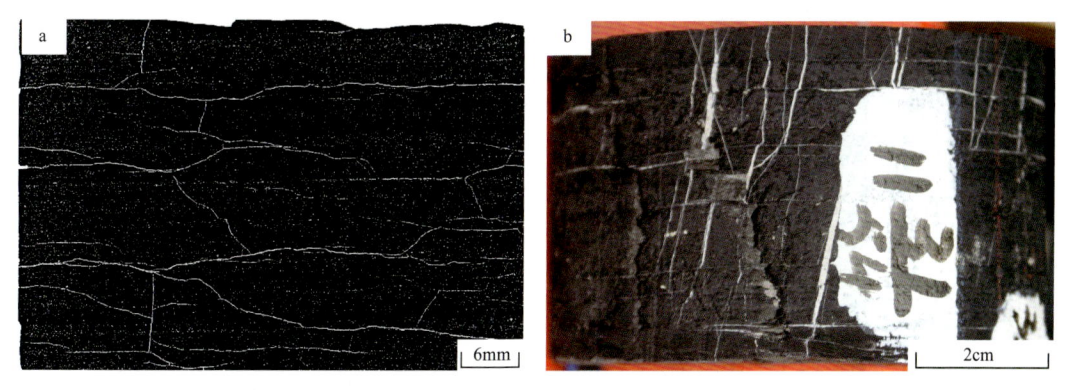

图 8-2-5　川南地区五峰组—龙马溪组裂缝型"甜点"页岩特征
a. 网状微裂缝型，自 201 井，3670.4m；b. 网状宏观裂缝型，焦页 1 井，2414.5m（据王濡岳等，2021）

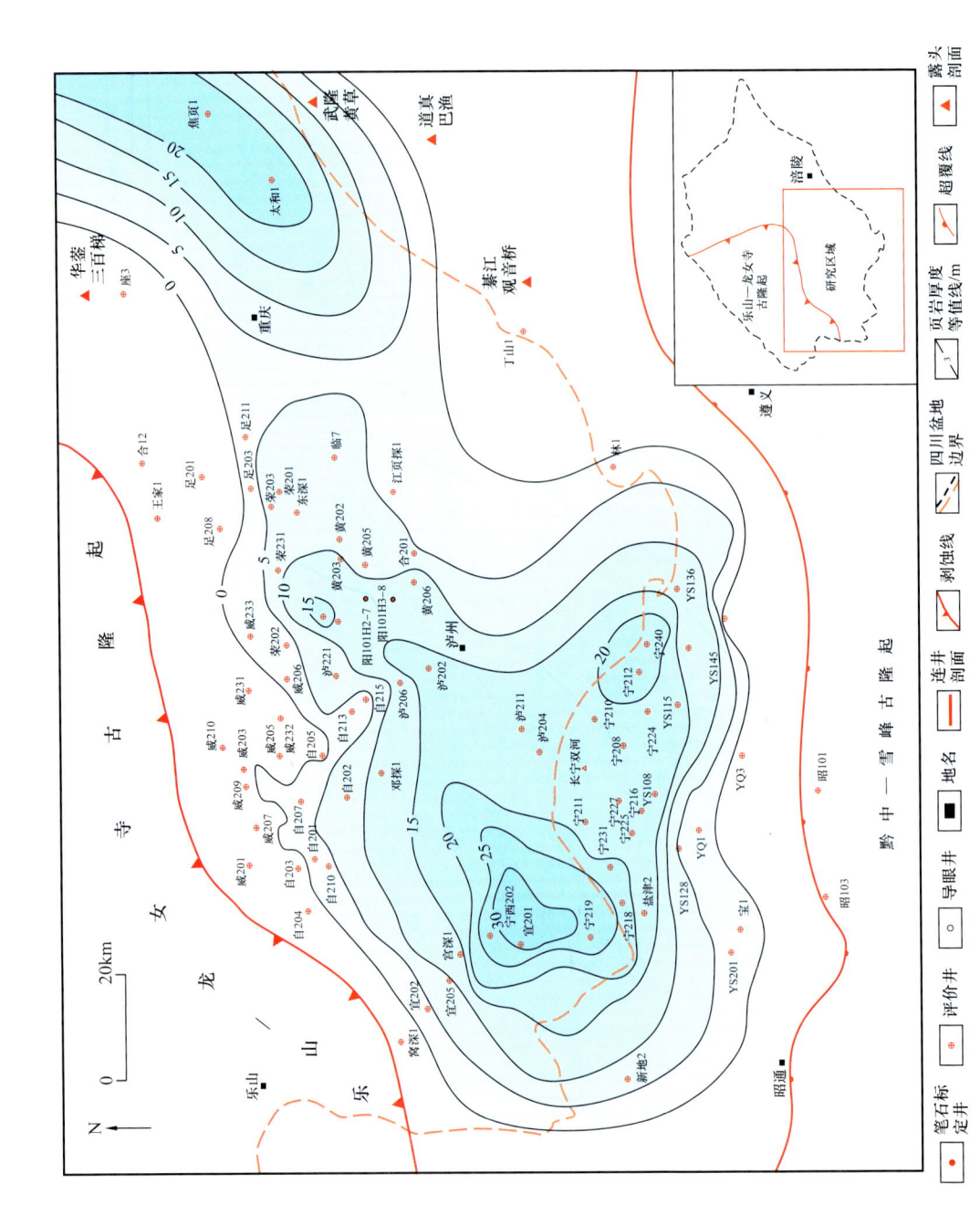

图 8-3-4 川南地区五峰组—龙马溪组晚期海进型"甜点"平面分布

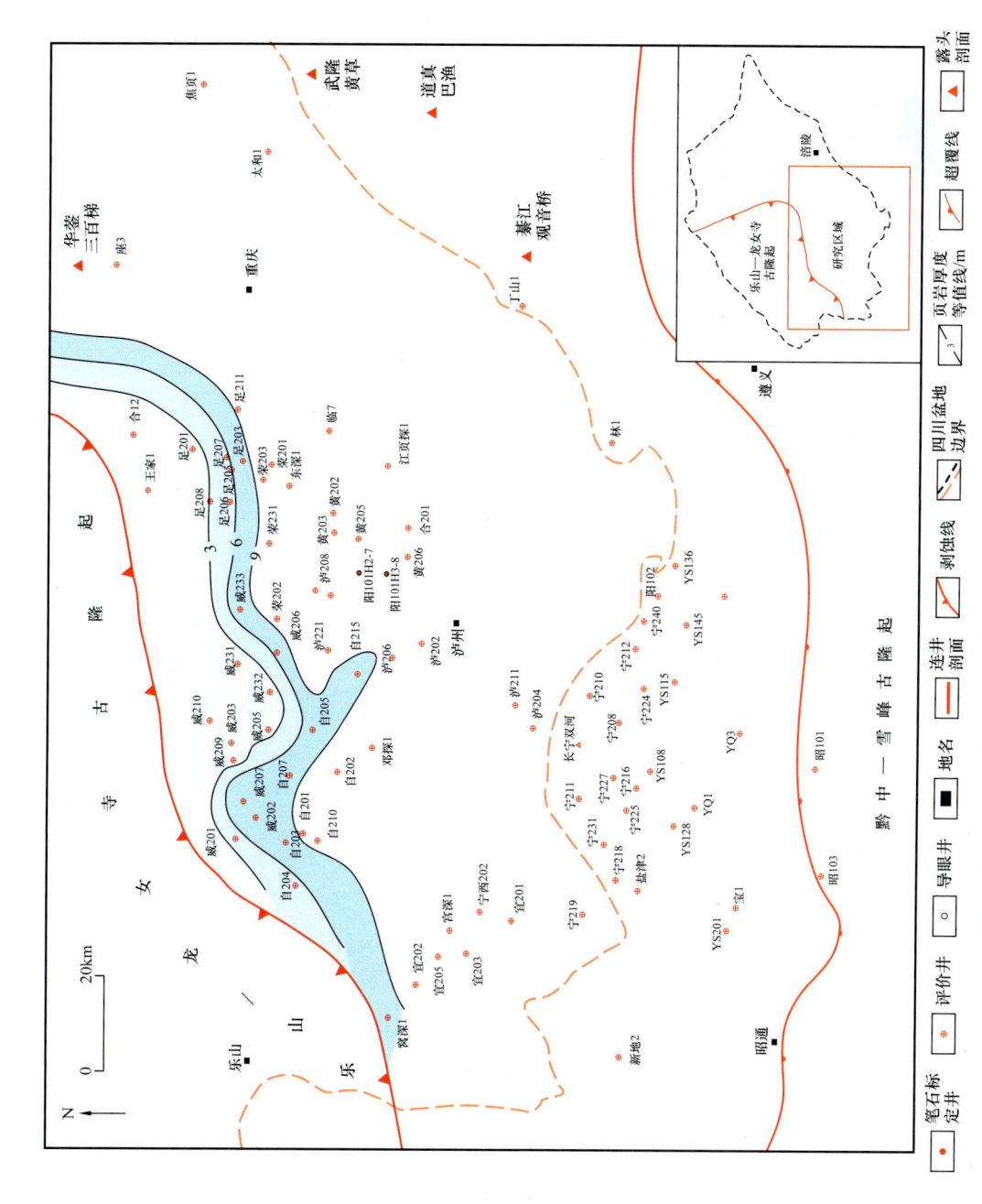

图 8-3-5 川南地区五峰组—龙马溪组近滨海进型"甜点"平面分布

裂缝型"甜点"的平面分布主要受研究区的裂缝分布控制，其中，网状微裂缝型"甜点"主要分布于小型断裂带附近，而网状宏观裂缝型"甜点"主要分布于四级断裂带及五级断裂带附近。

第四节　页岩气勘探意义

一、不同类型沉积型"甜点"页岩TOC变化成因

1. 早期海进型"甜点"

早期海进型"甜点"页岩中TOC含量相对偏低，其含量由盆地边缘向盆地中心逐渐升高（图8-2-3a）。页岩低TOC含量是由于水体含氧量高造成的。早期海进型"甜点"形成时期，由于相对海平面低、水深较浅，故水体含氧量高。只有盆地相对低洼的地区才发育小面积的富有机质页岩。随着相对海平面上升，水深变大，水体还原性增强，页岩TOC含量增高。同时，由盆地边缘到盆地中心方向，由于水深增大，水体还原性增强，故TOC含量向盆地方向升高。

2. 快速海进型"甜点"

快速海进型"甜点"页岩中TOC含量最高，其含量由盆地边缘向盆地中心逐渐降低（图8-2-3b）。页岩高TOC含量是强还原水体、低沉积速率和高初级生产力共同作用的结果。前人研究表明，由于强烈的火山作用及全球气候变暖，该时期大洋水体整体处于贫氧/缺氧状态，从而有利于有机质保存。同时，快速海进作用会导致盆地碎屑沉积物供应减少，从而有利于页岩TOC含量增大。前人研究表明，该时期海侵页岩的沉积速率仅为1.7～7.5m/Ma，这非常有利于有机质的大量聚集。另外，高初级生产力也是高TOC含量的重要原因。晚奥陶世—早志留世，藻类、放射虫、笔石和其他生物广泛分布于扬子陆架海，地表水营养元素如Ba、P、Ni、Zn等含量高，均表明快速海进页岩具有高生产力背景。

快速海进型"甜点"页岩的TOC含量从盆地边缘到盆地中心逐渐降低。水深的增加和黏土矿物含量的降低是TOC含量向盆地方向降低的主要原因。海相页岩中分散有机质主要来源于海洋浮游植物，藻类有机质向海洋沉积物的输入是透光带初级生产力和水深的函数。从表层生产力沉降到底层沉积物中的碳含量受水深影响较大。水体中有机质的降解和再循环（无论是氧化或缺氧）显著降低了水体中的碳含量。一般情况下，由于表层生产力降低和水体再矿化，藻类有机质向底部沉积物的供应能力随着水深和距海岸线距离的增加而减少。因此，海侵页岩的TOC含量向盆地方向逐渐降低。此外，黏土矿物有利于吸收和保存大量有机碳，从而有利于页岩TOC含量的提高。离海岸线距离的增加导致黏土矿物含量减少，从而降低了盆地方向页岩的TOC含量。

3. 晚期海进型"甜点"

晚期海进型"甜点"页岩中TOC含量相对偏低，其含量由盆地边缘向盆地中心逐渐升高（图8-2-3c）。页岩低TOC含量是由于盆地水体较高含氧量及沉积物高沉积速率共

同造成的。晚期海进型"甜点"形成时期，虽然相对海平面较高，但沉积物沉积速率较高，故水深逐渐变浅。该时期，水体上下对流作用强，水体含氧量低，故不利于有机质的保存。同时，高沉积物沉积速率造成有机质稀释，故 TOC 含量降低。由盆地边缘向盆地中心位置，由于水深变大，水体还原性增强，有机质保存能力增强。同时，陆源沉积物供给减少，故页岩 TOC 含量增高。

4. 近滨海进型"甜点"

近滨海进型"甜点"页岩中 TOC 含量整体较高，其含量向盆地方向逐渐升高（图 8-2-3d）。页岩高 TOC 含量是丰富的营养物质供给造成的。近滨海进型"甜点"形成时期，由于相对海平面上升，在水深较浅的浅水陆棚位置，丰富的营养物质供给造成有机质生产力增加，水体缺氧，从而形成富有机质页岩。由临滨向较深水位置，由于水深增大，沉积物沉积速率降低，故 TOC 含量向盆地方向升高。

二、页岩气下一步勘探方向

1. 早期海进型"甜点"和晚期海进型"甜点"是下一步勘探方向

川南地区快速海进型"甜点"和近滨海进型"甜点"勘探已取得重大突破。该地区页岩气勘探目前集中于昭通、长宁、泸州、渝西和威远地区。昭通、长宁、泸州、渝西地区页岩气勘探层位为龙一$_1^1$小层，为快速海进型"甜点"；威远地区页岩气勘探层位为龙一$_1^{2-3}$小层，为近滨海进型"甜点"。截至 2022 年，昭通地区页岩气累计产量 $85.8 \times 10^8 m^3$，长宁地区页岩气累计产量 $252.43 \times 10^8 m^3$，泸州地区页岩气累计产量 $36.10 \times 10^8 m^3$，威远地区页岩气累计产量 $198.40 \times 10^8 m^3$。

川南地区五峰组—龙马溪组早期海进型"甜点"和晚期海进型"甜点"大面积分布，其中，早期海进型"甜点"发育层位为五峰组 WF2—WF3 段，分布于宁西 202 井—自 202 井—足 203 井—焦页 1 井—江页探 1 井—宁 216 井—宁 219 井范围内（图 8-4-1a）；晚期海进型"甜点"发育于龙一$_1^{2-4}$小层，分布于自 202 井—东深 1 井—黄 205 井—宁 216 井区及太和 1 井—焦页 1 井区（图 8-4-1a）。

川南地区五峰组—龙马溪组早期海进型和晚期海进型"甜点"储层品质和含气性好，是下一步勘探的重要领域。以涪陵地区焦页 1 井为例，该井五峰组发育早期海进型"甜点"，页岩厚度为 4.7m，石英、长石等脆性矿物含量为 50.9%～80.3%（平均值 62.4%），TOC 平均值为 4.6%，平均孔隙度为 5.3%（郭彤楼等，2014）。该井在垂深 2385～2415m 层段进行水平钻探，测试获天然气 11×10^4～$50 \times 10^4 m^3/d$。以泸州地区阳 101H3-8 井为例，该井龙一$_1^{2-3}$小层发育晚期海进型"甜点"，页岩厚度为 12.9m，石英、长石等脆性矿物含量为 56%，TOC 平均值为 3.8%，平均孔隙度为 4.9%。

2. 裂缝型"甜点"是页岩气勘探的重要领域

川南地区五峰组—龙马溪组封闭条件好的地区，成岩演化过程中黏土矿物脱水转化可产生大量成岩收缩缝，从而形成网状微裂缝型"甜点"。成岩演化过程中，以蒙皂石转化脱水量最大。蒙皂石向混层黏土转化，混层黏土再向伊利石、绿泥石转化，最后形成伊利石和绿泥石。由于基质受压缩等过程是不可逆的，不会因为没有储存空间而停止进行，富含黏土矿物的层段会产生大量成岩收缩裂缝。随着地层压力系数增大，高流体压力能助长收缩缝的保持和扩大，从而成岩收缩裂缝密度增大。

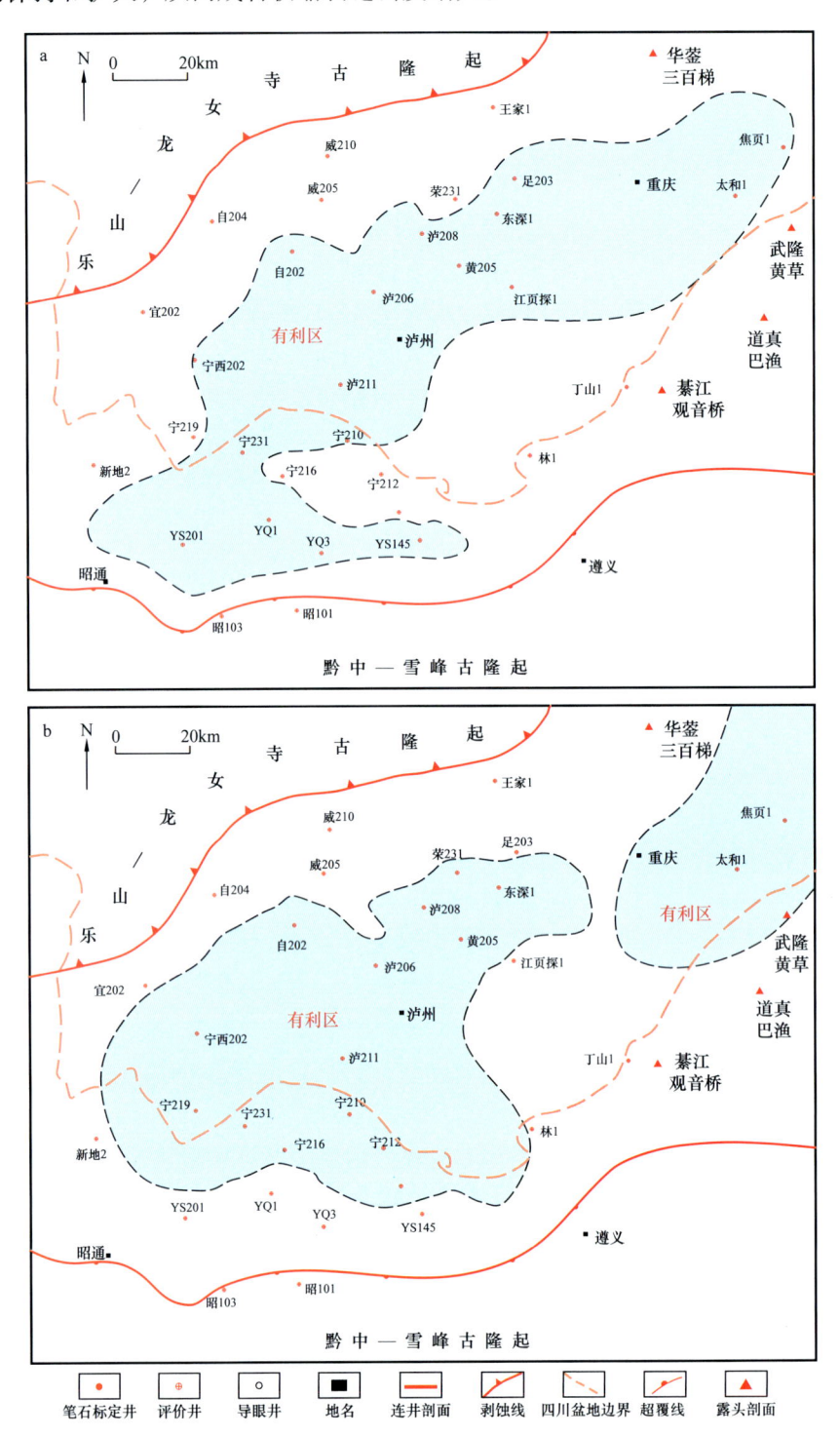

图 8-4-1 川南地区五峰组—龙马溪组早期海进型"甜点"（a）和晚期海进型"甜点"（b）有利区分布

川南地区深层龙马溪组龙一$_2$亚段黏土矿物含量高，以伊利石为主，下部层段裂缝密度大。富裂缝发育段由于与下伏的优质页岩段相邻，在裂缝的有效沟通下，可形成"甜点"发育段。以阳101H3-8井为例，其龙一$_2$亚段黏土矿物含量约为44%，含气量为4.1m³/t，成岩收缩缝发育，裂缝密度达6条/m。阳101H2-7井龙一$_2$亚段黏土矿物含量约43%，含气量为1.85m³/t，成岩收缩缝发育，裂缝密度达3.5条/m。近期勘探发现，该段测试产量达10.2×10^4m³/d，展示出良好的勘探潜力（施振生等，2022）。

川南地区五峰组—龙马溪组构造转换带与调节带具有弱变形与弱改造特征，网状宏观裂缝发育，从而形成网状宏观裂缝型"甜点"。以昭通示范区为例，高产井所处的黄金坝、紫金坝、云山坝及大寨有利区块所在的建武、罗场及叙永中生界复向斜，均位列构造转换带与调节带范围内，网状宏观裂缝发育，页岩气富集高产（王鹏万等，2018）。以建武复向斜为例，其主要发育基底卷入型的背冲、对冲、叠瓦状逆冲等基本构造样式，向斜较宽缓，向斜斜坡—槽部断裂不发育、地层倾角为15°～20°，后期改造相对较弱。构造转换带与调节带内的页岩气圈闭至少有两组方向气源供给，加上多期埋藏生烃与多期多组断裂运聚，中生界复向斜具有多源会聚与复合成藏优势。

参考文献

蔡勋育, 邱桂强, 孙冬胜, 等. 2020. 中国中西部大型盆地致密砂岩油气"甜点"类型与特征[J]. 石油与天然气地质, 41（4）: 684-695.

陈科贵, 齐婷婷, 何太洪, 等. 2013. 苏77山2^{3}段低阻气层的形成机理与识别方法[J]. 西安石油大学学报（自然科学版）28（4）: 23-27+7.

陈勇. 2020. 页岩气储层低阻成因分析及测井评价——评《页岩气地质分析与选区评价》[J]. 新疆地质, 38（2）: 271.

丁文龙, 李超, 李春燕, 等. 2012. 页岩裂缝发育主控因素及其对含气性的影响[J]. 地学前缘, 19（2）: 212-220.

董大忠, 施振生, 管全中, 等. 2018. 四川盆地五峰组—龙马溪组页岩气勘探进展、挑战与前景[J]. 天然气工业, 38（4）: 67-76.

董杨坤. 2019. 鄂尔多斯盆地任山地区长2油层组低阻油层成因研究[D]. 西安: 西北大学.

段宏亮, 刘世丽, 付茜. 2020. 苏北盆地古近系阜宁组二段富有机质页岩特征与沉积环境[J]. 石油实验地质, 42（4）: 612-617.

范存辉, 李虎, 钟城, 等. 2018. 川东南丁山构造龙马溪组页岩构造裂缝期次及演化模式[J]. 石油学报, 39（4）: 379-390.

高和群, 丁安徐, 蔡潇, 等. 2016. 中上扬子海相页岩电阻率异常成因分析[J]. 断块油气田, 23（5）: 578-582.

郭彤楼, 张汉荣. 2014. 四川盆地焦石坝页岩气田形成与富集高产模式[J]. 石油勘探与开发, 41（1）: 28-36.

郭旭升, 胡东风, 魏祥峰, 等. 2016. 四川盆地焦石坝地区页岩裂缝发育主控因素及对产能的影响[J]. 石油与天然气地质, 37（6）: 799-808.

韩国猛, 王丽, 肖敦清, 等. 2021. 渤海湾盆地枣园油田古近系孔店组沸石矿物的岩浆热液成因[J]. 石油勘探与开发, 48（5）: 950-961.

衡帅, 杨春和, 郭印同, 等. 2015. 层理对页岩水力裂缝扩展的影响研究[J]. 岩石力学与工程学报, 34（2）: 228-237.

侯宇光, 张坤朋, 何生, 等. 2021. 南方下古生界海相页岩极低电阻率成因及其地质意义[J]. 地质科技通报, 40（1）: 80-89.

黄伟林, 冯明友, 刘小洪, 等. 2020. 渝东石柱地区龙马溪组页岩纤维状脉体成因[J]. 地质科技通报, 39（3）: 160-169.

黄伟林, 刘小洪, 冯明友, 等. 2018. 渝东石柱地区龙马溪组纤维状方解石脉（FCV）成因机制[C]// 第十五届全国古地理学及沉积学学术会议.

黄振华, 程礼军, 刘俊峰, 等. 2015. 微电阻率成像测井在识别页岩岩相与裂缝中的应用[J]. 煤田地质与勘探, 43（6）: 121-127.

贾智彬. 2018. 贵州地区牛蹄塘组热水沉积的地球化学特征研究[D]. 北京: 中国地质大学（北京）.

姜在兴, 梁超, 吴靖, 等. 2013. 含油气细粒沉积岩研究的几个问题[J]. 石油学报, 34（6）: 1031-1039.

李峰. 2020. 页岩气储层测井解释评价技术研究[J]. 中国石油和化工标准与质量, 40（15）: 11-12.

李小佳, 邓宾, 刘树根, 等. 2021. 川南宁西地区五峰组—龙马溪组多期流体活动[J]. 岩性油气藏, 33（6）: 135-144.

李映艳, 钱根葆, 高阳, 等. 2018. 准噶尔盆地玛湖凹陷百口泉组砾岩致密油藏地质"甜点"分级标准及应用[J]. 东北石油大学学报, 42（6）: 85-94+10-11.

刘传联, 徐金鲤, 汪品先. 2001. 藻类勃发——湖相油源岩形成的一种重要机制[J]. 地质论评, 47（2）: 207-210+8.

刘春燕. 2015. 致密碎屑岩储层"甜点"形成及保持机理——以鄂尔多斯盆地西南部镇泾地区延长组长 8 油层组为例 [J]. 石油与天然气地质, 36（6）: 873-879.

刘江涛, 李永杰, 张元春, 等. 2017. 焦石坝五峰组—龙马溪组页岩硅质生物成因的证据及其地质意义 [J]. 中国石油大学学报（自然科学版）, 41（1）: 34-41.

刘君兰. 2020. 辉绿岩床侵入对页岩生烃的热效应 [D]. 北京: 中国地质大学（北京）.

刘英辉, 朱筱敏, 朱茂, 等. 2014. 准噶尔盆地乌—夏地区二叠系风城组致密油储层特征 [J]. 岩性油气藏, 26（4）: 66-72.

卢龙飞, 秦建中, 申宝剑, 等. 2018. 中上扬子地区五峰组—龙马溪组硅质页岩的生物成因证据及其与页岩气富集的关系 [J]. 地学前缘, 25（4）: 226-236.

罗方兵. 2016. 川南—渝东周缘地区富有机质页岩电性特征及勘探意义研究 [D]. 成都: 成都理工大学, 2016.

罗水亮, 许辉群, 刘洪, 等. 2014. 柴达木盆地台南气田低阻气藏成因机理及测井评价 [J]. 天然气工业, 34（7）: 41-45.

马新华, 谢军, 雍锐, 等. 2020. 四川盆地南部龙马溪组页岩气储集层地质特征及高产控制因素 [J]. 石油勘探与开发, 47（5）: 841-855.

马永生, 蔡勋育, 赵培荣. 2018. 中国页岩气勘探开发理论认识与实践 [J]. 石油勘探与开发, 45（4）: 561-574.

聂海宽, 张光荣, 李沛, 等. 2022. 页岩有机孔研究现状和展望 [J]. 石油学报, 43（12）: 1770-1787.

施振生, 邱振, 董大忠, 等. 2018. 四川盆地巫溪 2 井龙马溪组含气页岩细粒沉积纹层特征 [J]. 石油勘探与开发, 45（2）: 339-348.

施振生, 赵圣贤, 赵群, 等. 2022. 川南地区下古生界五峰组—龙马溪组含气页岩岩心裂缝特征及其页岩气意义 [J]. 石油与天然气地质, 43（5）: 1087-1101.

施振生, 周天琪, 郭伟, 等. 2022. 海相页岩定量古地理编图及深水陆棚沉积微相划分——以川南泸州地区五峰组—龙马溪组龙一 $_1^{1-4}$ 小层为例 [J]. 沉积学报, 40（2）: 1-22.

舒逸, 2021. 沉积—成岩—构造联合控制下的涪陵页岩气富集机理研究 [D]. 北京: 中国地质大学.

苏航, 吴丰, 孟凡, 等. 2019. 准噶尔盆地南缘紫泥泉子组气层低阻成因 [J]. 新疆石油地质, 40（6）: 680-686.

孙博. 2018. 川南长宁地区构造形变与流体活动特征 [D]. 成都: 成都理工大学.

孙可明, 冀洪杰, 张树翠. 2020. 页岩层理方位及强度对水力压裂的影响 [J]. 实验力学, 35（2）: 343-348.

田鹤, 曾联波, 徐翔, 等. 2020. 四川盆地涪陵地区海相页岩天然裂缝特征及对页岩气的影响 [J]. 石油与天然气地质, 41（3）: 474-483.

汪虎, 何治亮, 张永贵, 等. 2019. 四川盆地海相页岩储层微裂缝类型及其对储层物性影响 [J]. 石油与天然气地质, 40（1）: 41-49.

汪洋. 2020. 川南地区五峰—龙马溪组页岩成岩成烃演化及对页岩气赋存状态的影响 [D]. 北京: 中国石油大学（北京）.

王冠平, 朱彤, 王红亮, 等. 2018. 川东南地区龙马溪组底部海相页岩高 GR 峰沉积成因探讨 [J]. 沉积学报, 36（6）: 1243-1255.

王红岩, 施振生, 孙莎莎, 等. 2021. 四川盆地及周缘志留系龙马溪组一段深层页岩储层特征及其成因 [J]. 石油与天然气地质, 42（1）: 66-75.

王鹏万, 邹辰, 李娴静, 等. 2018. 昭通示范区页岩气富集高产的地质主控因素 [J]. 石油学报, 39（7）: 744-753.

王濡岳, 胡宗全, 包汉勇, 等. 2021. 四川盆地上奥陶统五峰组—下志留统龙马溪组页岩关键矿物成岩演化及其控储作用 [J]. 石油实验地质, 43（6）: 996-1005.

王濡岳, 胡宗全, 龙胜祥, 等. 2022. 四川盆地上奥陶统五峰组—下志留统龙马溪组页岩储层特征与演化机制[J]. 石油与天然气地质, 43（2）: 353-364.

王濡岳, 胡宗全, 周彤, 等. 2021. 四川盆地及其周缘五峰组—龙马溪组页岩裂缝发育特征及其控储意义[J]. 石油与天然气地质, 42（6）: 1295-1306.

王永辉, 刘玉章, 丁云宏, 等. 2017. 页岩层理对压裂裂缝垂向扩展机制研究[J]. 钻采工艺, 40（5）: 39-42+3.

王玉满, 李新景, 董大忠, 等. 201b. 海相页岩裂缝孔隙发育机制及地质意义[J]. 天然气地球科学, 27（9）: 1602-1610.

王玉满, 李新景, 王皓, 等. 2020. 中上扬子地区下志留统龙马溪组有机质碳化区预测[J]. 天然气地球科学, 31（2）: 151-162.

蒽克来. 2016. 松辽盆地南部白垩系泉头组四段致密砂岩油气成储机制[D]. 青岛: 中国石油大学（华东）.

向葵, 严良俊, 胡华, 等. 201b. 南方海相页岩脆性指数与电性关系分析[J]. 石油物探, 55（6）: 894-903.

谢小国, 罗兵, 尹亮先, 等. 2017. 低阻页岩气储层影响因素分析[J]. 四川地质学报, 37（3）: 433-437.

熊周海, 操应长, 王冠民, 等. 2019. 湖相细粒沉积岩纹层结构差异对可压裂性的影响[J]. 石油学报, 40（1）: 74-85.

徐凤姣, 谢兴兵, 周磊, 等. 201b. 时域电磁法在我国南方富有机质页岩勘探中的可行性分析[J]. 石油物探, 55（2）: 294-302.

许丹, 胡瑞林, 高玮, 等. 2015. 页岩纹层结构对水力裂缝扩展规律的影响[J]. 石油勘探与开发, 42（4）: 523-528.

杨洪志, 赵圣贤, 刘勇, 等. 2019. 泸州区块深层页岩气富集高产主控因素[J]. 天然气工业, 39（11）: 55-63.

杨升宇, 张金川, 黄卫东, 等. 2013. 吐哈盆地柯柯亚地区致密砂岩气储层"甜点"类型及成因[J]. 石油学报, 34（2）: 272-282.

杨小兵, 张树东, 张志刚, 等. 2015. 低阻页岩气储层的测井解释评价[J]. 成都理工大学学报（自然科学版）, 42（6）: 692-699.

杨孝群, 李忠. 2018. 微生物碳酸盐岩沉积学研究进展：基于第33届国际沉积学会议的综述[J]. 沉积学报, 36（4）: 639-650.

杨智, 侯连华, 陶士振, 等. 2015. 致密油与页岩油形成条件与"甜点区"评价[J]. 石油勘探与开发, 42（5）: 555-565.

赵建华, 金之钧, 金振奎, 等. 2016. 四川盆地五峰组—龙马溪组含气页岩中石英成因研究[J]. 天然气地球科学, 27（2）: 377-386.

赵杏媛, 何东博. 2016. 黏土矿物与油气勘探开发[M]. 北京：石油工业出版社.

赵仲祥, 董春梅, 林承焰, 等. 2018. 西湖凹陷深层低渗—致密气藏"甜点"类型划分及成因探讨[J]. 石油与天然气地质, 39（4）: 778-790.

周天琪, 吴朝东, 袁波, 等. 2019. 准噶尔盆地南缘侏罗系重矿物特征及其物源指示意义[J]. 石油勘探与开发, 46（1）: 65-78.

周晓峰, 郭伟, 李熙喆, 等. 2022. 四川盆地五峰组—龙马溪组有机质类型与有机孔配置的放射虫硅质页岩岩石学证据[J]. 中国石油大学学报（自然科学版）, 46（5）: 12-22.

周晓峰, 李熙喆, 郭伟, 等. 2022. 四川盆地五峰组—龙马溪组页岩储层中碳酸盐矿物特征、形成机制及对储层物性影响[J]. 天然气地球科学, 33（5）: 775-788.

邹才能, 赵群, 董大忠, 等. 2017. 页岩气基本特征、主要挑战与未来前景[J]. 天然气地球科学, 28(12):

1781-1796.

Anbin W, Jian C, Jingkun Z. 2021. Bedding-parallel calcite veins indicate hydrocarbon-water-rock interactions in the over-mature Longmaxi shales, Sichuan Basin [J]. Mar Petrol Geol, (133).

Arbiol C, Layne G D, Zanoni G, et al. 2021. Characteristics and genesis of phyllosilicate hydrothermal assemblages from Neoproterozoic epithermal Au-Ag mineralization of the Avalon Zone of Newfoundland, Canada [J]. Appl Clay Sci, 202: 105960.

Ashqar A, Uchida M, Salahuddin A A, et al. 2016. Evaluating a Complex Low-Resistivity Pay Carbonate Reservoir Onshore Abu Dhabi: From Model to Implementation.[C] //ADIPEC2016.

Awolayo A, Ashqar A, Uchida M, et al. 2017. A cohesive approach at estimating water saturation in a low-resistivity pay carbonate reservoir and its validation [J]. Journal of Petroleum Exploration and Production Technology, 7 (3): 637-657.

Becken M, Ritter O, Bedrosian P A, et al. 2011. Correlation between deep fluids, tremor and creep along the central San Andreas fault [J]. Nature, 480 (7375): 87-90.

Bjørlykke K. 1997. Clay mineral diagenesis in sedimentary basins—A key to the prediction of rock properties. Examples from the North Sea Basin [J]. Clay Miner, 33 (1): 14-34.

Bjørlykke K, Jahren J. 2014. Open or closed geochemical systems during diagenesis in sedimentary basins: Constraints on mass transfer during diagenesis and the prediction of porosity in sandstone and carbonate reservoirs [J]. AAPG Bull, 96 (12): 2193-2214.

Campbell C V. 1967. Lamina, laminaset, bed and bedset [J]. Sedimentology, 8 (1): 7-26.

Chen J, Gai H, Xiao Q. 2021. Effects of composition and temperature on water sorption in overmature Wufeng-Longmaxi shales [J]. Int J Coal Geol, 234: 103673.

Christer Peltonen, Øyvind Marcussen, Knut Bjørlykke, et al. 2009. Clay mineral diagenesis and quartz cementation in mudstones: The effects of smectite to illite reaction on rock properties [J]. Marine and Petroleum Geology, 26: 887-898.

Dekov V M, Kyono K, Yasukawa, K, et al. 2022. Mineralogy, geochemistry and microbiology insights into precipitation of stibnite and orpiment at the Daiyon-Yonaguni Knoll (Okinawa Trough) hydrothermal barite deposits [J]. Chem Geol, 610: 121092.

Dora M L, Roy S K, Khan M, et al. 2022. Rift-induced structurally controlled hydrothermal barite veins in 1.6 Ga granite, Western Bastar Craton, Central India: Constraints from fluid inclusions, REE geochemistry, sulfur and strontium isotopes studies [J]. Ore Geol Rev, 148: 105050.

Dutton S P, Loucks R G. 2010. Diagenetic controls on evolution of porosity and permeability in lower Tertiary Wilcox sandstones from shallow to ultradeep (200-6700m) burial, Gulf of Mexico Basin, U.S.A [J]. Mar Petrol Geol, 27 (1): 69-81.

Ehrenberg S N, Walderhaug O, Bjørlykke K. 2009. Discussion of "Microfacies, diagenesis and oil emplacement of the Upper Jurassic Arab-D carbonate reservoir in an oil field in central Saudi Arabia (Khurais Complex)" by Rosales et al. (2018) [J]. Mar Petrol Geol, 100: 551-553.

Freiburg J T, Ritzi R W, Kehoe K S. 2016. Depositional and diagenetic controls on anomalously high porosity within a deeply buried CO_2 storage reservoir—The Cambrian Mt. Simon Sandstone, Illinois Basin, USA [J]. Int J Greenh Gas Con, 55: 42-54.

Haq B U, Schutter S R. 2008. A chronology of Paleozoic sea level changes [J]. Science, 322 (5898): 64-68.

Jamieson J W, Hannington M D, Tivey M K, et al. 2016. Fietzke, J.; Butterfield, D.; Frische, M.; Allen, L.; Cousens, B.; Langer, J., Precipitation and growth of barite within hydrothermal vent deposits from the Endeavour Segment, Juan de Fuca Ridge [J]. Geochim Cosmochim Ac, 173: 64-85.

Kouketsu Y, Mizukami T, Mori H, et al. 2014. A new approach to develop theRaman carbonaceous material geothermometer for low-grade metamorphism using peak width [J]. Isl Arc, 23 (1): 33-50.

Lai J, Wang G, Pang X, et al. 2018. Effect of Pore Structure on Reservoir Quality and Oiliness in Paleogene Dongying Formation Sandstones in Nanpu Sag, Bohai Bay Basin, Eastern China [J]. Energ Fuel, 32 (9): 9220-9232.

Lambert A M, Kelts K R, Marshall N F. 1976. Measurements of density underflows from Walensee, Switzerland [J]. Sedimentology, 23: 87-105.

Lazar O R, Bohacs K M, Macquaker J, et al. 2015. Capturing key attributes of fine-grained sedimentary rocks in outcrops, cores, and thin sections: nomenclature and description guidelines [J]. Journal of Sedimentary Research, 85 (3): 230-246.

Li Y, Li M, Zhang J, et al. 2020. Influence of the Emeishan basalt eruption on shale gas enrichment: A case study of shale from Wufeng-Longmaxi formations in northern Yunnan and Guizhou provinces [J]. Fuel. 282. 118835.

Liu X, Qiu N, Søager N, et al. 2022. Geochemistry of Late Permian basalts from boreholes in the Sichuan Basin, SW China: Implications for an extension of the Emeishan large igneous province [J]. Chem Geol, 588: 120636.

Loucks R G, Reed R M, Ruppel S C, et al. 2014. Spectrum of pore types and networks in mudrocks and a descriptive classification for matrix-related mudrock pores [J]. AAPG Bulletin, 96: 1071-1098.

Ma X, Wang H, Zhou T, et al. 2022. Geological Controlling Factors of Low Resistivity Shale and Their Implications on Reservoir Quality: A Case Study in the Southern Sichuan Basin, China[J]. Energies,15(16): 5801.

Macquaker J H S, Bohacs K M. 2007. On the accumulation of mud [J]. Science, 318 (5857): 1734-1735.

Macquaker J H, Bentley S J, Bohacs K M. 2010. Wave-enhanced sediment-gravity flows and mud dispersal across continental shelves: Reappraising sediment transport processes operating in ancient mudstone successions [J]. Geology, 38 (10): 947-950.

Macquaker J H, Keller M A, Davies S J. 2010. Algal blooms and "marine snow": Mechanisms that enhance preservation of organic carbon in ancient fine-grained sediments [J]. Journal of Sedimentary Research, 80: 934-942.

Martin D P, Nittrouer C A, Ogston A S, et al. 2008. Tidal and seasonal dynamics of a muddy inner shelf environment, Gulf of Papua [J]. Journal of Geophysical Research, 113 (F1): F01S07.

Middleton N J, Goudie A S. 2001. Saharan dust: Sources and trajectories. Transactions of the Institute of British Geographers, 26 (2): 165-181.

Milliken K L, Curtis M E. 2016. Imaging pores in sedimentary rocks: Foundation of porosity prediction [J]. Mar Petrol Geol, 73: 590-608.

Milliken K T, Anderson J B, Simms A R, et al. 2016. A Holocene record of flux of alluvial sediment related to climate: Case studies from the northern Gulf of Mexico [J]. Journal of Sedimentary Research, 87: 780-794.

Morad S, Al-Ramadan K, Ketzer J M, et al. 2010. The impact of diagenesis on the heterogeneity of sandstone reservoirs: A review of the role of depositional facies and sequence stratigraphy [J]. AAPG Bull, 94 (8): 1267-1309.

Munnecke A, Calner M, Harper D A, et al. 2010. Ordovician and Silurian sea-water chemistry, sea level, and climate: A synopsis [J]. Palaeogeography, Palaeoclimatology, Palaeoecology, 296 (3-4): 389-413.

Nabawy B S, Géraud Y, Rochette P, et al. 2016. Pore-throat characterization in highly porous and permeable sandstones [J]. AAPG Bull, 93 (6): 719-739.

O'Brien N R. 1990. Significance of lamination in Toarcian (Lower Jurassic) shales from Yorkshire, Great Britain [J]. Sedimentary Geology, 67 (1): 25-34.

O'Brien N R. 1989. The origin of lamination in middle and upper Devonian black shales, New York state [J]. Northeastern Geology, 11: 159-165.

Okubo J, Klyukin Y, Warren L V, et al. 2020. Hydrothermal influence on barite precipitates in the basal Ediacaran Sete Lagoas cap dolostone, São Francisco Craton, central Brazil [J]. Precambrian Res, 340: 105628.

Ozkan A, Cumella S P, Milliken K L, et al. 2011. Prediction of lithofacies and reservoir quality using well logs, Late Cretaceous Williams Fork Formation, Mamm Creek field, Piceance Basin, Colorado [J]. AAPG Bulletin, 95: 1699-1724.

Piper D J. 1972. Turbidite origin of some laminated mudstones [J]. Geological Magazine, 109: 115-126.

Qiao J, Zeng J, Jiang S, et al. 2020. Impacts of sedimentology and diagenesis on pore structure and reservoir quality in tight oil sandstone reservoirs: Implications for macroscopic and microscopic heterogeneities [J]. Marine and Petroleum Geology, 111: 279-300.

Revil A, Leroy P. 2004. Constitutive equations for ionic transport in porous shales [J]. Journal of Geophysical Research: Solid Earth, 109 (3): B03208 1-19.

Sageman B B, Murphy A E, Werne J P, et al. 2003. The relative roles of production, decomposition, and dilution in the accumulation of organic-rich strata, Middle-Upper Devonian, Appalachian basin [J]. Chemical Geology, 195 (1/2/3/4): 229-273.

Saïag J, Brigaud B, Portier É, et al. 2016. Sedimentological control on the diagenesis and reservoir quality of tidal sandstones of the Upper Cape Hay Formation (Permian, Bonaparte Basin, Australia) [J]. Marine and Petroleum Geology, 77: 597-624.

Salem A M, Ketzer J M, Morad S, et al. 2005. Diagenesis and Reservoir-Quality Evolution of Incised-Valley Sandstones: Evidence from the Abu Madi Gas Reservoirs (Upper Miocene), the Nile Delta Basin, Egypt [J]. J Sediment Res, 75 (4): 572-584.

Schieber J, Southard J, Thaisen K. 2007. Accretion of mudstone beds from migrating floccule ripples. Science, 318 (5857): 1760-1763.

Schieber, Juergen, Lange, et al. 2016. Varves in marine sediments: A review [J]. Earth-Science Reviews: The International Geological Journal Bridging the Gap between Research Articles and Textbooks, 159: 215-246.

Schmitt M, Fernandes C P, Wolf F G, et al. 2015. Characterization of Brazilian tight gas sandstones relating permeability and Angstrom-to micron-scale pore structures [J]. Journal of Natural Gas Science and Engineering, 27: 785-807.

Senger K, Birchall T, Betlem P, et al. 2021. Resistivity of reservoir sandstones and organic rich shales on the Barents Shelf: Implications for interpreting CSEM data [J]. Geosci Front, 12 (6): 101063.

Shi Z, Zhou T, Guo W, et al. 2022. Quantitative Paleogeographic Mapping and Sedimentary Microfacies Division in a Deep-water Marine Shale Shelf: Case study of Wufeng-Longmaxi shale, southern Sichuan Basin, China [J]. Acta Sedimentologica Sinica, 40 (6): 1728-1744.

Spacapan J B, D Odorico A, Palma O, et al. 2019. Low resistivity zones at contacts of igneous intrusions emplaced in organic-rich formations and their implications on fluid flow and petroleum systems: A case study in the northern Neuquén Basin, Argentina [J]. Basin Res, 32 (1): 3-24.

Taylor T R, Giles M R, Hathon L A, et al. 2010. Sandstone diagenesis and reservoir quality prediction: Models, myths, and reality [J]. AAPE Bull, 94 (8): 1093-1132.

Wang J, Zhang S. 2018. Pore structure differences of the extra-low permeability sandstone reservoirs and the causes of low resistivity oil layers: A case study of Block Yanwumao in the middle of Ordos Basin, NW China. Petroleum Exploration and Development Online, 45 (2): 273-280.

Wang X. 2020. Low-resistivity origin and Evaluation of Gas-bearing Properties of Marine Shale in Southern Sichuan Basin [D]. Beijing: China university of Petroleum (Beijing).

Wang X, Zhang B, He Z, et al. 2016. Electrical properties of Longmaxi organic-rich shale and its potential applications to shale gas exploration and exploitation [J]. J Nat Gas Sci Eng, 36: 573-585.

Wang Y, Jia H, Kou Y, et al. 2021. Causes of low resistivity of Longmaxi Formation shale reservoirs in Changning area [J]. Petroleum Geology and Recovery Efficiency: 1-9.

Wang Y, Wei G, Shen J, et al. 2022. Analysis on carbonization distribution and main controlling factors of organic matter in marine shale in Sichuan Basin and its periphery [J]. Natural Gas Geoscience, 33 (6): 843-859.

Wang Y, Wei G, Shen J, et al. 2022. Analysis on distribution and main controlling factors of OM carbonization in marine shale in the Sichuan Basin of China and its periphery[J]. Journal of Natural Gas Geoscience, 7(4): 181-197.

Warrick J A, DiGiacomo P M, Weisberg S B, et al. 2007. River plume patterns and dynamics within the southern California Bight [J]. Continental Shelf Research, 27 (19): 2427-2448.

Wei W, Chen X, Yu Z, et al. 2021. Different hydrothermal fluids inducing alteration and uranium mineralisation in the Baquan deposit of the Xiangshan uranium ore field: Constraints from geochemistry of altered rocks and ores [J]. Ore Geol Rev, 139: 104475.

Weight R W R, Anderson J B, Fernandez R. 2001. Rapid mud accumulation on the central Texas shelf linked to climate change and sea-level rise [J]. Journal of Sedimentary Research, 81 (10): 743-764.

Werne J P, Sageman B B, Lyons T W, et al. 2002. An integrated assessment of a "type euxinic" deposit: Evidence for multiple controls on black shale deposition in the middle Devonian Oatka Creek Formation [J]. American Journal of Science, 302 (2): 110-143.

Woodruff W F, Lewan M D, Revil A. 2017. Torres-Verdín, C., Complex electrical conductivity changes associated with hydrous pyrolysis maturation of the Woodford Shale [J]. Geophysics, 82 (2): D83-D104.

Wyble D O. 1958. Effect of applied pressure on the conductivity, porosity and permeability of sandstones [J]. Journal of petroleum technology, 10 (11): 57-59.

Xi Z, Tang S, Lash G G, et al. 2021. Depositional controlling factors on pore distribution and structure in the lower Silurian Longmaxi shales: Insight from geochemistry and petrology [J]. Mar Petrol Geol, 130: 105114.

Xiao D, Jiang S, Thul D, et al. 2018. Impacts of clay on pore structure, storage and percolation of tight sandstones from the Songliao Basin, China: Implications for genetic classification of tight sandstone reservoirs [J]. Fuel, 211 (1): 390-404.

Xue Z, Jiang Z, Wang X, et al. 2022. Genetic mechanism of low resistivity in high-mature marine shale: Insights from the study on pore structure and organic matter graphitization [J]. Mar Petrol Geol, 144: 105825.

Yan W, Sun J, Zhang J, et al. 2018. Studies of electrical properties of low-resistivity sandstones based on digital rock technology [J]. J Geophys Eng, 15 (1): 153-163.

Yawar Z, Schieber J. 2017. On the origin of silt laminae in laminated shales [J]. Sedimentary Geology, 360: 22-34.

Ye Y, Tang S, Xi Z, et al. 2022. Factors Controlling Brittleness of the Wufeng-Longmaxi Shale in the

Yangtze Platform, South China: Insights from Geochemistry and Shale Composition[J]. Energ Fuel, 36(18): 10945-10959.

Yuan G, Cao Y, Gluyas J, et al. 2015. Feldspar dissolution, authigenic clays, and quartz cements in open and closed sandstone geochemical systems during diagenesis: Typical examples from two sags in Bohai Bay Basin, East China [J]. AAPG Bull, 99 (11): 2121-2154.

Zan B, Mou C, Lash G G, et al. 2022. Diagenetic barite-calcite-pyrite nodules in the Silurian Longmaxi Formation of the Yangtze Block, South China: A plausible record of sulfate-methane transition zone movements in ancient marine sediments [J]. Chem Geol, 595: 120789.

Zeng L B, Lyu W Y, Li Jian, et al. 2016. Natural fractures and their influence on shale gas enrichment in Sichuan Basin, China [J]. Journal of Natural Gas Science and Engineering, 30: 1-9.

Zhai G, Wei B, Xiang K, et al. 2021. Study on the complex resistivity characteristics of organic-rich shale in the Longmaxi Formation in the Weiyuan area, China [J]. Geophysical Prospecting for Petroleum, 60 (5): 844-855.

Zhang B, Wen H, Qing H, et al. 2022. The influence of depositional and diagenetic processes on rock electrical properties: A case study of the Longmaxi shale in the Sichuan Basin [J]. J Petrol Sci Eng, 211: 110119.

Zhang T G, Shen Y N, Algeo T J. 2010. High-resolution carbon isotopic records from the Ordovician of South China: Links to climatic cooling and the Great Ordovician Biodiversification Event (GOBE) [J]. Palaeogeography, Palaeoclimatology, Palaeoecology, 289 (1-4): 102-112.

Zhdanov M. 2008. Generalized effective-medium theory of induced polarization [J]. Geophysics, 73 (5): F197-F211.

Zhong Z, Rezaee R, Josh M, et al. 2022. The salinity dependence of electrical conductivity and Archie's cementation exponent in shale formations [J]. J Petrol Sci Eng, 208: 109324.

Zhou Z, Wen H, Qin C, et al. 2018. The genesis of the Dahebian Zn-Pb deposit and associated barite mineralization: Implications for hydrothermal fluid venting events along the Nanhua Basin, South China [J]. Ore Geol Rev, 101: 785-802.

Zhu S, Cui H, Jia Y, et al. 2020. Occurrence, composition, and origin of analcime in sedimentary rocks of non-marine petroliferous basins in China [J]. Marine and Petroleum Geology, 113.

Zolitschka B, Francus P, Ojala A E, et al. 2015. A varves in lake sediments-a review [J]. Quaternary Science Reviews, 117: 1-41.